彩图 1　幼芽烫伤

彩图 2　低温障碍

彩图 3　番茄早疫病

彩图 4　番茄晚疫病

彩图 5　番茄灰霉病

彩图 6　番茄菌核病

彩图 7　番茄叶霉病

彩图 8　番茄病毒病

彩图 9　番茄茎基腐病

彩图 10　番茄嫩茎穿孔病

彩图 11　2，4—D 药害

彩图 12　番茄脐腐病

彩图 13　番茄木栓化硬皮果

彩图 14　番茄裂果

彩图 15　番茄畸形果

彩图 16　番茄受土壤盐害

强农技术丛书·蔬菜安全高效生产技术系列

安全番茄高效生产技术

姚秋菊　崔小伟　张相林　李付献　主　编

中原出版传媒集团
中原农民出版社

本书作者

主　编　姚秋菊　崔小伟　张相林　李付献

副主编　刑文昌　米国全　王风珍

图书在版编目(CIP)数据

安全番茄高效生产技术/姚秋菊等主编.—郑州：中原出版传媒集团,中原农民出版社,2011.5(2012.2重印)
(强农技术丛书·蔬菜安全高效生产技术系列)
ISBN 978-7-80739-934-6

Ⅰ.安… Ⅱ.①姚… ②崔… Ⅲ.①番茄-蔬菜园艺 Ⅳ.①S641.2

中国版本图书馆CIP数据核字(2011)第066145号

出版社:中原出版传媒集团　中原农民出版社
(地址:郑州市经五路66号　电话:0371—65751257
邮政编码:450002)
发行单位:全国新华书店
承印单位:辉县市伟业印务有限公司
开本:850mm×1168mm　1/32
印张:10.5
字数:265千字　**插页**:4
版次:2011年5月第1版　**印次**:2012年2月第2次印刷

书号:ISBN 978-7-80739-934-6　**定价**:21.00元

前　言

随着人们生活水平的提高，对番茄的消费习惯也发生了变化，食用需求也由调味佐餐上升到营养保健。对新鲜番茄的需求，不但数量与日俱增，而且对其营养成分含量、风味、口感、食用安全性（农药残留、重金属超标与否等）等质量标准要求也愈来愈高。这就要求在番茄生产上，生产者通过各项技术的组装配套和灵活应用，既要做到四季生产又要保证番茄产品的安全性，从而实现安全优质和丰产高效。

经过我国从事番茄科研工作者多年的研究和探索，已能通过有效利用各地生态条件和各项栽培手段，实现了在我国东、西、南、北不同栽培区域进行番茄的四季生产与周年供应。

为加快番茄生产技术的推广，尽早全面实现我国番茄的安全化生产、四季化供应，同时促进广大菜农增收和致富，笔者在总结几十年的番茄育种、教学及栽培经验的基础上，广泛收集番茄种植区菜农的栽培经验，编写了本书。

书中通过对栽培制度的概述，新优品种、不同生产模式及管理技术的介绍，希望能为广大菜农和从事番茄科研教学及推广工作者，在番茄科研及高产、优质、安全、高效生产方面提供帮助。

由于笔者水平有限，加之编写时间仓促，书中不妥之处，欢迎广大读者批评指正。

编　者

2011 年 5 月

目 录

一、番茄的起源与认知历程

（一）番茄的起源

番茄又叫番李子、金橘、红色果、金苹果、红宝石、爱情果、情人果；又因其形似红柿，来自西方而得名西红柿。属茄科植物。番茄起源于美洲安第斯山地带，是在秘鲁、厄瓜多尔、玻利维亚等地森林里生长的一种野生植物，原名狼桃。当地误传狼桃有毒，吃了狼桃全身就会起疙瘩长瘤子。虽然它的成熟果实鲜红欲滴，红果配绿叶，十分美丽诱人。但正如色泽娇艳的蘑菇有剧毒一样，人们还是对它敬而远之，未曾有人敢吃上一口，只是把它作为一种观赏植物来对待。

世界番茄产量以美国为最高,中国、俄罗斯、日本、埃及、墨西哥及意大利、西班牙各国都大量生产。从番茄的历史发展来看,其从南美秘鲁传入中美洲的时间无法考证,但可以确定的是美洲的印加人和阿兹特克人早在公元前 700 年就开始种植番茄了,而食用番茄的可考时间却是 17 世纪。

1983 年,中国考古工作者在成都市凤凰山的一座汉代古墓中发现了番茄种子,这说明中国在两千年以前已栽培番茄。有史书记载的是成书于明代(1621 年)王象晋的《群芳谱》。其曰:“番柿一名六月柿。茎似蒿,高四五尺,叶似艾,花似榴,一枝结五实,或三四实,一数二三十实。缚作架,最堪观……草本也,来自西番,故名。”因为番茄酷似柿子,颜色是红色的,又来自西方,所以有“西红柿”的名号。而在历史上,中国人对于境外传入的事物都习惯加“番”字,于是又叫它为“番茄”。在台湾北部俗称“臭柿”,南部叫做“柑仔蜜”。清代末年,中国人才开始食用番茄。现在它已成为广大民众餐桌上的美味。

樱桃番茄,别称小西红柿、小番茄等,其外形有的像红樱桃,有的为李子形、梨形、长椭圆形等。成熟后的小果，除鲜红色，还有粉红色、橙色、黄色、紫色、褐（黑）色等，为茄科番茄属中番茄的小果型品种。樱桃番茄的野生种是大果型番茄的祖先，经人们不断选择培育而成。

（二）番茄的认知历程

16 世纪，英国有位名叫俄罗达拉的公爵在南美洲旅游，很喜欢番茄这种观赏植物，于是如获至宝一般将之带回英国，作为爱情的礼物献给了情人伊丽莎白女王以表达爱意，随后，人们都把番茄种在庄园里，并作为象征爱情的礼品赠送给爱人。从此，“爱情果”、“情人果”之名就广为流传了。到了 17 世纪，有一位法国画家曾多次描绘番茄，面对番茄这样美丽可爱而“有毒”的浆果，实在抵挡不住它的诱惑，于是产生了亲口尝一尝它是什么味道的念头，因此，他冒着生命危险吃了一个，觉得甜甜的、酸酸的。然后，他躺到床上等着死神的光临。但一天过去了，他还躺在床上，鼓着眼睛对着天花板发愣。怎么吃了一个像毒蘑一样鲜红的番茄居然没死！他咂巴咂巴嘴唇，回想起咀嚼番茄那味道好极了的感觉，满面春风地把"番茄无毒可以吃"的消息告诉了朋友们，他们都惊呆了。不久，番茄无毒的新闻震动了西方，并迅速传遍了世界。从此，上亿人均安心享受了这位"敢为天下先"的勇士冒死而带来的口福。后来有人分析了番茄的成分，证实了它含有多种营养成分，是营养极为丰富的食品，于是便把它从公园里挪出来，移进了菜园。到了 18 世纪，意大利厨师用番茄做成佳肴，色艳、味美，客人赞不绝口。番茄终于登上了餐桌。

（三）番茄的营养价值与保健功能

1. 番茄的营养价值　番茄，性微寒，味甘酸。不但是营养丰富的食物。而且是维生素 A、维生素 D 和维生素 C 的优质来源，一个中等大小的番茄含有半个柚子的维生素 C；其维生素 A 的含量则是人体每日所需的 1/3。据测定，每 100 克番茄含水分 93 ~ 96 克，约含蛋白质 1. 2 克、脂肪 0. 2 克、碳水化合物 4 克、膳食纤维 0. 6 毫克、钙 23 毫克、磷 26 毫克、铁 0. 5 毫克、钾 163 毫克、钠 5 毫克、硒 0. 15 毫克、锌 0. 15 毫克、维生素 A 92 毫克、胡萝卜素 55 微克、维生素 $B_1$0. 05 毫克、维生素 $B_2$0. 01 毫克、尼克酸 0. 5 毫克、维生素 C 19 毫克、维生素 E 0. 57 毫克，可供热量 71 焦（耳）；此外还含有谷胱甘肽。

2. 番茄的保健功能　番茄有很强的保健功能，每人每日只需食用 100 ~ 200 克番茄，就可以满足人体对维生素与矿物质的需求。它含有的维生素 P，能促进血管的通透性，可预防毛细血管出血症。加上本身特有的利尿作用，可止渴生津、健胃消食，能够防治胃热口苦、发热烦渴、中暑等症；所含维生素 A，是眼睛视网膜细胞内视紫红质的组成成分，故维生素 A 营养状况好，视网膜细胞中视紫红质容易合成，眼睛在暗处易看清东西，可防治夜盲症和干眼病，还可以改善白内障。亦有增强皮肤弹性之功效。

番茄中含有丰富的维生素 C，维生素 C 对调节机体的生理功能有着重要作用。维生素 C 能够维持牙齿、骨骼、血管、肌肉的正常生理功能；有利于体内抗体的生成，增加机体抗感染的能力，维生素 C 能够改进脂质代谢，保护心血管功能，防止动脉硬化；维生素 C 有抗脂质氧化和消除自由基的功能，阻断 N－二甲基亚硝胺的形成，防止体内透明质酸酶的释放，因此维生素 C 有抗衰老及抵抗、预防和治疗癌症的作用。

番茄所含的果糖与葡萄糖，容易被人体消化与吸收，可起到营养心肌与保护肝脏的功效；番茄内所含的细纤维素，能助消化、通大便，对增进肠道里腐败饮食的排泄、降低胆固醇有不可低估的功效。番茄特有的番茄素是一种类胡萝卜素，可提高机体免疫力，抑制肿瘤的增长。番茄红素还是一种高抗氧化剂，其抗氧化作用是维生素 E 的 100 倍、β－胡萝卜素的 32 倍，从而延缓细胞衰老，故有抗衰老作用。另外，番茄红素可以降低体内低密度脂蛋白（坏胆固醇）作用，防止胆固醇在血管里积累。对前列腺癌、肺癌、胃癌、口腔癌、乳腺癌等有预防的功效。如果 1 周饮食中四餐有番茄，患前列腺癌的可能减少 20%，1 周饮食中十餐有番茄则可以降低 50%。流行病学调查发现，意大利男性因为常吃番茄，所以前列腺肿大、前列腺癌发生率在欧洲最低。番茄里的苹果酸与柠檬酸可以帮助胃液对蛋白质、脂肪的消化与吸收，可以抑制多类细菌与真菌，有助于口腔炎症的恢复。番茄含有丰富的钾，有利于维持体内水、酸碱平衡与渗透压，达到降低血压作用。而钾离子又能维持正常心肌兴奋性，故医学界认为，多吃番茄或番茄制品可以减少患心脏病的风险。

另外，它含有的铁、钙、镁等元素，有益于补血。所以，多食番茄或者配有番茄的饮食有利于增强记忆能力、解除大脑疲劳、推迟衰老、预防癌症。

樱桃番茄成熟的果实味甜略酸、性平，无毒。富含蛋白质、钾、钙等多种矿物质和微量元素硒及胡萝卜素、多种维生素、柠檬酸、苹果酸等。其果皮中还含芦西(即芸香苷,与维生素PP具有相似的作用,可降血压,有预防动脉硬化和解毒等功效)。樱桃番茄中维生素PP的含量居果蔬之首。它可保护皮肤,维护胃液的正常分泌,促进红细胞的形成,对肝病有辅助治疗作用。

近年的研究还发现番茄中还含有一种抗癌、防衰老的物质——谷胱甘肽,以及P-香豆酸和氯原酸,都有消除致癌物质亚硝胺的作用。

3. 温馨提示 番茄不宜空腹生食。因番茄中含有大量的胶质、果质、木棉酚等成分,这些成分易与胃酸发生化学反应,凝结成不溶解的块状物,堵塞胃的出口,使胃内压力升高,引起胃扩张和剧痛。所以最好饭后食用,以免引起胃肠疾病。

二、我国番茄的栽培区域与栽培制度

主要依据番茄能在露地正常生长的季节进行分区。

（一）1 季作区

1. 区域范围 包括黑龙江、吉林、辽宁北部、内蒙古、新疆、甘肃、陕西北部及青海和西藏等地。

2. 气候特点 该区的气候特点是冬季寒冷，全年有 3～5 个月平均气温在 0℃以下，无霜期只有 3～5 个月。一年之中降水少或稀少，夏季温度低，喜温和喜凉性蔬菜均能露地生长。一年之内，只能露地栽培 1 季生长期较长的蔬菜，因而当地露地蔬菜供应呈现冬春半年淡,夏秋半年旺的状况。但这一地区,特别是西部高原地区,冬季日照充足,有利于发展日光温室生产。

3. 主要栽培模式

(1)露地栽培　2 月中旬播种,5 月下旬定植,7 月初至 9 月底收获;或者在 1 月中旬播种,4 月下旬定植,6 月初至 9 月底收获。

(2)春早熟地膜覆盖栽培　播种育苗和定植时间与露地栽培基本一样,上市期提早 7 天左右。

(3)塑料棚栽培

1)小棚春提前栽培　1 月中旬播种育苗,4 月中旬定植,6 月下旬至 9 月底收获。

2)大棚春提前栽培　1 月上旬播种育苗,4 月初定植,6 月初至8 月下旬收获。

3)大棚秋延后栽培　5 月中旬播种育苗,7 月下旬定植,8 ~ 10 月收获。

(4)日光温室栽培

1)越冬一大茬栽培　9 月上旬播种育苗,11 月中旬定植,翌年 1 月下旬至 6 月下旬收获。

2)秋冬茬栽培　7 月中旬播种育苗,9 月上旬定植,11 月初至12月底收获。

3)冬春茬栽培　11 月中旬播种育苗,翌年 2 月中旬定植,4 月初至 8 月中旬收获。

(二)2 季作区

1. 区域范围　包括辽宁南部、河北、河南、北京、天津、山东、山西和陕西,以及甘肃南部,江苏和安徽的淮河以北地区。

2. 气候特点　本区为温带半干旱气候区,1 月平均气温在 0℃以下,冬季有冰冻。全年无霜期 200 ~ 240 天,年降水量400 ~

750 毫米,多集中在 7 ~ 8 月。7 月平均气温 20 ~ 28℃,形成了雨热同季和夏季炎热多雨、冬季寒冷干燥的气候特点。一年之中露地蔬菜可栽培二茬,典型的茬口安排是春夏季栽培茄果类、瓜类和豆类等喜温性蔬菜;夏季换茬栽培根菜、大白菜等喜冷凉性冬储蔬菜。该地冬季不过分寒冷,多数地区晴天较多。近年日光温室和塑料棚蔬菜栽培发展较快。但黄淮地区常遭受连阴雨(雪)及雾天袭害,给日光温室生产带来了很大困难。本区露地蔬菜市场供应存在两淡(夏、冬季)、两旺(春、秋季)现象,由于棚室蔬菜的发展,如今蔬菜的供应状况明显好转。

3. 主要栽培模式

(1)露地春茬栽培　1 月下旬播种育苗,4 月底或 5 月初定植,6 月上旬至 8 月底收获;或者在 1 月上旬播种育苗,4 月中旬定植,6 月上旬至 8 月上旬收获。

(2)地膜覆盖栽培　播种育苗和定植时间与露地栽培基本一样,上市期能提早 7 天左右。

(3)露地夏秋茬栽培　3 月底播种育苗,6 月 20 日左右定植,8 月上旬至 10 月下旬收获。可通过储藏保鲜,供应冬季市场。

(4)塑料棚栽培

1)小棚春提前栽培　12 月中旬播种育苗,4 月中旬定植,5 月底至 8 月中旬收获。

2)大棚春提前栽培　12 月上旬播种育苗,翌年 3 月中旬定植,5 月底至 9 月下旬收获。

3)大棚秋延后栽培　6 月下旬播种育苗,8 月上旬定植,10 月初至 11 月上旬收获。

(5)多层覆盖栽培　通常采用多层覆盖进行秋延后番茄生产。其栽培时间为 7 月上旬播种育苗,8 月上旬定植,10 月上旬至 11 月上旬收获,如果不急于上市,可不采摘果实,而采用挂秧保鲜的方法,将收获期从 11 月中旬延长至翌年的 1 月下旬,择机上市。

(6)日光温室栽培

1)越冬一大茬栽培　9月上旬播种育苗,11月中旬定植,翌年1月下旬至6月底收获。

2)秋冬茬栽培　8月初播种育苗,9月中旬定植,10月下旬至翌年1月中下旬收获,可通过储藏保鲜供应春节市场。

3)冬春茬栽培　11月上旬播种育苗,翌年2月上旬定植,3月下旬至8月上旬为收获期。

(三)3季作区

1. 区域范围　该区包括四川、重庆、贵州、湖南、陕西的汉中盆地,江苏和安徽的淮河以南地区,浙江省、上海市及广东、广西、福建三省、区的北部地区。

2. 气候特点　本区气候温和多雨,平均气温1月0~12℃,7月24~30℃,无霜期240~300天,全年有8~10个月的平均气温在10℃以上。冬季多轻霜,很少有冰冻。年降水量1 000~1 500毫米,且夏季雨量最多。本区适于露地蔬菜栽培的时间很长,一年之中露地可栽培主茬蔬菜三茬。春茬栽培喜温性的茄果类、瓜类、豆类等,秋茬栽培大白菜、小白菜、萝卜等喜冷凉性蔬菜;越冬茬可栽培耐寒的菠菜、乌塌菜、小白菜等。冬季应用的主要保护设施多以塑料大中棚为主,夏季则以遮阳网、防虫网为主。与华北2季作区一样,在露地蔬菜市场供应上,一年之中也存在"两淡两旺"的问题。

3. 主要栽培模式

(1)露地春茬栽培　11~12月播种育苗,翌年4月上中旬定植,5月下旬至10月中旬收获。

(2)大棚栽培

1)大棚春提前栽培　10月中旬播种育苗,2月下旬或3月上旬定植,4月中旬至7月下旬收获。

2)大棚秋延后栽培　7月上旬播种育苗,8月下旬或9月上旬定植,11月中旬到翌年2月中旬收获。

3)大棚多层覆盖栽培　8月中旬播种育苗,9月下旬或10月上旬定植,翌年的1月上旬至5月下旬收获。

(四)多季作区

1. 区域范围　本区主要包括广东、广西、福建三省、区的南部地区及台湾、海南等地。

2. 气候特点　属于亚热带和热带气候区,全年温暖无冬。1月平均气温在12℃以上,全年无霜。由于生产时间长,同一种蔬菜一年可以栽培多次,喜温的茄果类、某些瓜类和豆类也可以在冬季栽培。但本区夏季高温多雨夹带风暴,往往形成蔬菜供应的"夏淡季"。

3. 主要栽培模式

(1)春茬栽培　10~11月播种育苗,翌年1~2月定植,4月下旬至6月下旬收获。

(2)夏茬栽培　1月上旬播种育苗,3月中旬定植,5月底至9月上旬收获。或者在4月下旬播种,6月下旬定植,8月上旬至9月下旬收获。

(3)秋种冬收　于7月上旬播种育苗,8月20日左右定植,10月上旬至12月中旬收获。或者于8月下旬播种,10月上旬定植,11月中旬至翌年的1月下旬收获。

(4)冬种春收　在海南省的三亚、海口、文昌,广东省的湛江、茂名等地,可于9月上旬播种育苗,11月上旬定植,翌年1~4月收获。或者在10月上旬播种育苗,11月下旬定植,翌年的1月中旬至5月下旬收获。

三、番茄的分类与良种介绍

（一）番茄的分类

番茄的分类通常有按生物学习性分类和按栽培习性分类两种分类方法。

1. 按生物学习性分类 可分为一个栽培种和两个野生种。

（1）*番茄栽培种* 栽培种又分为五个变种。

1）普通番茄 蔓性，茎干和分枝很多，不能直立，为栽培中最主要的种类，果大，形状为扁圆或圆球形，色泽有大红、粉红、深红、淡黄等。

2)大叶番茄　又称薯叶番茄，叶形大、叶数少，无裂缺，形似马铃薯叶。果实形状与普通番茄相似，植株分枝性较普通番茄弱。

3)直立番茄　茎直立粗短，可不搭支架，高60~80厘米，叶小而厚，深绿色，果实中等大小，圆形或扁圆形，红色或橙黄色。

4)梨形番茄　果小，形如洋梨，二室，红色、紫色、黑色或黄色。叶浓绿而较小，生性强健。

5)樱桃番茄　果小而圆，形如樱桃，二室。植株强健，茎细长叶小，淡绿色，果实有黄、红等色。

(2)番茄野生种

1)细叶番茄(醋栗番茄)　近野生种，茎细长，叶形小，果实很小，圆形，色鲜红或黄色，每穗可生12~15个果，味酸、子多。

2)秘鲁番茄　野生型，表面多腺毛，果小，二室，有异臭味，均作为育种材料栽植。

2. 按栽培习性分类　常见的有6种分类方法。

(1)按照番茄的生长习性分类　可以分为无限生长型、有限生长型及半有限生长型三类。

1)无限生长型　植株无限生长，一般采用单干整枝法。在条件适宜的情况下，主枝高度可达2米以上，能结果15穗以上，可以作露地栽培或保护地长季节栽培。。

2)有限生长型　在主干生长3~5层花序时封顶，生长点变成花序，不再向上生长，依靠叶腋或花序下部抽生侧枝生长，侧枝生长1~2个花序后顶端又变成花序而封顶，如此反复，再从叶腋形成侧芽生长。因此，该类型的番茄植株较矮，大多也较早熟，一般株高1米左右，可行2~3干整枝，立较矮的简易支架，或不立支架。该类型品种宜作小棚栽培或大棚双层覆盖栽培、露地简易支架密植栽培或无支架栽培。

3)半有限生长型　是指具有无限生长趋势的有限生长类型

的品种。

（2）按照果实大小分类　按照果实大小分类，可分为大番茄、串番茄和樱桃形番茄。

1）大番茄　是指目前常见的果实在130～250克或更大的品种。

2）串番茄　是指类似于葡萄的一串番茄，一般为5～7个果，其中4～6个果基本上一起成熟。串番茄的果形较小，一般为100～130克。

3）樱桃形番茄　果实较小，一般单果重10～20克，大者50～60克。

（3）按照果实颜色分类　按照果实颜色分类，有大红的、粉红的、金黄的、橙黄的、淡黄的、咖啡色的等，这些都是自然界本身就存在的番茄品种。

（4）按熟性分类　可分为早熟种、中熟种和晚熟种。

（5）按照果实的主要用途分类　可分为鲜食和加工储藏两种。鲜食品种主要是适口性好，果形、颜色也好。加工品种则注重果肉的颜色及果肉果汁的糖酸比。

（6）其他　还可以按叶形、果实形状等来分类。

（二）番茄优良品种介绍

1. 番茄品种

（1）粉果棚冠 F_1　河南省高效农业发展研究中心最新育成。耐低温弱光性好，是温室栽培效果更好的一代杂交新品种。无限生长类型，叶量适中，长势中庸。中熟，果实高圆形，粉红色，果肉厚，耐储运。品质优良，果菜兼用。抗烟草花叶病毒病，抗番茄叶霉病，中抗黄瓜花叶病毒病，高抗枯萎病。丰产性好，单果重200克左右，最大800克，亩产6 000～10 000千克。如图3－1所示。

（2）粉果将军 F_1　河南省高效农业发展研究中心同国外合作

图 3－1　粉果棚冠 F_1

最新育成。耐热性好，适于春季露地和保护地栽培，也宜作高山栽培。无限生长类型，植株生长势强。普通叶，叶色深绿，茎粗壮，一般不易徒长。中熟，粉红果，呈圆形，果面光滑圆整，基本无畸形果，商品率高，优果率 95% 以上。果肉厚，果实硬，耐储运。易坐果，品质优良，甜酸适口，果菜兼用。抗病毒病，对青枯病也具有较强的抗性。丰产性好，单果重 200 ~ 250 克。一般亩产5 000千克，高者达10 000千克以上。如图 3－2 所示。

图 3－2　粉果将军 F_1（越夏王）

（3）大红明星 F_1　河南省高效农业发展研究中心同外国专家合作，采用远缘杂交技术育成的早熟无限生长型番茄新品种。果色鲜红，单果重 300 克左右，最大果重 600 克以上。果实圆形，肉厚不易裂果，耐储运。高抗病毒病，抗逆性强，抗寒耐热，异常条件下也可丰产。亩产 6 000 千克左右，最高达8 000千克。全国各地试种均反映良好。本品种是日光温室、夏秋高温季节栽培的理想品种。如图 3－3 所示。

图3－3　大红明星 F_1

（4）中杂 9 号　中国农业科学院蔬菜花卉研究所育成的一代杂交种。适合全国各地保护地栽培。无限生长类型，生长势强。中熟品种。第七至第八节着生第一花序。果实圆形，粉红色，品质优良。单果重 200 克左右。抗病毒病、叶霉病、枯萎病。低温弱光条件下坐果率高，畸形果少，不易裂果。留3～4 穗果，一般亩产5 000～7 000千克，如图 3－4 所示。

图3－4　中杂9号

（5）杭杂 1 号　浙江省杭州市农业科学研究院育成的杂交种。无限生长类型，植株开展度中等；第一花序发生于第七叶位，花序间隔3 叶；果实光滑圆整，无果肩，略有棱沟；单果重 200 克左右，单株可结果数 20 个左右；成熟果大红色，色泽鲜亮，着色一致，果肉、胎座及种子外围胶状物均为红色，商品果率高，果实口感好、品质佳；果肉厚约0.8厘米，不易裂果，较耐储运；抗叶霉病。

（6）金棚一号　西安皇冠蔬菜研究所育成的杂交种。属无限生长型粉果类番茄，植株生长势中等，开展度小，叶片较稀，茎秆细，节间短，主茎第七节着生第一花穗，以后每隔3叶或2叶着生1个花穗。果实硬度好，果肉厚，心室多，果心大，耐挤压，货架寿命长，长途运输损耗率低，深受菜商喜爱。果形好，果实高圆，似苹果形，大小均匀，一般单果重200～250克。幼果无绿肩，成熟果粉红色，均匀一般，亮度高，畸形果、裂果、空洞果极少。口感比较好。高抗番茄花叶病毒病，中抗黄瓜花叶病毒病，高抗叶霉病和枯萎病，灰霉病、晚疫病发病率低，极少发现筋腐病。抗热性好。

（7）浙粉208　浙江省农业科学院蔬菜研究所育成的杂交种。无限生长型，中熟，长势强；叶色浓绿，叶片肥厚。第一花序节位7～8叶，花序间隔3叶，连续坐果能力强。幼果淡绿色、绿果肩；成熟果粉红色，果表光滑，着色一致；果实大小均匀，单果重230克左右；第一花序果实畸形果率低，田间表现抗青枯病。

（8）浙杂205　浙江省农业科学院蔬菜研究所育成的杂交种。无限生长型，长势中等，植株开展度较小，叶柄和茎秆的夹角较小，叶片较小；中早熟，第一花序发生于第七叶位，花序间隔3叶；坐果性佳，平均单株结果16～18个（6穗果）；果实光滑圆整，无果肩，大小均匀，无棱沟，果洼小，果脐平，心室3～4个；成熟果大红色，色泽鲜亮，着色一致，商品果率高，果实口感好、品质佳；果实单果重160～180克；果实较硬，果皮韧性好，果肉厚，不易裂果，耐储运。田间表现，抗番茄花叶病毒病，高抗枯萎病，中抗叶霉病。

（9）爱莱克拉FA－516　浙江省农业科学院蔬菜研究所从以色列海泽拉优质种子公司引进。无限生长型，第一花序着生于第九叶左右，花序间隔节位3～4叶。果实圆形，单果重160～240

克;未成熟果实有青肩,成熟果红色,着色均匀,硬度高,耐储运;可溶性固形物含量较高。植株生长势较强,连续结果性佳。田间表现较抗黄萎病、枯萎病、烟草花叶病毒病。

(10)合作906　上海市长征良种实验场育成的杂交种。有限生长类型,中早熟,生长势强。第一穗花序着生于主茎第六节至第七节。高抗烟草花叶病毒病。丰产性好,亩产4 000～5 000千克。果形大,平均单果重250克左右。果实粉红色,果肉厚,果形圆整,耐运输,储藏性好,商品性特佳。口感好,酸甜适中,生食口味极佳。

(11)合作903　上海市长征良种实验场育成的杂交种。早中熟有限生长型品种,分枝能力强,株高60～80厘米,始花节位7～8节,果实高圆球形、红色,果肉厚、腔小,平均单果重228.4克。耐储运,果实可溶性固形物含量约6%。

(12)合作908　上海市长征良种实验场育成的杂交种。始花节位第九节,果实圆球形、粉红色,果肉厚、腔小,平均单果重214.9克。中早熟品种,无限生长型,分枝少,耐储运;果实可溶性固形物含量约6.5%,口味好。

(13)沈粉3号番茄　辽宁省沈阳市农业科学研究院育成的杂交种。无限生长类型中熟品种。株高90～100厘米,株幅40～50厘米,普通花叶型,叶色浓绿。第一花序着生在9～10节,每花序间隔3片叶,每花序着生5～6朵花。果实粉红色,果面光滑,扁圆形,纵径6厘米左右,横径8厘米左右,心室8个,平均单果重200克左右。单株产1.7～2千克,亩产6 000～7 000千克。果肉厚,品质好,甜酸可口。耐肥,且耐热性较强。较抗叶霉病和耐其他病害。耐运输。

(14)沈农大粉　沈阳农业大学育成的杂交种。无限生长型,生长势较强。第一花序着生于9～10节位,每隔3片叶着生1个花序。果实深粉色,近圆形,稍带绿果肩。单果重200克左右。

果脐小，果面光滑，品质佳，商品性好。抗叶霉病和病毒病(TMV)，耐灰霉病，耐低温寡照。

(15)浙粉202　浙江省农业科学院园艺所最新育成的无限生长类型粉红果杂交品种。中熟，7叶着生第一花序，长势中等；叶子稀疏，叶片较小；果实高圆形，果皮厚而坚韧，果肉厚，裂果和畸形果极少；青果无果肩，成熟果粉红色，着色一致；特大果型，单果重300克左右，大果可达450克以上。高抗番茄花叶病毒病和叶霉病，耐黄瓜花叶病毒病和枯萎病。该品种耐低温和弱光性好，特适宜冬春季节南方大棚和北方日光温室栽培。长江流域和北方喜食粉果地区栽培。

(16)浙杂809　浙江省农业科学院园艺研究所茄果类育种组利用亚洲蔬菜研究发展中心和美国引进材料，最新育成的杂交番茄新品系。自封顶类型杂交品种。早熟，长势强健，株高80厘米左右；主茎7~8叶着生第一花序，花序间隔1~2叶，3穗花序封顶；叶色浓绿；结果性好，每花序结果3~4个；幼果浅绿色，无果肩，成熟果实大红色，着色均匀，无棱沟，高圆形，平均单果重200~250克；皮较厚，商品性和耐储运性均佳。高抗烟草花叶病毒病，耐叶霉病和早疫病，抗逆性强。适合大棚早熟栽培和春秋露地栽培，也宜作高山栽培。

(17)浙杂5号　浙江省农业科学院园艺研究所最新育成的无限生长类型杂交品种。中熟，果实高圆，果重200克以上，每花序结3~4果，连续收获6穗果，抗烟草花叶病毒病，耐青枯病、早疫病，耐储运。适宜在长江流域作春露地高产栽培及华南地区秋季作南菜北调品种使用，也是江南地区高山番茄栽培常用品种。

(18)浙杂806　浙江省农业科学院园艺研究所最新育成的无限生长类型杂交品种。生长势强，中熟偏晚，果实高圆，果重220~250克，单穗结果3~4个，连续收获6~7穗果，亩产可达10 000千克左右。其他特性及栽培适应性同浙杂5号。

(19)浙粉201　浙江省农业科学院园艺研究所最新育成的有限生长型粉红果杂交品种。早熟，生长势较强；果形圆球形，单果重240克以上，最大果可达450克；抗烟草花叶病毒病，耐早疫病，宜春季大棚或露地栽培，也可作秋用，长江流域及北方喜粉果地区均适宜推广种植。

(20)中杂12号　中国农业科学院蔬菜花卉研究所育成的杂交番茄品种。早熟，果实红色，圆形，青果有绿果肩。单果重200~240克。品质好，耐储运，酸甜适度。抗病毒病、叶霉病和枯萎病。适合春季日光温室、塑料大棚以及露地栽培。

(21)喜悦　河南民发农业发展有限公司研发中心育成的硬果杂交品种。无限生长类型，植株生长势中等，叶片小，属高光效品种。果实高圆形，粉红色，着色均匀，无绿肩，与同类对照品种对比果个大，单果重200~300克，最大可达500克。肉厚果硬，极耐储运，货架寿命时间长。抗病性强，高抗病毒病、叶霉病，抗枯萎病。耐低温、弱光能力强，适应性广。适合春季日光温室、塑料大棚以及露地栽培，如图3-5所示。

图3-5　喜悦

(22)中杂101　中国农业科学院蔬菜花卉研究所育成的杂交番茄品种。果实近圆形，幼果有绿果肩，粉红色。单果重200~250克。早熟性好，品质优良。抗番茄花叶病毒病，耐黄瓜花叶病毒病，抗叶霉病、枯萎病。适合日光温室和塑料大棚的春季早熟栽培，也可春季露地栽培。

(23)中杂102　中国农业科学院蔬菜花卉研究所育成的杂交番茄品种。无限生长类型。中熟，红色，圆形。果色鲜艳，着色均匀。单果重130～150克，果面光滑，每穗可坐果5～7个，果实大小均匀，可整穗采收上市。耐储运性较好。连续坐果能力强，抗番茄花叶病毒病和枯萎病，适合温室栽培，如图3－6所示。

图3－6　中杂102

(24)中杂105　中国农业科学院蔬菜花卉研究所育成的杂交番茄品种。无限生长型，中早熟。粉红色，圆形，单果重180～220克。果实硬度高，耐储运。商品果率高，品质优，口味酸甜适中。抗番茄花叶病毒病、叶霉病和枯萎病。丰产性好，特别适合日光温室和大棚栽培，如图3－7所示。

图3－7　中杂105

(25)中杂106　中国农业科学院蔬菜花卉研究所育成的杂交番茄品种。无限生长类型，生长势较强，近圆形，幼果有绿果肩，粉红色。单果重180～220克，果形整齐、光滑，品质优良，商品性佳。早熟性好，产量高。抗叶霉病、番茄花叶病毒病、枯萎病，耐黄瓜花叶病毒病。适宜春秋季日光温室和塑料大棚以及露地栽培。

（26）佳粉 15　北京蔬菜中心育成的杂交番茄品种。无限生长型，中熟，高抗叶霉病、番茄花叶病毒病，耐黄瓜花叶病毒病，幼果有绿色果肩，成熟果粉红色，果形圆或稍扁圆，单果重 200 克，品质优良，高产稳产，如图 3－8 所示。

图 3－8　佳粉 15

（27）佳粉 16　北京蔬菜中心育成的杂交番茄品种。无限生长型，中熟偏早，高抗病毒病和叶霉病，果形周正，成熟果粉红色，单果重180～200 克，裂果、畸形果少，叶量适中，不易徒长，且不郁闭，适合春秋季塑料大棚种植，尤其适宜塑料大棚种植。

（28）佳粉 17　北京蔬菜中心育成的杂交番茄品种。无限生长型，中早熟，果大，高产，高抗病毒病和叶霉病，100% 植株被有茸毛，对蚜虫、斑潜蝇有明显防效，如图 3－9 所示。

图 3－9　佳粉 17

（29）佳粉 18　北京蔬菜中心育成的杂交番茄品种。无限生长型，中熟，粉色硬肉，货架保鲜期长，耐储运，单果重 200 克左右，高抗叶霉病及番茄花叶病毒，适合各种保护地栽培。

（30）佳粉 19　北京蔬菜中心育成的杂交番茄品种。无限生长型，中熟，果大整齐，商品果率高，粉色硬肉，货架保鲜期长，耐储运，高抗叶霉病及番茄花叶病毒病，适合保护地兼露地栽培。

(31)佳红4号　北京蔬菜中心育成的杂交一代番茄品种。红果抗裂，耐储运型新品种。无限生长型，中熟偏早，高抗病毒病和叶霉病，果形周正圆形，果肉硬，商品果率高，适宜保护地兼露地栽培，如图3－10所示。

图3－10　佳红4号

(32)佳红5号　北京蔬菜中心最新选育的红色硬肉、耐储运型番茄新品种。无限生长型，中熟，耐裂性强，可成串采收，耐储运，单果重130～150克，果形周正均匀，成熟果亮红润泽，商品性好，高抗叶霉病及番茄花叶病毒病，适合各种保护地和露地栽培，如图3－11所示。

图3－11　佳红5号

(33)佳红6号　北京蔬菜中心最新选育的红色硬肉、耐储运型番茄新品种。无限生长型，中熟，果皮韧性好、耐裂果性强，单果重150～200克，产量高，高抗叶霉病及番茄花叶病毒病，抗线虫，适合各种保护地兼露地栽培，如图3－12所示。

图3－12　佳红6号

(34)西方佳丽　河南省庆发种业有限公司引进国外材料选配的硬果早熟番茄杂交种。该品种早熟，无限生长型。叶片稀少。果实粉红色，高圆形，果形极整齐，果皮厚，果肉坚实，耐储运，果脐及果蒂小，果皮光滑有光泽、商品性好。高抗叶霉病、灰霉病、病毒病、溃疡病、筋腐病、脐腐病等病害，单果重200～250克，连续坐果能力强。良好管理下，亩产可达12 000千克左右。适于保护地及露地种植。

(35)希茜　河南省庆发种业有限公司引进国外材料选配的硬果型、大红色、无限生长型、长货架期番茄新品种，高抗病害，适宜春、秋两季栽培，耐低温弱光，也适合温室长季节栽培。红色，果实整齐，可整穗采收，单果重180克，果肉厚达1厘米，肉多汁浓，耐储运，常温储藏达1月之久，单季产量12 000千克，温室长季节栽培产量可达20 000千克以上。

(36)多美一号　河南省庆发种业有限公司引进国外材料选配的中早熟番茄杂交种。无限生长型，生长势强，在低温弱光条件下，叶片深绿，坐果良好，果实膨大快，前期产量高。果实深粉红色高圆形，单果重300克左右，果形整齐，果皮厚，耐压及耐长途运输，商品性极佳。高抗叶霉病、病毒病、抗枯萎病及斑点病等病害。适于日光温室冬春茬、早春茬栽培，也适合春露地及越夏栽培。

2. **樱桃番茄品种**

（1）红胜玉　河南省庆发种业有限公司引进国外材料选配的杂交水果型小番茄。无限生长型，耐热耐寒，抗病性强，株型紧凑，果实卵圆形，单果重20克左右。中早熟，坐果节位低，果穗密，每2～3叶1穗果，每穗果20个左右。产量可达5 000千克以上，果面光滑鲜亮，美观，颜色鲜红，口感好。

（2）串珠樱桃番茄　中国农业科学院蔬菜花卉研究所选育的樱桃番茄品种。属自封顶生长型，叶片深绿色。主茎5～6片叶开始着生花序，以后每间隔1～2片叶着生1个花序，每序着花8～12朵。坐果率高达90%以上，每株可结果100个以上。果穗上着生的果实排列整齐。果实椭圆形，果面光滑，果形美观，单果重10～15克，大小均匀，幼果有浅绿色果肩，成熟果鲜红色，色泽鲜艳。果肉脆嫩，风味浓郁，不裂果，耐储运，如图3－13所示。

图3－13　串珠樱桃番茄

（3）美樱2号　中国农业科学院蔬菜花卉研究所育成的杂交品种。有限生长型，生长势强，坐果率90%以上。单果重12～15克，椭圆形，大小均匀，不裂果，耐储运，口感脆甜，商品性好。抗病性强。

（4）韩国黑珍珠　该品种由日本公司开发韩国品种资源而来，2006年即进入我国内地市场推广。紫褐色，南方表现棕褐色，西北表现深紫色；正圆形果，单果重平均18克，成熟后果肩部黑褐色，一般果穗成果7～13果，口味浓郁；无限生长型，植株生长势强，平均每个生产季节可采收7穗果；抗病性一般，应当加强病害预防。适合全国各地不同栽培方式栽培。

(5)京丹1号　北京蔬菜中心最新选育的樱桃形番茄新品种。无限生长型，中早熟，果实圆形，成熟果色泽透红亮丽，果味酸甜浓郁，口感极好，单果重10克，适宜保护地高架栽培，如图3－14所示。

图3－14　京丹1号

(6)京丹3号　北京蔬菜中心最新选育的枣形番茄新品种。无限生长型，中熟，节间稍长，有利于通风透光，果实长椭圆形，成熟果亮红美观，口味甜酸浓郁，品质佳。适于保护地栽培。

(7)京丹5号　北京蔬菜中心最新选育的枣形番茄新品种。无限生长型，中熟偏早，坐果习性良好，成熟果亮丽红润，长椭圆形，糖度高，风味浓，抗裂果，如图3－15所示。

图3－15　京丹5号

(8)京丹6号　北京蔬菜中心最新选育的硬肉大樱桃番茄树专用新品种，无限生长型，中熟，果肉硬，抗裂果，可成串采收，水培番茄树栽培条件下，口感极佳，高抗病毒病和叶霉病，适宜保护地长季节和旅游观光树栽培。

(9)京丹绿宝石　北京蔬菜中心最新

选育的樱桃番茄新品种。无限生长型，中熟，圆形果，成熟果绿色透亮似宝石，单果重 20 克左右，果味酸甜浓郁，口感好，是保护地特菜生产中的珍稀品种，如图 3－16 所示。

图 3－16　京丹绿宝石

（10）京丹黄玉　北京蔬菜中心最新选育的樱桃番茄新品种。无限生长型，中熟，果实长卵形，成熟果颜色嫩黄诱人，似美玉，单果重 35 克左右，风味佳。适于保护地栽培。

（11）京丹彩玉 1 号　北京蔬菜中心最新选育的樱桃番茄新品种。无限生长型，中熟，果实长卵形，成熟果红色底面上镶嵌有金黄条纹，单果重 30 在左右，口感好，如图 3－17 所示。

图 3－17　京丹彩玉 1 号

（12）京丹粉玉 2 号　北京蔬菜中心最新育成的特色樱桃番茄新品种。植株为有限生长型，主茎 6～7 片着生第一花序，熟性早。果实长椭圆形或椭圆形，单果重 15 克左右，幼果有绿色果肩，成熟果粉红色，品质上乘，口感风味佳，耐储运性好，是保护地特菜生产中的珍品。

(13)浙杂210　浙江省农业科学院蔬菜研究所育成的杂交种。无限生长型，生长势旺，中早熟；始花节位6～7叶，花序间隔3叶，坐果性好；果实枣形，果表光滑，大小均匀，单果重40克左右，一般每花序结果10个左右，排列整齐，成串采收；幼果白绿色，果肩淡绿色，成熟果大红色，着色均匀一致，色泽鲜艳。果实含可溶性固形物7%左右，肉质脆爽，口感酸甜，适合鲜食。田间表现抗枯萎病、病毒病，中抗叶霉病。

(14)美国黑樱桃　该品种来自于美国缅因州，习惯叫做黑樱桃番茄，植株生长葱郁，叶色浅绿，果形正圆，红褐色，色泽靓丽，口味酸甜适口，平均单果重17克，商品性状好，卖相优越。无限生长，果穗结果一般9～14个果；此品种对低温很敏感，不耐低温，抗病性一般，应当加强病原性病害和生理性病害预防，适合我国南北方地区早春季节及秋延后栽培，西北、东北地区春夏季节栽培，以及南方地区越冬栽培，北方地区越冬设施栽培需严格掌控温度条件，温差大、光照不足畸形果多。

(15)黄珍珠樱桃番茄　中国农业科学院蔬菜花卉研究所选育的樱桃番茄品种。无限生长型，生长势中等。在主茎7～8节着生第一花序，以后每间隔3片叶着生1个花序，每花序着花8～12朵。果实圆球形，果形美观，单果重8～12克，大小均匀，幼果有浅绿色果肩，成熟果黄色，色泽鲜艳，味浓质脆，抗裂耐压。

(16)小皇后樱桃番茄　中国农业科学院蔬菜花卉研究所选育的樱桃番茄品种。自封顶生长型，生长势中等。主茎5～6片叶开始着生花序，以后每间隔1～2片叶着生1个花序，每序着花10朵以上，坐果率高，果穗上着生的果实排列整齐。果实椭圆形，幼果有浅绿色果肩，成熟果鲜黄色，着色均匀，果实光滑，果形美观，单果重10～15克，大小一致。抗裂，耐储运。

(17)北京樱桃番茄　中国农业科学院蔬菜花卉研究所选育的樱桃番茄品种。无限生长型,生长势强。第一花序着生在主茎8～9片叶上,以后每隔3片叶着生1个花序,花序长达15～25厘米,每序着花15朵以上,多的可达30余朵,坐果率高达90%以上,果穗上着生的果实排列整齐、美观。果实圆球形,果面光滑,单果重25克左右,大小均匀,整齐一致。幼果有浅绿色果肩,成熟果鲜红色,色泽鲜艳。果实圆整,不易裂果,甜酸适口,味浓爽口,如图3－18所示。

图3－18　北京樱桃番茄

(三)砧木优良品种

1. **开拓者 F_1**　河南省高效农业发展研究中心同国外合作育成的番茄砧木。主要抗番茄青枯病和枯萎病。早期幼苗生长速度中等,若采用劈接法,须比接穗提前播种3～5天。茎较粗,易嫁接。根系发达,吸肥力和生长势强。是保护地及露地各种栽培形式的番茄砧木,如图3－19所示。

图3－19　开拓者 F_1

2. **前进 F_1**　河南省高效农业发展研究中心

同国外合作育成的番茄砧木。为杂交种，抗枯萎病、青枯病、黄萎病、根结线虫以及烟草花叶病毒病。幼苗生长速度快，劈接时可与接穗同时播种或早播3天。幼苗茎较粗，易嫁接。吸肥力中等，生长势较强。适合作露地及保护地各种栽培型的番茄砧木。

3. **胜利 F_1** 河南省高效农业发展研究中心同国外合作育成的番茄砧木。为杂交种，抗枯萎病、黄萎病、褐色根腐病、根线虫以及烟草花叶病毒病。幼苗早期生长速度较慢，幼苗茎较细。采用劈接须比接穗提早7天播种。吸肥力和生长势均较强。为保护地专用型番茄砧木品种。如图3－20所示。

图3－20 胜利 F_1

4. **不死鸟** 河南省高效农业发展研究中心引进推广的茄果类砧木新品种。自1998年以来，连续推广面积已达数万亩，在安徽省阜阳市，河南省洛阳市、濮阳市等重茬种植10年茄子地块上，同绿油油青茄进行嫁接栽培，均产生过亩产20 000千克以上的高产纪录。

该品种的主要优点是同时抗4种土传病害（黄萎病、枯萎病、青枯病、根线虫病），达到高抗或免疫程度，植株生长势较强。根系发达，粗长根较多，呈放射状分布，吸收水分、养分能力强。茎黄绿色，粗壮，节间较长。叶较大，茎及叶上少刺。花白色，每株着生花蕾较多，小果呈浅黄色，2～3个果1簇直接着生于粗干上。种子粒极小，千粒重为1克，种子成熟后具有极强的休眠性，因此发芽困难。幼苗出土后，初期生长极慢，特别是低温条件下生长迟缓，长出3～4片真叶后，生长迅速接近正常，因此嫁接时须比接穗提早25～30天播种。该砧木用于多种栽培形式下的嫁接栽培,嫁接成活率高,嫁接后除具有高度的抗病性外,还具有耐高温干旱、耐湿的特点,果实总产量高,品质优。适宜作露地及保护地各种栽培型的茄子、番茄及辣椒砧木。

5. 红茄(赤茄) 该砧木属于野生茄类型,应用较多,应用时间长。其与番茄的嫁接亲和性较好,对番茄的生长势无明显影响;对茄科的青枯病、线虫和根腐病的抗性较强,也较耐热,但对枯萎病的抗性一般。耐寒能力一般,用于冬季栽培时,效果不理想。

6. CRP 茄子野生种,嫁接亲和性好。该品种的茎、叶刺较多,故也称刺茄。CRP高抗茄子黄萎病,苗期抗猝倒病,较耐低温,是我国北方普遍推广应用的优良砧木品种。但易感染立枯病。

7. 耐病VF 该砧木属种间杂交茄,与番茄的嫁接亲和性较强,对茄科黄萎病和根腐病的抗性较好;嫁接植株初期生长较快,长势比红茄强,早期的产量也较高,丰产性能好;耐热耐低温,但对茄科的青枯病和根线虫病抗性一般。

8. 其他 其他适合番茄嫁接的砧木品种还有PFR－K64、PFR－S64、LS279等。

四、番茄育苗技术

育苗是蔬菜栽培过程中的重要环节，是指不直接在栽培田中进行播种，而是在苗床或其他育苗设施中播种，而后人为创造出适宜幼苗生长发育的环境条件，培育出符合生产要求的壮苗，在外界环境条件适宜蔬菜生长时或者土地腾出茬口时，再进行定植的全部过程。

（一）番茄育苗的好处

1. 提高土地利用率 番茄在苗期生长速度较慢，从播种到植株开花需要的时间较长。通过育苗，可以使番茄漫长的苗期在面积较小的苗床中度过，进而可以腾出大量土地供其他作物生产应用，能提高土地利用率。

2. **利于培育壮苗**　番茄在苗期开展度较小，进行育苗不仅可以减少占地面积，更重要的是在面积较小的苗床上，便于对幼苗集中进行温度、湿度、防病、治虫、除草等操作管理，利于幼苗在适宜的环境条件下生长发育成健壮的幼苗。

3. **提高种植效益**　育苗一般是在外界环境条件不适宜番茄生长的季节中进行，而后在环境条件适宜时定植田间，这样可以使产品提早成熟，提前上市，延长生长季节，增加总产量，进而达到提高经济效益的目的。

4. **节省种子**　育苗在适宜环境条件下进行，种子出苗快、出苗整齐、出苗率高，相对田间直播而言，可大大节省种子用量。

（二）常规育苗技术

1. **播种量确定**　在保证有充足用苗的前提下，适量播种不仅可以减少种子用量，还可以节省土地，便于管理，降低成本。通常可按照下式计算播种量：

每亩播种量（克）= 每亩株数 ÷［每克种子粒数 × 发芽率% × 净度%］，或每亩播种量（克）= 每亩株数 ÷1 000 × 千粒重 ÷ 发芽率% ÷ 净度%。

需要指出的是：以上公式计算的播种量，只是理论数据，实际操作时需要增加用种。因为实际播种时，种子发芽率比室内发芽试验的发芽率低，而且能发芽的种子不一定能出苗，出苗后由于种种原因不一定能长成壮苗，长成壮苗的也不一定100%能在定植大田前不受病虫、人为或家禽、家畜等的碰伤或损害，所以实际播种量一般要比理论播种量高10% ~20%。

注：番茄种子千粒重在3 ~4克。如果按亩栽3 000株计算，则1亩购种量 =3 000（亩株数）÷1 000（千粒种子）×4（千粒

重)÷90%(发芽率)÷99%(净度)×1.5(保险系数)≈20(克),即种植1亩番茄需购买20克种子。

2. 苗床面积确定 苗床是为番茄幼苗提供温度、湿度、矿质营养、光照等适宜其生长发育环境条件的场所。苗床性能的好坏直接影响着幼苗的质量,是育苗成败的关键因素之一。根据苗床的用途可把苗床分为播种床和分苗床。苗床面积确定可依据育苗容器大小、定植面积、亩株数而定。

(1)播种床 指在其上进行播种,利用其具有的营养条件使种子发芽、出苗,生长到分苗所使用的场所。

播种床面积(米^2)=实际播种量(克)×每克种子粒数×每粒种子所占的面积(厘米^2)÷10 000。

(2)分苗床 是幼苗在播种床上生长到一定阶段后,为扩大幼苗的营养面积,把具有一定大小的幼苗分栽所使用的场所。分苗床面积要根据苗子的数量和分苗方式进行确定。一般情况下,播种床面积大,分苗床面积也会较大,但具体还要根据成苗量进行确定。具体确定方法可参照如下公式进行:

分苗床面积(米^2)=苗数×每株秧苗的营养面积(厘米^2)÷10 000

一般情况下进行撒播,1米^{2}苗床的播种量在10~15克,每亩地的需种量为20克,低温时要多播,可达25~30克,如此计算每亩播种床的面积为2~3米^2;如进行营养钵点播,以应用10厘米×10厘米营养钵,亩备钵4 000个为例,需建造苗床面积40米^2,占地面积50~60米^2。1米^{2}苗床育苗数量可通过查表4-1获得。

表 4－1　1 米^2 苗床育苗数量查对表

行距(厘米) 株数(株) 株距(厘米)	2	3	4	5	6	7	8	9	10	11	12	13
2						714	625	555	500	454	416	384
3						476	416	370	333	303	277	256
4						375	312	277	250	227	208	192
5					333	285	250	222	200	181	166	153
6				333	277	238	208	185	166	151	138	128
7	714	476	375	285	238	204	178	158	142	129	119	109
8	625	416	312	250	208	178	156	138	125	113	104	96
9	555	370	277	222	185	158	138	123	111	101	92	85
10	500	333	250	200	166	142	125	111	100	90	83	77
11	454	303	227	181	151	129	113	101	90	82	75	70
12	416	277	208	166	138	119	104	92	83	75	69	64

3. **苗床建造技术**　番茄苗床建造应选择背风向阳、地势高燥、土质疏松、保水和排水良好、管理和交通方便、距栽培田较近的地方。建苗床地块 2～3 年未种过茄果类蔬菜，并且地势开阔，无高大建筑物及树木遮光。盐碱地必须换土或进行防盐碱处理，否则番茄幼苗会受到盐碱侵害，致使出苗困难或死苗。

场地确定后，先做好苗床的设计。生产上多采取长 10 米、宽 1.3 米的苗床作为标准苗床，栽一亩番茄需两个标准苗床。苗床的排列依各地常见风向和太阳光照强度而定。首先按照苗床规格和田间设计，画好苗床底线框。将框内的表土（即地表 20～30 厘米的耕作层）挖出放在一边，可用于配制营养土的园土，再从框内挖出底土，在苗床的四周以画好的底线为中线培畦埂，埂高 15～20 厘米，畦埂踩实后，将床底整平待用，如图 4－1 所示。

使用时填入 10～12 厘米厚的营养土（1 米^2 需营养土

图 4-1　苗床框架

120～200千克），或摆入选定的穴盘或营养钵，待机播种。

4. 营养土的配制　营养土是以肥沃园土为基础，配合一定比例的营养元素混合而成的一种适于幼苗生长的土壤，成本低，应用广泛。番茄的花芽分化在苗期就已经开始，培养土对番茄的产量将产生重要影响。

（1）营养土与培养壮苗的关系　作物幼苗的生长，除具备良好的自身素质（内因作用）外，还受肥、水、光、热、气（外因作用）等的影响。作物根系吸收作用的强弱与培养土的温度、湿度、酸碱度和透气性等有密切关系。

1）营养土的肥沃度　幼苗的吸肥量尽管很小，但由于其密度大，单位时间内单位面积上的需肥量也很大，因此，苗床土要求很肥才能保证秧苗的生长需要，如果土壤贫瘠，营养供应不足，秧苗生长发育受阻，就会引起僵苗不发。为了保证土壤肥沃，应合理地增施多种肥料，虽然氮肥是培育壮苗、生长叶片的主要肥料，但不可重施、偏施，否则会导致苗子徒长，降低抗性。

2）土壤中矿质盐类的浓度　幼苗所能忍耐的土壤中无机盐的浓度要比成株期小得多。因此，既要使床土中含有丰富的矿质盐类，又要不使土壤中盐的浓度过高。为了达到这个目的，应该使床土中含有较高的有机质，靠有机质中的腐殖质胶体吸附矿质元素，使土壤中盐的浓度保持在适宜的水平，当土壤溶液中的矿质元素被作物利用以后，腐殖质胶体吸收的矿质元素可释放出来供给根系利用。

3）床土的酸碱度　多数蔬菜适合于中性土壤，土壤酸性过强（pH < 6）时，磷肥易与铁、铝化合形成难溶性的磷酸铁、磷酸铝，这些物质不但很难被根吸收，而且能减弱土壤中微生物的活力。土壤碱性偏大（pH > 7.5）不但对根有害，而且磷易与钙结合形成磷酸钙，不能被根吸收利用。有的地方用塘泥、河泥来配制育苗床土，切记使用前一定要先播上几粒种子看其能不能出芽，并观察其长势，有条件的可用 pH 试纸测定它的酸碱度。

4）营养土的保肥性、保水性及通气状况　在团粒结构好的土壤中，各个团粒之间的孔隙大，容易透水，并可容纳大量空气，在每个团粒之内都能保持较高的水分，而增施有机肥，能促进土壤团粒结构的形成，故在配制床土时应施入大量的腐熟有机肥，以保持床土较好的保肥、保水及通气性能。

（2）营养土应具备的条件　番茄幼苗对于土壤温度、湿度、营养和通气性等都有较严格的要求，营养土质量的好坏直接影响着幼苗的生长发育。根据番茄秧苗生长发育的特点，营养土必须含有丰富的有机质，一般要求有机质的含量不低于5%，以改善土壤的吸肥、保水和透气性；还要求营养成分完全，具备氮、磷、钾、钙等秧苗生长必需的营养元素，氮、磷、钾的含量分别不低于0.2%、1%和1.5%；具微酸性或中性（pH6.5～7），以利根系的吸收活动；要求不能有致病病原和害虫（包括虫卵）；为保证秧苗移植时土坨不易松散，既要求土质疏松，还要求营养土具有一定的黏性。

（3）营养土的基本配方

1）有机肥为主的配方

☛园土。应选用2～3年未种过茄果类、瓜类蔬菜、油菜和烟草作物的园土，以降低土传病害如猝倒病、立枯病、早疫病、绵疫病、菌核病的发生频率。以前茬种过豆类、葱蒜类、芹菜或生姜等作物田的园土较好。因豆类作物在土壤中遗留根瘤，土质肥沃；葱蒜类土壤含有大蒜素，可抑制或杀灭土壤中的病菌；生姜地施肥多，土质好，且含侵害番茄的病菌很少。园土应选用地表0~20厘米深的熟土，在8月高温时掘取，经充分烤晒后，打碎、过筛，去除杂物，储存于遮光避雨处或用薄膜覆盖，保持干燥备用。

☛ 有机肥。有机肥是幼苗的主要营养来源。优质的有机肥能促进土壤形成良好的团粒结构，使营养土具备良好的保水性、透水性和通气性。

常用的有机肥有厩肥、堆肥、河泥、塘泥、草炭、饼肥等。厩肥为猪、牛、羊、马粪等，为各地常用有机肥。堆肥中以杂草、绿肥、作物秸秆、垃圾等物较多。

厩肥和堆肥营养丰富，对改善土壤物理结构，提高通透性有较好的作用，但必须充分腐熟发酵后才能使用。

江南地区河塘较多，河泥、塘泥经过冰冻风化，质地疏松，养分丰富，且不带病菌。

在草炭丰富的地区，利用其配制营养土非常适宜，草炭中含有70%~90%的有机质，营养丰富，且不含病菌和杂草种子，其含有的腐殖酸还能促进土壤养分的转化，配制的营养土质地疏松，重量轻，易搬运。天然草炭挖出后，要经冬天冻结，翌年才能使用。

有机肥选择时还须注意：在低温季节育苗以选择马粪、鸡粪、羊粪、豆饼、芝麻饼等暖性肥料较好。高温季节育苗宜选用鸭粪、猪粪、牛粪、塘泥等冷性肥料。这些有机肥，可以单用，也可以混用，但不论怎么使用，在使用前必须将其充分腐熟发酵，并打碎捣细过筛，以避免肥料中的虫卵和有害的病原菌侵染幼苗导致病虫害的发生；避免大粒的生粪在育苗时烧灼幼苗根系而造成死苗。

同时有机肥充分发酵后，其中的有机质能够更方便幼苗吸收利用。

如果园土不肥，有机质养分含量低，在 1 $米^3$ 营养土中加入过磷酸钙 2～3 千克，复合肥(氮: 磷: 钾 =15: 15: 12)2～3 千克即可。

在南方红壤土等土质酸度较高的地区，配制营养土时可加入适量石灰，以中和酸度，并增加土壤钙质。

土壤黏重的地区，营养土中加入 10%～20% 的粗沙或蛭石，以提高土壤通透性。

营养土的配方各地可根据当地条件，选用不同的有机肥和田园土混合而成。

A. 播种床配方。有机肥 4 份，园土 6 份，同时在每 1 000 千克粪土中加入尿素 0.2 千克、磷酸二铵 0.3 千克、草木灰 5～8 千克及 50% 甲基托布津可湿性粉剂或 50% 多菌灵可湿性粉剂 100 克、2.5% 百虫毙可湿性粉剂 1 千克。

B. 分苗床配方。由于分苗床需要床土具有一定的黏性，利于起苗时土坨不散。因此与播种床相比要加大园土的量，一般有机肥 3 份，园土 7 份，其他肥料与杀菌、杀虫剂的量与播种床相同。

2)无机肥为主配方　每 1 000 千克园土，加尿素 250 克，普通过磷酸钙 1 500～2 500 克，50% 硫酸钾 500～1 000 克，硼镁锌肥 500 克，烘干鸡粪 20 千克，1.8% 爱福丁乳剂 250 克，70% 敌克松可湿性粉剂 150～250 克。

(4)营养土的配制技术

1)配制时间　营养土的配制时间，以播种前 60 天为宜。

2)消毒处理

福尔马林消毒。播种前 20 天，用福尔马林 200～300 毫升加水 25～30 千克，消毒床土 1 000 千克。在营养土配制时边喷边进行混合，充分混匀后盖上塑料薄膜，堆闷 7 天，然后揭去覆盖物，晾2周左右，待土中福尔马林气体散尽后即可使用。为加快气体散发，可将土耙松。如药味没有散完，可能会发生药害，不能使用。此法可消灭猝倒病、立枯病和菌核病病菌。

☞高温消毒。夏秋高温季节，把配制好的营养土放在密闭的大棚或温室中摊开（厚度一般在10厘米左右较适宜），接受太阳光的暴晒，使棚室内土壤温度达到60℃，连续7～10天，可消灭营养土中的猝倒病、立枯病、黄萎病等大部分病菌。

☞化学药剂喷洒床面消毒。用50%多菌灵可湿性粉剂或70%苯来特可湿性粉剂4～5克，先加水溶解，而后喷洒到1米^{2}大小及厚7～10厘米的床土上，拌和均匀。加水量依床土湿润情况而定，以充分发挥药效。

3）特别提示

☞在实际操作时，最好是多种消毒方法结合使用，以达到最佳的消毒效果。

☞根据营养土配方，把各种成分按比例或量加入后，要充分混匀过筛，如图4－2所示。

图4－2　配制营养土

☞所用化肥只能在混合营养土堆制过程中使用，不能直接撒在苗床内。

☞要注意土壤的酸碱度及疏松度，如所选肥料偏酸性，可根据实际情况酌加石灰进行调节；如所选园土较为黏重时，可掺沙子或木屑使土质疏松。如所选土质过于疏松，要加入适量的黏土进行调节。

5. **育苗容器的选择** 有资料显示：番茄在苗床上生长时，地下的根系吸收表面积超过地上叶子的蒸腾表面积达 10 倍以上，一旦起苗定植，幼苗根系 90% 的吸收表面积将损失掉，这样地上与地下的表面比急剧下降，造成水分供应失调，轻则致使苗子定植以后缓苗困难，重则致使苗子死亡。因此，番茄在育苗的过程中，最好是选择适宜的容器进行护根育苗。

目前生产上常用的育苗容器有：塑料钵、纸钵、草钵、泥钵、营养土方、塑料袋、穴盘等，生产中可以根据自身的资源优势和经济状况合理选择应用。

(1) 塑料营养钵 塑料营养钵最大优点是护根效果好。它是由厂家用聚乙烯塑料生产的育苗器具，形似圆锥体，多为黑色半透明状，也有白色和灰色等多种颜色，在钵体的底部中央有一直径 1 厘米左右的小孔，便于育苗时透水透气。现在市场上销售的塑料营养钵有多种不同的规格，用户可根据自身需要进行选择。番茄生产上常用的规格有 10 厘米 × 10 厘米、8 厘米 × 10 厘米、10 厘米 × 12 厘米等。

(2) 纸钵 用废旧报纸或其他废旧纸袋做成的有底或无底的圆形或方形筒袋。使用方法类似塑料营养钵。其最大的优点是就地取材，变废为宝，无成本，用后不用回收，省工省力，不污染环境；缺点是易损坏，护根效果相对较差。

1) 有底纸钵制作方法 取一圆形（高 10 厘米，直径 8 ~ 10 厘米）或方形（10 厘米 × 10 厘米 × 10 厘米）的木质或马口铁制的模具，底部要有柄，以方便操作。先将废纸裁成一定大小（长45~50厘米，宽15厘米），然后在模具以外稍松地卷一圈后，用糨糊将接口粘住，再把顶端向内折叠成钵底。最后把做好的纸钵装入营养土，整齐地摆入苗床内，中间尽量不留空隙。

2）无底纸钵制作方法　直接用手把裁好的旧报纸卷成圆筒状，用糨糊把接口粘住即可。它与有底纸袋在使用时的不同之处在于先将纸袋撑开摆放到苗床上而后再装入营养土。无底纸袋由于无底，护根效果比有底纸袋稍差。

（3）草钵　草钵是利用稻草做成钵体，在其中装入配制好的营养土的一种育苗方式。草钵的优点是就地取材，成本低，无污染，用后不用回收，省工省力。

草钵的制作方法：取33厘米左右长的稻草20余根，将一端用草扎紧，随即放入水中进行浸泡以增加其柔韧性，然后将稻草做扇形处理，放入直径10厘米、高10厘米的模具内，使稻草均匀地分布并紧贴底部和周壁，装入配制好的营养土，最后在口处用草箍住，连同稻草和营养土提出即可使用。

（4）穴盘　穴盘的优点是占用空间小，移动方便，可以多年使用；缺点是营养面积小，成本较高。穴盘在工厂化育苗中，利用配好的基质进行育苗应用较为广泛，而在分苗中使用较少。

穴盘也是由厂家用聚乙烯塑料生产的育苗器具，多为黑色或浅黑色，其形状为长方形盘状，在穴盘上有许多具有隔板的孔穴，故名穴盘，在我国各地普遍使用的穴盘规格为长×宽×高=54厘米×28厘米×6厘米。如图4－3所示。

根据其上孔穴的多少分为32孔、50孔、72孔、128孔等多种不同的规格，由于穴盘大小固定，孔越多，单孔面积就越小，用户可以根据需要进行选用。番茄育苗的常用规格为32孔、50孔、72孔等规格。

（5）平盘　平盘外形类似穴盘，但没有孔穴，为一平盘，盘的

图 4－3　穴盘

底部布满小孔，以利透水透气，把营养土装入盘中抹平即可进行播种或分苗使用，目前使用的规格为长 × 宽 × 高 = 60 厘米 × 30 厘米 × 5 厘米。如图 4－4 所示。

图 4－4　平盘

育苗盘优点是移动方便，可多年使用，但成本较高，且苗与苗之间没有分隔，分苗时土坨不易成形，易散坨，护根效果相对较差。实际生产中多在基质育苗中使用。

（6）营养土方　营养土方育苗就是在苗床上划好的土块中进行育苗。其优点是制作比较方便，省时省工；缺点一是护根效果差，二是其受土质的限制较大，在沙质土壤上不能应用。

营养土方的制作方法分干制法和湿制法，由于干制法工作效率高，因此，使用普遍。

1）干制法　又叫干踩法，是先平整好苗床，而后将配制好的营养土平铺于育苗床内，整平，压实，厚度12～15厘米，然后浇透水，待水渗下后，用事先做好的钉板（在一适当大小的木板上，按照8～10厘米的距离，钉上一排长度为12厘米的钉子，将苗床纵横划切成8～10厘米见方，如图4－5所示。

图4－5　营养土方育苗

2）湿制法　又叫和大泥法，将配制好的营养土浇以适量的水，调和翻拌均匀和成泥，铺于整平的苗床上，抹平，而后再切方，切方方法同干制法。

6. **种子处理**　选择优质的种子，在播种前进行一定方式的处理，可以提高发芽率，缩短出苗时间，减少病虫害的发生，进而培育出健壮的秧苗。种子处理技术包括选种、晒种、种子消毒、浸种、催芽等。

（1）选种　“母大子肥”，众所周知。肥大饱满，生活力强的种子是培育壮苗的基础。饱满的种子内积累的养分多,它的胚根粗,子叶肥,胚芽壮,故发芽出土的幼苗也茁壮。瘦秕的种子,由于种子内含物少,不但影响发芽率和发芽势,即使出苗,株体也弱小。饱满的种子生活力强,发芽率高,发芽势猛,出苗快且整齐,幼苗健壮,抗性也较强;生活力弱的种子出苗慢不整齐,幼苗弱,抗性差。

由于种子的成熟度不太一致,加之采收储藏过程中各种因素引起的受潮、高温、病虫危害等,都会导致生活力的降低,故播种前的种子一定要进行精选晾晒,并做好发芽率试验。

1)初选　幼苗不进行光合作用之前的营养供给是由种子提供的。不饱满或有缺陷的种子不但会影响种子的发芽率,出苗后对幼苗的生长也会造成影响。因此在备种时要选择子粒饱满、形状与颜色均匀一致、无虫及虫卵,储藏期在 2 年内的种子。新种子呈乳黄色,表皮有光泽,而陈种子为土黄色,甚至红色;其次检查种子的纯度和发芽率。一般生产用种要求纯度 95%,发芽率80% ~95% 。

2)精选　利用不饱满或有缺陷种子,相对于饱满种子密度低或子粒小的特点进行选种。

☞水选。选择子粒饱满,有光泽,无虫蛀的种子,倒入 5% 食盐水溶液中,充分搅拌 3 分后,静置 2 分,然后除去上面的浮子,将沉底的种子捞出,用清水洗净。

☞风选。利用风筛(配有鼓风机的筛子)或簸箕的风力,将不饱满的种子除去的选种方法。

☞筛选。用孔径不同的筛子,筛出大小不同的种子,选用粒大饱满的种子,淘汰杂、碎、小粒种子。

☞人工挑选。又叫粒选。即人工逐粒挑选出优质种子。

(2)晒种　种子选好后,在浸种前 2 ~3 天,将种子放到纸板或布垫上,选择晴天在阳光下每天晒种 2 小时,连续 2 ~3 天,可使种子充分干燥，促进后熟，杀死种子表面携带的病原菌，提高发芽率和发芽势，促使出苗一致及增加幼苗的健壮度。

切忌将种子摊放在水泥地面等升温较快的地方暴晒，以防烫伤种子。陈种子播种前的晒种效果尤为显著。

在晒种时要防止大风、昆虫、家禽、飞鸟等对种子造成损害。

(3)*浸种*　浸种的目的是让种子在短时间内吸足发芽所需的大部分水分，使种子内部物质活化，使氧气进入种子内部，打破种子休眠，使生长发育启动。番茄种子发芽时对氧较为敏感，如果浸种时间长，会由于过度吸水的原因，导致氧气更难进入种子内部，造成种子内部缺氧，进而导致种子发芽时间延长，发芽势降低。

浸种常结合种子消毒进行。一般将经过温水、热水或药剂杀菌的种子，经降温或冲洗后，重新置入 28 ~ 30℃ 温水中，继续浸种 8 ~ 12 小时。

浸种时间过长，种子养分会渗透到水中，时间过短则种子吸水量不足。浸种结束，将种子从水中捞出，沥干水分，进行消毒或直接催芽。

(4)*种子消毒*　由于许多番茄病菌可潜伏在种子的内部和附着在表面，经种子传播而产生危害。催芽前针对防治的主要病害，采用不同的种子消毒方法，杀灭种子所带的病菌、病毒以及虫卵，可以减少番茄病虫害的发生，是安全番茄生产的有效措施。

1)物理消毒法　包括干热处理、湿热处理和紫外线照射处理等方法。目前生产上常采用的物理消毒方法是湿热处理法中的温汤浸种与热水烫种，其作用原理都是利用较高的温度[病菌致死温度(55℃)以上]来杀死种子所带的病菌，此方法简单易行，节省成本。

☞ 温汤浸种。把种子放入 55 ~ 60℃ 的热水中(两开对一冷),保持水温浸种 10～15 分。加入冷水,使水温降至 30℃,充分搓洗种子,把种子表面的黏液除掉后开始浸种。浸种时,为了防止水温下降太快,达不到理想的杀菌效果,水量不能太少,一般要为种子量的 5～6 倍。如水温下降过快,要补充热水。浸种过程中要不断搅拌,以使种子受热均匀,不烫伤种子。

☛热水烫种。先将种子放入常温水中 15 分,使种子浸涨,其作用一是尽量减少烫种时高温对种胚的影响,二是促使种皮上的病原菌萌动,以便烫死。后把种子放入水温为 70～75℃的热水中,水量为种子量的 2 倍。烫种时准备 2 个干净容器(不能有油污),将热水来回倾倒,为避免烫伤种子,最初的几次要快速,以使热气散发并提供氧气,如此一直倾倒至水温降到 55℃左右,再改为不断搅拌,保持水温 7～8 分,加冷水调至 30℃,而后开始浸种,可杀灭炭疽病等真菌。

处理时将温度计一直插入水中测定水温,以便及时调节。加热水时不要将热水直接冲在种子上,以免烫伤种子。

2)化学消毒法　包括药剂浸种、药剂拌种和消毒剂包衣等方法。

☛药剂杀菌。常用的有福尔马林 100 倍液浸种 30 分,预防番茄炭疽病等;10% 磷酸三钠浸种 20 分,预防番茄病毒病等;1% 高锰酸钾浸种 20～30 分,防番茄病毒病等;50% DT 可湿性粉剂 500 倍液浸种 20 分,预防番茄青枯病等;50% 多菌灵可湿性粉剂 500 倍液,浸种 1 小时,预防番茄枯萎病等。将 2 克种子浸于 10 毫升 1.3% 的醋酸溶液中 4 小时(不时摇动),然后用水漂洗 3 次,再将种子浸于 1.25% 次氯酸钠中 5 分,流水冲洗 15 分。或者将种子浸于 50℃温水中 30 分,晾干储藏或播种,可有效防止经种子传播的细菌性斑点病等细菌性病害。此外新型复配剂壮苗素几乎可全部杀死种子表面的所有病菌,是非常好的种子消毒药剂,如图4－6 所示。

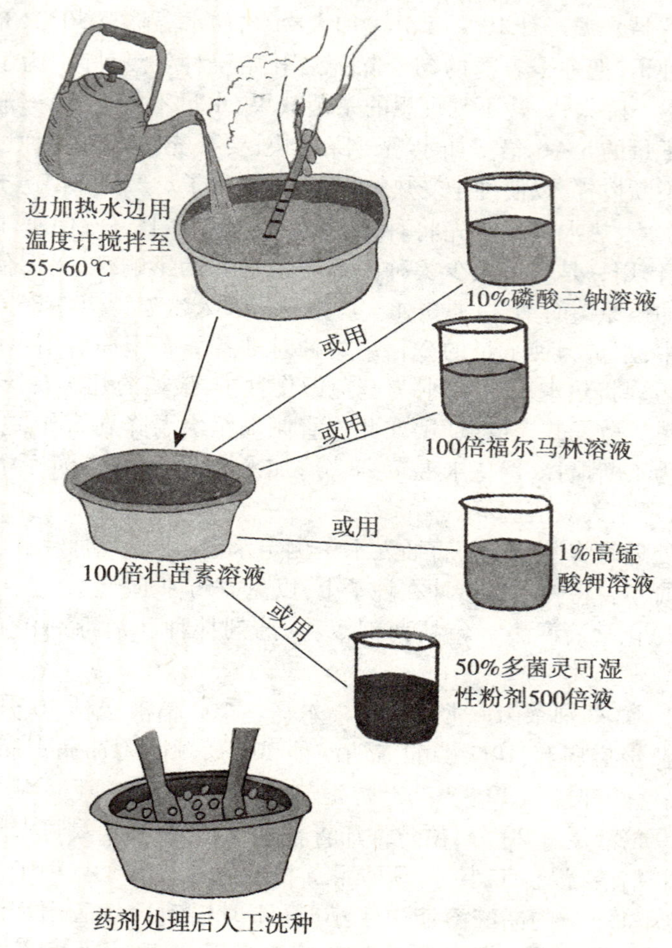

图4－6　种子处理方法

特别提示

A. 如果不清楚种子上有什么病菌，可先在磷酸三钠溶液中进行浸泡，再用苯来特进行种子包衣，则不失为一个好的种子处理方法。

B. 药剂消毒时，药液要浸过种子 5～10 厘米，以便种子能够充分浸润。药剂浸种完成后，捞出种子，用毛巾包住，或装入纱袋用清水反复冲洗后进行催芽，药液不清洗干净，会影响种子出芽。有条件者用自来水冲洗更好，如图 4－7 所示。

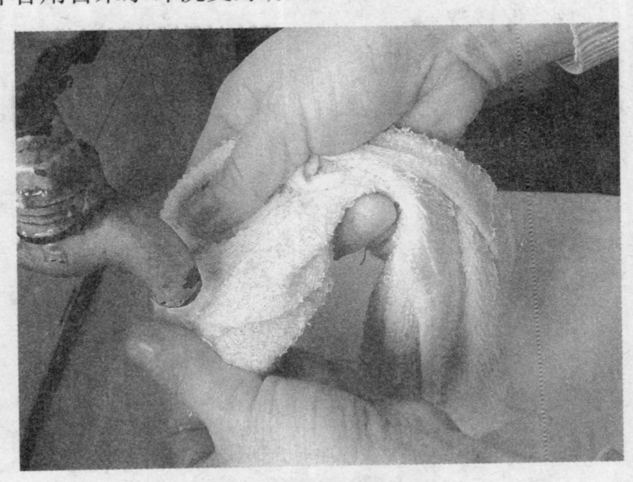

图 4－7　自来水冲洗种子

(5) 催芽　播前催芽是保证出苗快而整齐的一项关键措施。番茄催芽是指把经过浸种消毒的种子放置在适宜的温度、湿度及透气条件下，使种子发芽的过程。种子经催芽之后，再进行播种，比直接播种可以加速种子出土过程，提高发芽率和发芽整齐度，有利于培育壮苗，进而缩短苗期。

1) 番茄催芽的温度与时间　催芽时，把浸种后晾好的种子用洁净的湿布（湿布不要过湿，以免影响透气，一般以用手握不出水为准）包好，放于适宜的条件下进行催芽。催芽时种子包不能太厚，以平放不超过 3 厘米为宜，以使种子受热均匀。番茄种子的催芽温度为 25～35℃，高于 35℃或低于 25℃都不利于种子的发芽。

番茄催芽所需的时间为 60 小时左右。

2）番茄催芽常用的方法

电灯泡催芽。取一个水桶或木箱，在其底部放少许清水，水上架设竹帘，竹帘上面放置用纱布袋盛装的种子，然后覆盖浸湿的毛巾，毛巾上面铺设浸湿的纸箱板挡严灯光，木箱板和毛巾见干即加水，保持湿润。

水桶或木箱上头的封口下，吊一只 40 瓦灯泡（有条件可用控温仪控温），无控温仪可用温度计观察温度，通过及时开、闭电灯来控制温度，如图 4－8 所示。此法有利于种子透气，热量较高，水分适宜。

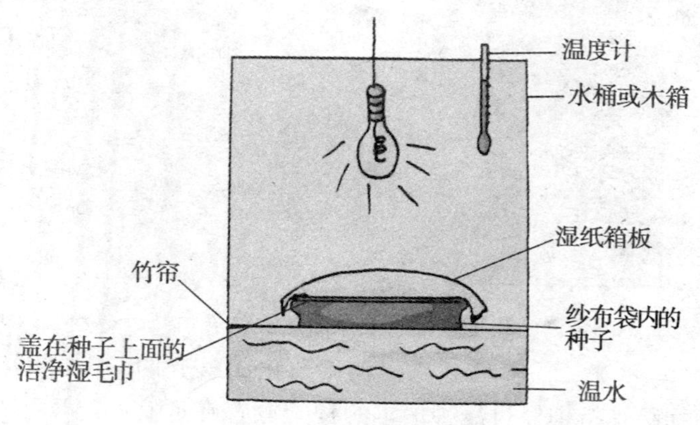

图 4－8　电灯泡加温催芽

电热毯催芽。将浸好的种子用纱布袋装好，放在垫有塑料薄膜的电热毯上，上面盖上棉被即可。但要及时观察温度，以防温度过高，影响出芽。

催芽箱催芽。有条件的可利用专用催芽箱进行催芽。此箱使用非常方便，技术易掌握。将种子用湿布包住，置催芽箱中，白天维持在 30℃ 左右，夜间降至 20℃，每 12 小时翻动种子 1 次，直至种子出芽露白。此法温度可任意调节，且调整好后温度恒定，催芽效果好，特别是进行变温催芽，使用此法更加方便。

☞体温催芽。把浸好的种子装入纱袋控水后，外包塑料薄膜，放在贴身的口袋内。由于体温较稳定，所以此催芽法比较安全，适于种子量较少的农户。

☞饭锅余热催芽。把浸涨的种子用布包起来，放入洁净的瓦盆中加盖，放在盛有温水的饭锅内，利用做饭后的余热催芽，做饭时可端出置灶台温暖处。此方法简单安全效果好。

☞瓦缸火炕催芽。适于北方有火炕的地方采用。用湿润的棉纱布把浸涨种子包好，放在搪瓷小缸中，将小缸放于盛有温水的大缸中，盖上棉被，放于炕头，每隔 3 ~4 小时打开包翻动1 次，使种子透气。每天用温水冲洗 1 次种子，至出芽，如图 4 –9 所示。

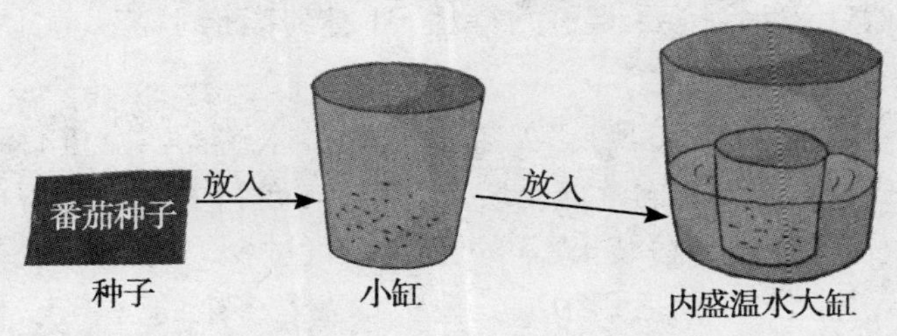

图 4 –9　瓦缸催芽

3）特别提示　当有60% ~80% 的种子露白，应停止催芽，等待播种。冬季把浸涨的番茄种子用纱布包好，在 0℃ 左右冷冻处理 2 天，或将种子每天在1 ~5℃ 的低温下放置 12 ~18 小时，反复进行数天，可促进发芽，增强幼苗抗寒能力。

由于种子的成熟度、种子袋内温度及氧气分布有差别，采用恒温催芽，种子萌芽往往不整齐，且有时易出现部分徒长芽。因此，为保证出苗整齐，可进行变温催芽，即高低温交替催芽。通常采用每天 30℃ 处理 10 小时，20℃ 处理 14 小时变温方法。催芽过程中注意每隔 4 ~5 小时翻动种子 1 次进行换气，并及时补充水分。种子量大时，每隔 1 天用温水洗种子 1 次。在催芽过程中，如种子发芽不整齐，可用摄子摄出发芽的种子放在 -2～3℃的条件下钝化。也可以把全部种子置于 -2～3℃条件下 24 小时，而后进行缓慢升温再催芽，这样可促使种子出苗整齐一致。

如不能立即播种，应将种子放于冷凉处控芽(5～10℃)，以免芽过长，播种时折断。

7. 播种

(1)播种前的准备

1)苗床制备

☞铺营养土。准备进行撒播育苗的，在播种前 7～10 天，把配制好的营养土铺于做好的育苗床上，整平压实，厚度 10 厘米左右，然后浇水，按要求划方待播。1 米^{2}床面约需营养土 120 千克。

☞装育苗钵(盘)。如果选择育苗钵或者穴盘进行育苗的，事先要把配制好的营养土装入育苗钵(盘)内，摆入做好的育苗床上。育苗钵(盘)装土不可过满也不可过少，一般直接把配制好的营养土装入，而后用手或其他工具去除多余的营养土，使其与钵(盘)口齐平即可(浇水后会自然下陷)。注意在装营养土时不要摁实，以自然状态为好。摆钵(盘)时要尽量摆齐摆平，特别是营养钵要摆放自然，不能过挤或过松，以便于进行管理，如图 4-10 所示。

图 4-10　摆钵与摆盘

2）浇水　在播种前1天，苗床要浇1次透水（为保证苗床水分充足，这次水一定要浇透），播种前再逐钵浇1次水，水下渗后即可播种，如图4－11所示。

利用营养土方育苗的土方做好后，直接进行播种即可。

图4－11　播前逐钵浇透水

（2）播种期的确定　适宜的播种期对于番茄生产来说非常重要，如播种过早，由于外界温度低或茬口腾不出无法定植，苗龄长，根系易木栓化，形成小老苗，致使定植后僵苗不发。如播种过晚，不能最大限度地发挥提前定植和延长生育期的潜能而失去育苗意义。番茄播期的确定是根据不同栽培茬次的适宜定植期以及育苗苗龄的长短向前进行推算得出的，即播种期是定植期减去苗龄。由于受外界气候条件以及生产效益最大化等因素的影响，不同栽培茬次适宜的定植期是基本确定的，所以播种期主要受苗龄长短的影响。而育苗苗龄的长短主要由不同育苗设施，育苗所处的季节，育苗技术和品种特性等具体情况来确定。一般情况下，早春茬番茄育苗时，外界温度低，苗龄在60～80天，而夏秋季节进行番茄育苗，由于外界温度高、光照强，幼苗生长速度快，育苗苗龄较短，在20～30天；在冬季育苗时，如果设施性能好，同时又采用电热温床进行育苗时，由于环境条件能满足幼苗生长需要，与普通苗床相比，番茄幼苗生长发育速度也快，育苗苗龄短。

用穴盘进行育苗时，由于营养面积相对较小，应缩短苗龄。苗期太长，栽时易引起伤根过重，影响缓苗和早期产量。不同栽培茬次的具体播种期详见相关章节。

(3)播种方法　常用的播种方法有2种，一种为撒播法，一种为点播法。

1)撒播法　番茄在生产中一般不采用撒播法进行播种。但在嫁接育苗时，却是常用之法。撒播法简单方便，但需要的种子量较大，同时要及时进行分苗，以促进幼苗健壮生长。

播种前，先在浇过水的苗床上撒一层干的拌过药的营养土，而后把经过催芽的种子均匀地撒播在苗床上，为使种子撒播均匀，最好是把种子与经过杀菌消毒的适量细沙混合后撒播。如图4－12所示。

图4－12　撒播

播种后，及时均匀地覆盖0.5～1厘米厚的营养土，而后在上面盖上一层地膜，可起到保温、保湿、防鼠害的作用，如图4－13所示。

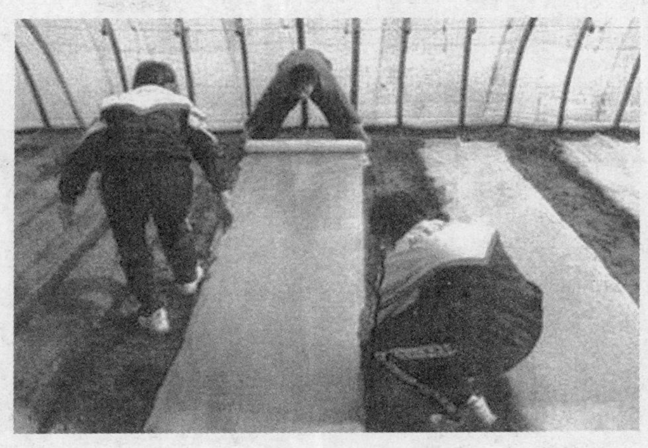

图4－13　覆盖地膜

2）摆播法　采用营养钵、营养土方或穴盘进行育苗的要进行逐钵（块）摆播，播种之前，同样要在苗床表面撒一层干的拌过药的营养土，而后把催过芽的番茄种子，按每穴1～2粒（已出芽）或3～5粒（干子）摆入钵（穴）中，种子要分开，如图4－14所示，播种后逐钵覆盖0.5～1厘米厚的营养土，如图4－15所示。

图4－14　逐钵播种

图4－15　逐钵盖土

(4)播种窍门　冬春低温季节的播种时间掌握在晴天的9～10时，覆土厚度1厘米，阴天一般不播种。夏秋季节的播种时间掌握在晴天的17时以后或阴天，覆土厚度2厘米。

(5)特别提示

1)药土铺盖种子　播种前一定要在苗床表面撒一层用药(多菌灵)土(营养土)比为1∶50的药土，药量为纯药5克/米^2。这样做不仅可有效减少病害的发生，还可防止泥浆黏住种子，影响种子呼吸和出苗，同时又有利于种子翻身和胚根下扎。

2)均匀撒种　撒播时播种一定要均匀。

3)种芽保湿　播种时，催过芽的番茄种不可在外晾得过久，以免芽子失水过多，造成回芽。一般情况下，未播种的种子要用湿布包好，播种后，要及时盖土。

4)盖土要严　盖土时一定要把缝隙填上，特别是对于使用营养钵等进行点播的营养钵(盘)或土块之间的缝隙一定要填满，以免造成苗床水分丧失，对幼苗的生长造成影响。

5)盖土要均匀　盖土时厚度要适度，不可过薄或过厚，如果盖土过薄，出苗时种皮不易脱落，会造成种子"戴帽"出土。如果盖土过厚，苗子出土困难，轻者延长出苗时间，造成幼苗生长瘦弱或发病，严重者可使种子闷死不出苗。

8.苗期管理　苗期管理是育苗过程中最重要的环节，是培育壮苗的关键。苗床管理要随时观察天气以及苗情的变化，根据番茄的生育特性、苗子的形态和生理指标，采取相适应的技术措施，精心管理。

(1)温度管理

1)气温　在一定的范围内，随着温度的升高，秧苗的光合作用增强，体内的养分积累增多，对苗子的生长发育有利，但过高的温度会导致消耗大于积累，反而对番茄幼苗的生长发育不利。但笔者认为，在进行冬春茬或早春茬番茄育苗时，苗床内的温度稍高于其适宜生长的温度 3 ~ 5℃，既有利于地温的提高，又有利于夜间温度的提高，且对后来遇到阴雨天气时外界降温，又能起到一定的缓冲作用，值得推广。

2）地温　番茄苗期适宜的地温为 20 ~ 22℃，最低为 13 ~ 14℃，最高温度为 32℃左右。在实际生产中，一些菜农只重视气温而忽视地温，其实地温对秧苗的影响比气温更显著。在一定的温度范围内，如地温和气温都比适温低的情况下，每提高 1℃地温的作用与提高 2℃气温的作用相当。苗床内的地温直接影响幼苗根系的生长和对肥水的吸收。根系生长的好坏和吸收功能的强弱，必然影响到地上部茎叶和芽的生长发育。所以，保持适当的地温，是培育壮苗的一个重要环节。

3）昼夜温差　番茄苗期适宜的昼夜温差为 10℃，以白天20 ~ 25℃，夜间 10 ~ 15℃比较适宜，这样有利于白天促进叶片光合作用，增加同化产物的积累，夜间减少呼吸消耗，保持叶片中同化产物向外运转，促进根系的发育，培育出健壮秧苗。

4）番茄幼苗生育对温度的要求　番茄不同的生长发育阶段对于温度条件的要求和适应性有所不同。

A. 发芽期。从种子吸水萌发到第一片真叶显露为发芽期，其临界标志为“破心”。在正常的温度、湿度等环境条件下，2 ~ 3 天出现胚根，6 ~ 7 天子叶出土，9 ~ 10 天子叶展平，10 ~ 12 天真叶显露。种子发芽最低温度为 12℃，适宜温度为 28 ~ 30℃，最高温度为 35℃左右。25℃时发芽需 4 ~ 5 天，15℃时需 10 ~ 15 天，12℃时需 20 天以上，10℃以下难以发芽。番茄种子的发芽过程如图 4 – 16 所示。

B. 幼苗期。从第一片真叶显露到植株出现花蕾时为幼苗期，其临界标志是植株“现蕾”。幼苗期生长以白天 20 ~ 25℃。夜间 10 ~ 15℃为宜。当温度低于 15℃时，花芽分化受到抑制，温度低于 10 ~ 12℃时，幼苗停止生长，且持续时间较长时易发生冷害。

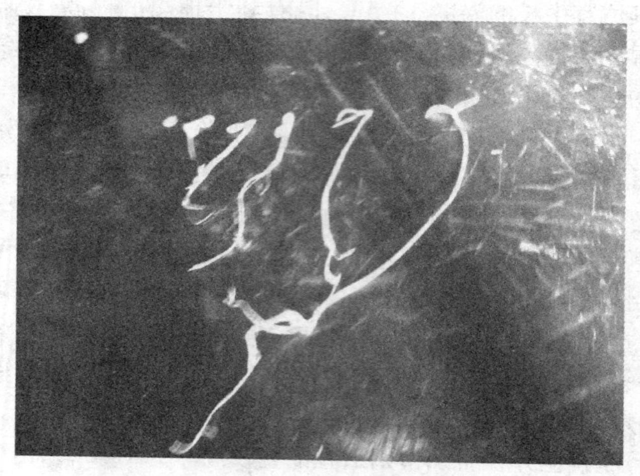

图 4－16　种子的发芽过程

低于 5℃时，植株完全死亡。当温度超过 35℃时，幼苗易造成徒长，形成高脚苗。

5）温度管理要点　生产中地温管理应和气温管理相配合，一般情况下，白天地温要比气温稍低，保持在 18～22℃，夜间地温则比气温稍高些，保持在 14～16℃，以促进根系的发育，有利于培育壮苗。番茄苗期温度管理重点掌握“三高三低一锻炼”原则，即在播种后到出苗（子叶微展），要高温管理，以利快速出苗；从出苗（子叶微展）到真叶显露，要适当降温，以免形成“高脚苗”；从真叶显露至分苗前 3～4 天，适当高温管理，以促进秧苗快速生长，同时也利于进行花芽分化；分苗前 3～4 天至分苗前，要适当降温，以利分苗后快速缓苗；分苗后到定植前 7 天，要适当高温管理，以利于快速缓苗，并促进秧苗快速生长；定植前 7 天内，要进行低温（10℃左右）锻炼，为定植做好准备。

A. 播种后至真叶显露（破心）。此期温度保持在 25～30℃为好，播种后，要立即在床面盖一层地膜，以利于升高地温，并有保湿作用,待有60%以上的幼苗出土时,及时撤掉地膜,以免烧苗。棚膜要及时覆盖并要盖严压实,出苗前一般不进行通风,以保温为主。夜间棚膜外要加盖草苫等覆盖物进行保温,但要及时揭盖,以利白天升温,夜间保温。

苗子出土至子叶平展期间,生长的重心是下胚轴的伸长,如果控制不好,会造成下胚轴徒长,形成所谓的“高脚苗”。要及时通风降温,以控制下胚轴的伸长,促进子叶肥大厚实。此阶段温度以白天保持在15~20℃,夜间保持在12~15℃为宜。如此进行温度管理,不但可以育出下胚轴较短的壮苗,而且有防止苗期猝倒病发生的作用。

B. 真叶显露(破心)至分苗。番茄分苗一般在出现2~3片真叶时进行,最晚不能超过3叶1心。此阶段要适当提高温度,白天保持在25~30℃,夜间15~18℃。

C. 分苗前3天。当番茄幼苗符合分苗条件时(稀播不分苗的除外),要及时进行分苗,以增加秧苗的营养面积,促进幼苗的生长。分苗前要进行适当的低温锻炼,以适应分苗后的环境条件。

D. 分苗后至定植前7天。分苗后,促进幼苗快速缓苗是关键,要适当提高苗床的温度,采取相应的增温保温措施,只要温度不是过高,尽量不进行通风。缓苗期间温度白天要保持在28~33℃,夜间保持在20~25℃。5~6天后,观察到幼苗心叶开始生长,表明缓苗结束。缓苗后温度要适当降低,防止幼苗徒长,白天保持在25~30℃,夜间15~18℃。苗床内温度过高时,不能突然通大风,以免造成“闪苗”。

E. 定植前7天。此期主要是为定植后快速缓苗做好准备。要在定植前7天进行大通风降温炼苗,原则是使苗床环境条件逐渐与定植场所温度条件接近或相同,以增加苗子定植后的适应性,促使幼苗成活并缩短缓苗期。

F. 特别提示。炼苗期如遇恶劣天气,要及时采取保护措施,以免伤害幼苗。如果育苗场所与定植场所相同,既在温室、大棚内采用营养钵等进行护根育苗,又在温室、大棚内定植者,可以不进行炼苗,直接囤苗后即可定植。

(2)光照管理 在育苗时,人们常错误地认为光照对幼苗的影响没有温度和水分重要,往往造成对光照不够重视,这是育苗中普遍存在的问题。其实番茄幼苗的生长发育不仅受日照强度的影响,而且还受日照时数的影响。光照是植物生命所需能量的来源。万物生长靠太阳,没有日光,植物不能生存,植物进行光合作用时,必须依靠阳光才能把空气中的二氧化碳和根系吸收的水和无机盐合成碳水化合物。光合作用愈强,制造的光合产物越多,苗子的生活力越强,生长发育越快越好。

1)光照对番茄幼苗生育的影响 在幼苗未出土之前,幼苗以吸收种子中的营养进行生长发育,此时不需要光照。这个阶段应以增温保湿促进早出苗为重点,此期如能将种子置于黑暗条件下,还能促进发芽。在大部分的幼苗出土之后,要及时揭苫见光,以免造成幼苗徒长及苗期病害的发生。从子叶展平开始,苗子就已具有进行光合作用的能力,此时其生长发育所需要的营养就转为由自身进行光合作用来供给,只要苗床内的温度能满足要求,就要尽可能早揭晚盖草苫,以求多见光,促进光合作用的进行,进而促进幼苗的生长。即使遇到恶劣天气,外界温度较低,为了苗子进行正常的光合作用,也要选择中午时段进行一定时间的揭苫。

2)番茄幼苗生长对光照强度的要求 光合作用的强度在一定范围内,随着日照强度的增加而增加,苗床的覆盖,不论是玻璃还是塑料薄膜,苗床上的光照均没外界好。阴雨天外界日照强度以 5 000 ~ 10 000 勒计算,用玻璃的苗床为3 500 ~ 7 000 勒,若用旧膜或聚氯乙烯(PVC)膜,光照还要低。有人测定:番茄苗在3 万勒的范围内,光合作用随着光照强度的增加而提高,光照强度超过 7 万勒时，光合能力就不能再增加，这就是所谓的光饱和点。随着光强的降低，光合作用也相应降低，在光强降至 2 000 勒时，光合作用所制造的有机物和呼吸作用所消耗量相当，植株不再积累有机物质，在这样的情况下，苗子体内的养分不能积累，生长发育就不能正常进行。这就是所谓的光照补偿点。

3）番茄幼苗生长对光照时间的要求　每天日照时数 11～16 小时，有利于番茄花芽分化和结果。

4）光照管理要点

A. 注意清洁薄膜，及时揭盖覆盖物。经常擦抹膜面，保持膜面清洁。据试验，扣棚后 100 天膜面不擦抹与每天擦抹相比透光率可降低 10%～30%，因此经常擦抹棚面膜是增加透光率，确保设施内番茄苗受光良好的必需措施，切不可忽视。

B. 人工补光。人工补光的目的有两个：一个目的是补充光照时间，以此抑制或促进花芽分化，这种补光使用的光源强度较小，大约1 000勒即可。另一个目的是作为光合作用的能源，以补充阳光的不足，这种补光要求光照强度大，一般在 4 000～5 000 勒。适用于补光的光源有氙灯、荧光灯、发光二极管、高压钠灯等。

C. 及时揭开多层覆盖物。在严冬为了提高设施的保温性，在设施内加设二道幕，扣小拱棚等多层覆盖，其目的是为了阻挡夜间的长波热辐射，减缓土壤的放热进度，以保持一定的温度，防止幼苗遭受寒害。这些防寒覆盖物也只能在日落前半小时盖上，日出后及时掀开，若整日不掀，幼苗在弱光及较高空气湿度下极易徒长，或导致叶片变黄、染病等。

（3）水肥管理　水是构成植物细胞的重要成分，秧苗的根、茎、叶等器官的分化和生长都要利用水分。植物进行光合作用时，水是必不可少的原料，土壤中的肥料只有溶解在水中才能被根系吸收利用。根吸收的肥料也要有水分才能输送到茎叶和芽等部位。叶片通过光合作用制造养分，也要溶解在水中才能输送到根、茎和芽等部位中。总之,植物体内的许多代谢活动都是在水的参与下完成的。因此,水是幼苗进行生长和发育必不可少的重要条件。

1)空气湿度　秧苗的生长需要水分,这些水分是由根从土壤中吸收的,吸收的水分除了参与体内的代谢外,极大部分以蒸发的形式扩散到空气中。这种蒸发作用称为植物蒸腾,又叫蒸腾作用。蒸腾作用是促进根系吸收水分和矿质元素的动力,蒸腾作用的强弱取决于空气中的湿度。空气中的湿度高,则蒸腾作用强度降低,在盖膜密封的情况下,从秧苗蒸腾出来的水分和从苗床土表面蒸发到棚室内的水分,都挥发到棚室内的空气中去,使得空气中的水分越来越多,随着空气中湿度的增加,蒸腾作用变小,当苗床内的空气湿度过于饱和时,蒸腾作用趋向停止,从而使根系对土壤水分的吸收,以及水分在幼苗体内的运转受到抑制,影响幼苗的生长。但如果空气中的湿度过小,造成蒸腾作用过强,也会造成苗子的叶片萎蔫,导致光合作用减弱。由此可见,苗床上空气湿度过高或过低,都是不理想的。

2)土壤湿度　土壤湿度和空气湿度是相互影响的,苗床中土壤湿度的高低,除直接影响苗床中的空气含量(水多空气少,空气多水分少)外,而且还影响苗床土壤湿度的高低和肥料的分解。当土壤中含水多时,土壤间隙积满了水,空气很少,根部缺乏氧气,不能进行正常的呼吸作用,轻者阻碍水分和肥料的吸收,重者,幼苗根系长期处于缺氧条件下,造成无氧呼吸,根系产生乳酸,先致使根毛坏死,后导致株体死亡。另一方面,含水量高的土壤,温度升高也慢,同样影响根系的代谢作用。当土壤中的水分过少时,根系吸收的水分不能满足叶片的蒸腾,叶片就会萎蔫,使光合作用下降,生长趋向停滞,促进衰老,导致僵苗出现。此种缺水现象是经常遇到的。

3）水分管理要点

A. 在播种前苗床浇透水的前提下，苗期一般不再浇水。如果苗床土壤过于干燥，可用喷壶喷洒适量温水，千万不要大水漫灌或喷洒冷水，以防激苗，影响幼苗生长。

B. 在分苗前1天，要在苗床内浇水1次，增加土壤湿度，以减少移苗伤根现象的发生，分苗时浇足分苗水，缓苗前不浇水，以增加苗床温度，促进快速缓苗。

C. 缓苗后要保持苗床见干见湿，原则湿不积水，干不裂纹，干湿交替，以避免苗床湿度过大造成沤根和其他苗期病害的发生。

在定植前15天左右，对苗床浇1次透水，浇水选择在晴天的上午进行，待苗床土壤稍干后，进行囤苗。

如果采用营养钵（盘）育苗不进行分苗，或者分苗时采用营养钵进行分苗的，由于营养钵隔断了苗子与地下水的联系，保水保肥能力较差，一般要视苗床墒情，适当增加浇水次数。在定植前5～7天控水囤苗。

4）肥料管理　在营养土内一般施有足够的肥料，足以满足幼苗生长发育对养分的需要，所以一般苗期不再施肥。如果发现苗子有长势弱，叶片发黄等缺肥症状时，要及时进行叶面施肥。方法为：用0.3%磷酸二氢钾+0.2%尿素水溶液，直接喷洒在幼苗的叶片上，注意要喷洒均匀，叶片正反面均喷到，以促进叶片对养分的吸收。

（4）气体管理　此措施主要在保护地运用。

1）设施内的主要气体种类

A. 二氧化碳。番茄幼苗从子叶展开就开始从空气中吸收二氧化碳，进行光合作用，随着幼苗的生长，需要二氧化碳的量逐渐加大。一般情况下，空气中的二氧化碳含量为300毫升/米^3，如空气中的二氧化碳浓度增加，则光合作用加强，光合速率提高；但当空气中的二氧化碳浓度增加至1 500毫升/米^{3}以上时，苗子的呼吸作用就会受到抑制,苗子本身的代谢就会受到阻碍。土壤中的二氧化碳浓度过高,也会对根系的吸收造成危害。所以当苗床中酿热物过多,而表层土板结时,要及时进行中耕松土,以防根际受害。

B. 氧气。苗子进行呼吸作用需要从空气中吸收氧气,地下部分也需要氧气。一般情况下,空气中的氧气是不会缺乏的,但苗子的地下部分是从土壤中吸收氧气,如果土壤长期处于板结和含水较多的情况下,可能会导致根部缺氧,影响幼苗的生长发育,甚至死亡。

C. 氨气。未腐熟的有机肥料施入设施的苗床上,有机肥料在发酵、分解过程中产生氨气。施用含氮化肥也能产生氨气。当氨气浓度达 0.004% 以上时,番茄即出现受害症状,表现为叶缘组织先变褐色,后变白色,严重时枯死。为防氨气中毒,配制营养土时,不能施用未充分腐熟的有机肥,在寒冷季节,需苗床追肥时,因设施内通气量小,不要使用碳酸氢铵等易挥发气体的肥料;尿素要深施,不能撒施。

D. 二氧化氮。二氧化氮是氨气进一步分解氧化而产生的,一般情况下生成的二氧化氮很快变成硝酸被植物所吸收,但当施用较多的铵态氮肥时,一时不能完全转变,二氧化氮则在土壤中积累,其含量达到 0.000 2%,植株就受到危害。受害初期,叶片气孔附近先受害的细胞组织不断向内扩展,使叶绿体退色,出现白斑,严重时,除叶脉外,全部叶肉都可变白致死。造成二氧化氮气体过量的主要因素是:连续施用大量氮素化肥,使土壤中亚硝酸的转化受阻,硝酸细菌作用降低,二氧化氮不断在土壤中积累并挥发出来。

E. 塑料薄膜挥发的有毒气体。塑料薄膜的增塑剂大部分为邻苯二甲酸二异丁酯,其本身不纯,含有未反应的醇、烯、烃、醚等沸点低的物质,如乙烯、氯等,它们挥发性很强,对番茄的危害很大。番茄受害后轻者叶绿素解体变黄，重者叶缘或叶脉间变为白色而枯死。

2）设施内的气体调节

A. 施用二氧化碳。设施内施用二氧化碳的时间要根据设施内作物开始光合活动时的光照强度确定，一般当光照强度达到5 000勒时，光合强度增大，设施内二氧化碳含量下降，这时为施用二氧化碳的时间。晴天在揭苫后30分施二氧化碳。如果在设施内施用了大量的有机肥时，因肥料分解土壤中释放二氧化碳较多，施二氧化碳的时间可推迟1小时。停止施用二氧化碳的时间是依据温度管理而定。一般在换气前30分停止使用。春秋季节，外界温度较高，设施通风的时间早且长，所以施用二氧化碳的时间较短，一般2～3个小时；冬季气温较低，设施内的通风时间短，施用二氧化碳的时间长；一般上午作物同化二氧化碳的能力强，可多施或施用浓度大些；而下午同化能力弱，可施用较低浓度或不施。对于番茄而言，一生中以前期施用二氧化碳的效果较好。在育苗期，因苗子集中、面积小，施用二氧化碳设施简单，施用后对培育壮苗、短缩苗龄等都有良好的效果。

B. 防止设施内产生有害气体：

a. 设施内施用的有机肥料要经过充分发酵腐熟。施入发酵腐熟的有机肥料，不仅不产生氨气、二氧化氮等有害气体，而且有机肥料中不带有病菌和虫卵，能减少番茄病虫害发生。

b. 设施内施用化学肥料时，注意掌握三点：一是不施氨水、碳酸氢铵、硝酸铵等易挥发或淋失的化肥；二是以尿素等不易挥发的化肥作基肥时，要与过磷酸钙混合后沟施深埋；三是以尿素、硫酸钾等作追肥时，宜采取开穴或开沟追肥的方法，随追肥，随埋严，随浇水。

c. 采用无毒塑料薄膜。设施使用的地膜和棚面膜都必须是安全无毒的。不可用再生塑料薄膜。

（5）苗床覆土　在苗床上覆土既可以保墒，又可以增加苗床温度，还可以降低苗床湿度。

在种子开始拱土出苗时，要在苗床表面撒一薄层细的湿营养土，以便于保墒和防止种子“戴帽”出土。

当幼苗出齐后，最好选择晴天叶面无水珠时再次进行覆土，覆土要薄而均匀，以填补床上凝结后苗床上形成的缝隙，减少苗床水分的散失。

如果有土黏附在植株表面上时，要及时清除，以免影响其进行光合作用。

如苗床土湿度较大，也可撒一层干的营养土，以降低苗床湿度。

在每次间苗后，及时进行覆土，可以防止苗子倒伏。在苗床上拔杂草后，也要及时覆土。

（6）间苗　采用撒播法进行播种育苗的，由于播量大，出苗多，幼苗密度较大，随着苗子的不断生长，为防止幼苗拥挤，增加幼苗的营养面积，同时增加苗床的通风透光性能，一般要进行2次间苗，以促进幼苗茁壮生长，同时还可防止幼苗徒长，减少苗期病虫害的发生。

1）第一次间苗　在子叶展开时进行，间苗后苗距1～2厘米即可。

2）第二次间苗　在第一片真叶展开后进行，苗距3～5厘米。

3）特别提示　在间苗的过程中要注意拔除过密、畸形、细弱、受伤、戴帽、有病状或虫咬的劣质苗。

（7）分苗　一般采用撒播法进行育苗的，在番茄幼苗长至1叶1心，或2叶1心时要及时进行分苗。通过分苗，可以扩大苗子的营养面积，改善幼苗的通风透光条件。同时，由于分苗时的苗龄大小正是幼根分化旺盛的时期，通过分苗，可促进多发侧根。

1）营养钵分苗　番茄一般选用10厘米×10厘米营养钵作分

苗容器。分苗时,先在营养钵下部装一半的营养土,而后把带土坨的苗子放入营养钵中,调整苗子的高度,加入营养土封好幼苗,摆入分苗床中,要随摆随浇水,而后封棚保温,促进缓苗。

2)开沟直接栽植　先把配好的营养土铺于分苗床中,整平压实,分苗床床土一般厚15厘米,1米^{2}床面约需床土200千克。而后在苗床上开深3~4厘米的沟,沟间距10厘米左右,摆苗前先在沟内浇水,待水稍下渗后,把起出的幼苗按10厘米左右的苗间距摆入沟中(贴沟边稳苗),而后用土封沟。封沟时,扶正个别位置不正的苗子。

在开沟时,可事先准备一个10厘米宽,长和苗床宽度相当的木板,以便开沟时好把握沟间距。封土时,用木板推土也会更加方便。栽植时,为工作方便,最好先开一条沟,待栽好苗后,再开下一条沟。

3)特别提示　番茄幼苗根系生根能力较弱,分苗移苗时要注意保护根系。分苗前必须浇1次水,以减少伤根;苗子运输过程中要轻拿轻放。注意苗子的株距和行距,苗子不能距离太近;分苗水一定要浇足浇透,以利快速缓苗;分苗过程中,要随起苗随分苗,不要一次起苗太多,如果起苗过多来不及栽苗,要用塑料袋包住保湿;分苗后1~2天,要适当遮阳,以免幼苗失水萎蔫。

(8)囤苗　进行开沟分苗的秧苗,在定植前15天左右浇1次水(浇水的目的是使土壤便于切块),第二天,用工具把苗子切成10厘米见方的土块,把土块移动后再放回原处(目的是切断植株与地面的联系),而后对苗子进行控水处理,使土坨水分下降,这就是所谓的囤苗。营养钵分苗的可以直接移动钵体位置进行控水处理。

☛特别提示。囤苗期间,如外界天气较好时,要适当遮阳,不能让苗子失水过多,影响生长。囤苗过程中,由于土坨的含水量下降,使根系吸水减少,整个植株的生长发育速度减慢,但此时光合作用仍在进行,一方面能造成作物大量的光合产物积累,另一方面，由于植株吸水减少，可使细胞液浓度增加，因此能增加作物抵抗不良环境的能力。再者，通过囤苗，提前切断植株与地面的联系，使伤根的伤口提前愈合，并发出大量新根，有利于植株定植后的快速缓苗和茁壮生长。

(9)其他管理

1)及时摘帽　在番茄幼苗出土时，如发现"戴帽"现象(种皮无法脱落)发生，要及时进行摘帽处理，如果不及时摘帽，会造成幼苗子叶无法展开，影响生长发育。摘帽的方法是：先用水把种皮打湿(不可干摘，以免伤害幼苗)，而后用手把种皮摘去即可。

2)中耕　开沟分苗的，在分苗之后，在苗子定植前，要用小手耙进行2~3次的中耕处理，以保墒、增温及增加土壤透气性，促进苗子生长发育。

3)回苫　在育苗期间，当天气连阴数日之后，遇晴天要及时进行回苫处理，以免苗子失水萎蔫。

4)除草　在育苗期间，苗床面积小的要及时拔除苗床上的杂草，苗床面积大的要及时用除草剂防除苗床上的杂草(详见本书"十三(五)"的内容)。除草在整个育苗期间都要进行，以免杂草对幼苗的生长造成影响。除草也可结合中耕进行。

5)病虫害防治　在育苗期间，易发生猝倒病、立枯病等，应密切观察，及时对症治疗，详情参照本书"十三、番茄虫病草害安全防治技术"。

(10)不同条件相互制约与促进对番茄幼苗的影响　外界条件对秧苗生长发育的影响也是综合的。如，秧苗进行光合作用，必须要有日光、水分、养分和二氧化碳及适当的温度，条件缺少一个，光合作用就不能进行。秧苗进行呼吸作用，必须要有氧气、碳水化合物和适当的温度。呼吸作用虽然不需日光，但呼吸作用的对象是通过光合作用产生的，所以光也起着间接的作用。

番茄花芽分化过程中与温度、光照以及体内碳水化合物等的积累有密切关系，由此可见，苗子的生长发育是由水、热、光、气、肥等条件综合作用所决定，只有把它们调节至适宜番茄幼苗生长发育的范围内，才能培育出壮苗。

（三）低温季节育苗辅助设施

1. 温床 利用温床育苗需要增加一定的设施投资，管理费工，但由于早熟栽培番茄产值高，因此番茄育苗采用温床方式越来越普遍。温床在北方主要有酿热温床、火炕温床和电热温床3种。

（1）酿热温床 温床一般宽1.2～1.5米，深50厘米，长度根据育苗量而定。酿热物一般由60%～70%新鲜马粪和30%～40%麦秸组成。配料时再加入适量的人粪尿和水，使其含水量达65%～70%，将上述材料充分拌匀堆好后，即可准备填床。播种前10天，先在床底铺4～5厘米厚的碎草或麦秸并踏实，用作隔热层。再将配好的酿热物填入，每隔10～15厘米洒一层稀人粪尿。酿热物以踏实后能达到0.3米厚为宜。填好后，不要踏实。上面盖塑料薄膜，晚上盖草苫，使酿热物尽快发热。当温度升到60～70℃时，选中午时间揭去塑料薄膜，把酿热物踏实，再在上面铺2～3厘米厚的细土。然后将营养钵排到苗床上，并喷透水。若用营养土块方式育苗，则可在酿热物上填10～15厘米厚的营养土，浇水切块。然后苗床上用竹竿或竹片等作为支架盖小拱棚，夜间加盖草苫，以使温度加快提升。据测定，酿热物生热一般可持续40天以上，如图4－17所示。

（2）火炕温床 用于番茄育苗的火炕是在甘薯育苗火炕的基础上改进而成。改进型的回龙火炕具有升温快、温度均匀、燃料来源广、可就地取材、育苗成本低等特点。可以在气温较低的季节培育出健壮的番茄幼苗。苗床建好以后，用配制好的营养土制钵并摆放到苗床上，或将营养土直接填到苗床内，浇水沉实后进

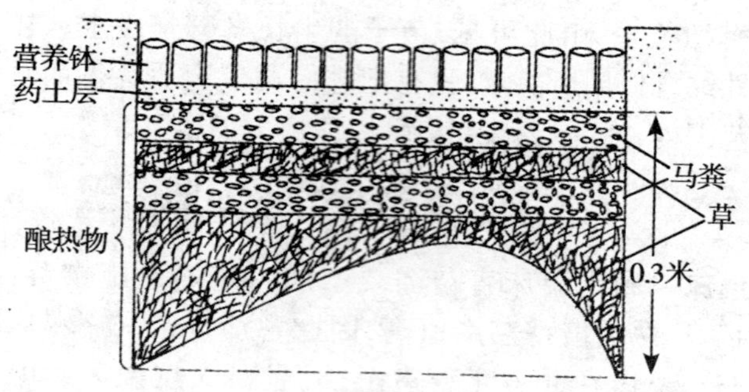

图 4－17　酿热温床示意图

行划营养土方(10 厘米×10 厘米)。制钵的苗床应在播种前 3 天浇透底水,并开始烧火加温,以便播种。如图 4－18 所示。

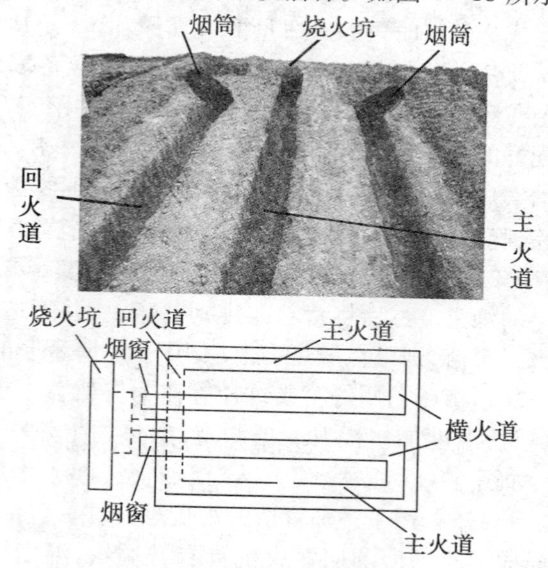

图 4－18　单回龙火炕

(3)电热温床

1)电热线的选择　电热线有许多不同的规格,每种规格都有特定的额定功率和长度。电热线的生产厂家较多,不同的厂家生产的电热线规格略有不同,具体参数见各生产厂家的产品使用说明书。常见的电热线的额定功率有600瓦、800瓦、1 000瓦,对应的长度随功率大小逐渐增大,一般在60～120米。

如果苗床面积过大,一根电热线功率不够时,可以并联使用多根电热线,以达到所需功率。

2)挖床坑　在铺设电热线前先要挖好床坑,一般床坑宽1.3～1.5米(不要太宽,太宽不易管理),深10厘米,总长度可按计算好的苗床面积确定。而后把苗床底部整平。挖出的床土做成畦埂,以方便浇水等管理措施的实施。

3)布线　布线之前,先要在苗床的两端,按照10～15厘米,插上铁棍(也可用木棍),插铁棍时按照苗床两边间距小,中间间距大的原则进行(一般情况下,苗床中间温度高,两边温度低,这样布线可以使整个苗床温度均匀)。为保证电热线的两端在苗床同一侧(方便连接控温仪和电闸),每一侧插棍的数目要为双数。而后利用插棍把电加热线按"回"字形铺设在苗床上,铺设时根据电热线的具体长度适当地调整两侧铁棍的位置,以保证电加热线铺满整个苗床,如图4－19、图4－20所示。

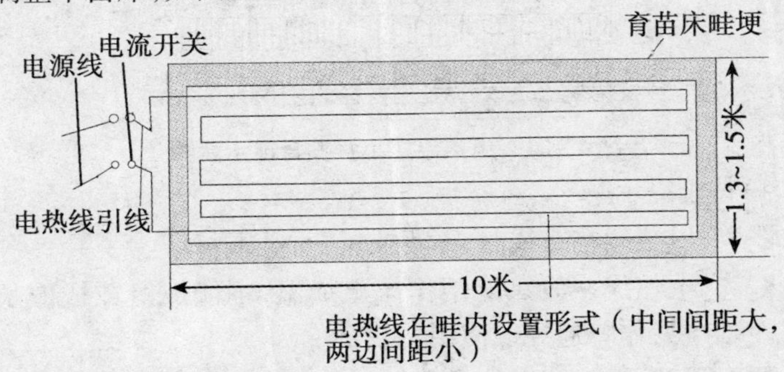

图4－19　电热线布线示意图

图 4－20　电热线布线实图

电热线铺设好后，要保证不能有相互交叉缠绕的现象发生，而后接好控温仪进行通电检查，确认线路畅通后，再在电热线上盖营养土 8～10 厘米，或摆放育苗钵。而后去掉铁棍，播种，如图 4－21所示。

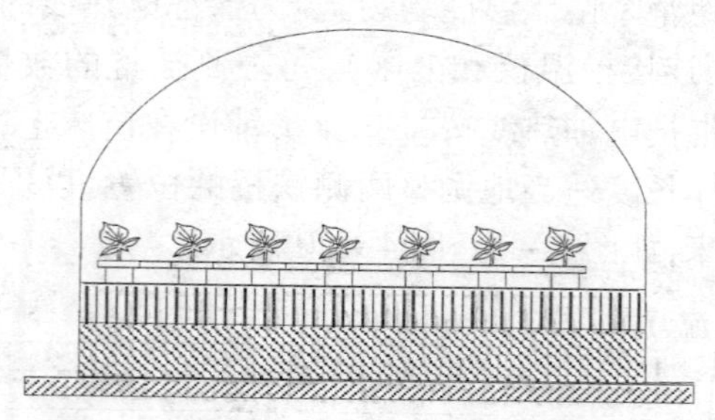

图 4－21　电热温床小拱棚育苗示意图

4）特别提示

☞电热线在布线时，不得交叉、重叠或打结。

☞电热线一般只能用作床土加温，不能成盘或成圈地在空气中通电或作普通导线使用。

☞每一根电热线的功率是额定的，不得加长或截短使用。需要使用多根电热线时只能并联，不能串联。电热线的两头在布线时要放在苗床的同一头,以便连接控温仪和电源,连接好后,电热线两头过长的部分一定要埋入土中。

☞在布线时如电热线过长或过短,可通过适当改变线间距进行调整,并尽量使电热线布满整个苗床。

☞苗床进行浇水等管理操作时或电热线检修时应先切断电源。

☞育苗结束取线时,不能硬拔、强拉,更不能用锹、铲等挖掘起线,以防线外绝缘层的损坏,减少电热线使用寿命,应轻轻起出,不用的电热线要擦净放于阴凉处妥善保管,卷好收藏。防止鼠虫咬坏,再次使用时要进行绝缘检查。

☞要注意安全用电,首次铺设电热线时最好由电工或懂用电知识的人铺设。

☞苗床管理时一要切断电源,二要防止损伤电热线。

2. **塑料大棚** 常用于番茄春季或秋季育苗。通过在大棚内增加一些临时的增温设施,也可进行冬季育苗。通过在大棚内增加一些防雨遮阳设施,也可进行夏秋季育苗。

(1)规划与规格 塑料大棚是应用年限较长的保护地设施,建造时要选择避风向阳、土质肥沃、排灌方便、交通便利的地块。大棚南北向延长受光均匀,适于春秋季生产。在建设大面积大棚群时,南北间距4~6米,东西间距2~2.5米。以便于运输及通风换气,避免遮阳。每栋塑料大棚的面积300~600米^2,一般跨度8~12米,长度40~60米,长/宽≥5比较好。大棚的中部高2~2.4米,越高承受风的荷载越大;如过低时,棚面弧度小,不但易受风害,而且遇到降水(雨、雪)天气时,棚面易积存雨、雪,有压塌棚架的危险。

要根据当地条件和各类大棚的性能选择适宜的棚型。建筑材料力求就地取材,坚固耐用。在大棚区的西北侧设立风障,以削减风力。如果结合温室建设，在温室间建大棚配套生产，能够提高土地利用率和经济效益。

(2)常见大棚构造

1)水泥竹木混合结构拱棚的构造　这种大棚的建筑材料来源方便，成本低廉，支柱少，结构稳定，棚内作业便利。主要包括立柱（水泥柱或木杆）、拉梁（拉杆或马杠）、吊柱（小支柱）、拱杆（骨架）、塑料薄膜、遮阳网和压膜线等部分。

每个拱杆由3～4根立柱支撑，呈对称排列，立柱用水泥柱，每3米一根。拱棚最大高度2.4米，中柱全高3米（地下0.6米，地上2.4米），距中线1.5米与地面垂直埋设，下垫基石。边柱高1.3米，按内角70°埋在棚边作拱杆接地段，埋入地下40厘米，中柱上设纵向钢丝绳拉梁连接成一个整体，拉梁上穿20厘米吊柱支撑拱杆。用直径3～6厘米的竹竿或木杆作拱杆，并固定在各排立柱与吊柱上，间距1米。拱杆上覆盖塑料薄膜，薄膜上用8号铁丝固定在地锚上压紧。如图4－22所示。

图4－22　竹木水泥混合结构大棚夏季网膜双覆盖育苗

2）钢骨架改良式大棚的构造　这种大棚跨度8～10米，脊高2.5～3米，如图4－23所示。

该类大棚如能同温室配套建在两座温室的中间，可显著提高温室和土地的利用率。

图4－23　钢骨架改良式大棚

3）镀锌薄壁钢管组装（现代化）大棚　由骨架、拉梁、卡膜槽、卡膜弹簧、棚头、门、通风装置等通过卡具组装而成。骨架是由两根直径25～32毫米拱形钢管在顶部或两侧用套管对接而成。纵向用6条拉梁连接，大棚两侧设手动卷膜通风装置。如图4－24、图4－25所示。该棚的优点是结构合理，坚固耐用，抗风雪压力强，便于管理。缺点是造价较高。

（3）大棚建造　塑料大棚的骨架是由立柱、拱杆（拱架）、拉杆（纵梁、横拉）、压杆（压膜线）等部件组成，俗称“三杆一柱”。这是塑料薄膜大棚最基本的骨架构成，其他形式都是在此基础上演化而来。大棚骨架使用的材料比较简单，容易造型和建造，但大棚结构是由各部分构成的一个整体，因此选料要适当，施工

图 4－24　现代化大棚一角

图 4－25　现代化大棚内部

要严格。

1）立柱　立柱分中柱、侧柱、边柱 3 种。选直径 4～6 厘米的圆木或方木或 10 厘米×10 厘米水泥预制件为柱材。

立柱基部可用砖、石或混凝土墩，也可把立柱直接插入土中 30~40 厘米。上端做成 Y 形缺刻，缺刻下钻孔作固定棚架用。南北延长的大棚，东西跨度一般是 10~14 米，两排相距 1.5~2 米，边柱距棚边 1 米左右，同一排柱间距离为 1~1.2 米，棚长根据大棚面积需要和地形灵活确定。然后埋立柱。根据立柱的承受能力埋南北向立柱4~5道，东西向为一排，每排间隔 3~5 米，柱下放砖头或石块，以防立柱下沉。柱子的高度要调平。

2）拱杆　拱杆连接后弯成弧形，是支撑薄膜的拱架。用直径为 3~4 厘米的竹竿或木杆压成弧形，若一根竹竿长度不够，可用多根竹竿或竹片绑接而成。

如南北延长的大棚，在东西两侧画好标志线，使每根拱架按东西方向，放在中柱、侧柱、边柱上端的 Y 形缺刻里，把拱架的两端埋入土中。

3）拉杆　拉杆是纵向连接立柱的横梁，对大棚骨架整体起加固作用。拉杆可用略粗于拱杆的竹竿或木杆，一般直径为5~6 厘米，顺着大棚的纵长方向，每排绑一根，绑的位置是距棚顶 25~30 厘米处，要用铁丝绑牢，以固定立柱与拱杆，使之连成一体。

4）盖膜　覆膜之前，首先用电熨斗焊接塑料薄膜，具体方法：用 150 厘米×4 厘米的木条，放在桌面上或在下面钉上支柱，把两幅塑料薄膜重叠放在木条上，盖上 1 条棉布焊接，按棚面的大小粘成整体。如果准备开膛放风，则以棚脊为界，粘成 2 块，并在靠棚脊部的塑料薄膜边粘进一条粗绳。也可在棚上用 4 块塑料薄膜覆盖，并卷入一条绳子以便扒缝放风。两肩接地的一块为围裙，上边固定在骨架上。棚顶上 2 块边搭在一起能开能闭，最大放风面积可达栽培面积的 10%。室外气温不高时，可先扒开棚顶中缝放风。随着棚外温度的升高，两肩扒缝放风。

选晴朗无风的天气盖膜，先从棚的一边压膜，再把塑料薄膜拉过棚的另一侧，多人一齐拉，边拉边将塑料薄膜弄平整，拉直绷紧，为防止皱褶和拉破塑料薄膜，盖膜前拱杆上用草绳等缠好，把塑料薄膜两边埋在棚两侧宽20厘米、深20厘米左右的压膜沟中，踩实。扣上塑料薄膜后，在两根拱杆之间放一根压膜线，压在塑料薄膜上，使塑料薄膜绷紧，不能松动。位置可稍低于拱杆，使棚面成瓦垄状，以利排水和抗风。压膜线两端应绑好横木埋实在土中，也可固定在大棚两侧的地锚上。地锚常设在压薄膜沟的外侧，用8号钢丝作套，下拴木棒或砖石，上面露出地面。

5）装门　大棚盖完薄膜，在定植前，把门口处薄膜切开，上卷入门口上框，两边卷入门边框，用木条或高粱秆钉住，再把门安好。我国南方在南端或东端设门，用方木或木杆做门框，门框上钉上薄膜。

6）特别提示　建造大棚时要按照技术要求选用合格的建棚材料，大棚的肩部不宜过高，拱度要均匀，竹木水泥混合结构大棚，要使立柱、吊柱、拱杆、拉梁、薄膜、地锚、压膜线等成为整体结构，不松动不变形。大风天要精心看护，随时压紧棚膜，及时修补薄膜孔洞及骨架松动部分。降雪时要随时清除，防止压塌大棚。

3. 日光温室　在日光温室内育苗，由于环境条件比较适合番茄幼苗生长，不仅育苗时间短，而且也容易培育出壮苗，是塑料大中棚早熟番茄栽培的理想育苗设施。该设施在早春育苗时配合内套小拱棚，夏秋育苗时，配套遮阳网、防虫网使用，效果更好。但是温室育苗费用较高，在低温和光照不足的冬季育苗，对育苗的技术要求比较高。

（1）日光温室的主要代表类型　北方各地在建造日光温室方面，都积累了很多经验，发明创造了适于当地气候条件的节能型日光温室新类型。

1）辽宁省海城市感王式日光温室　如图 4－26 所示。

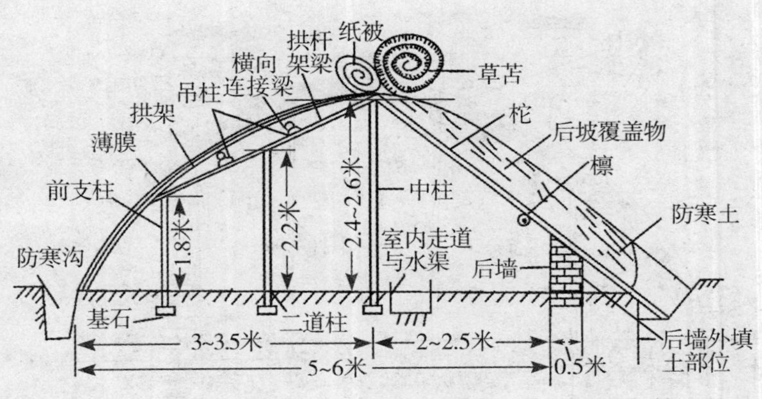

图 4－26　辽宁省海城市感王式日光温室

2）辽宁瓦房店式日光温室　如图 4－27 所示。

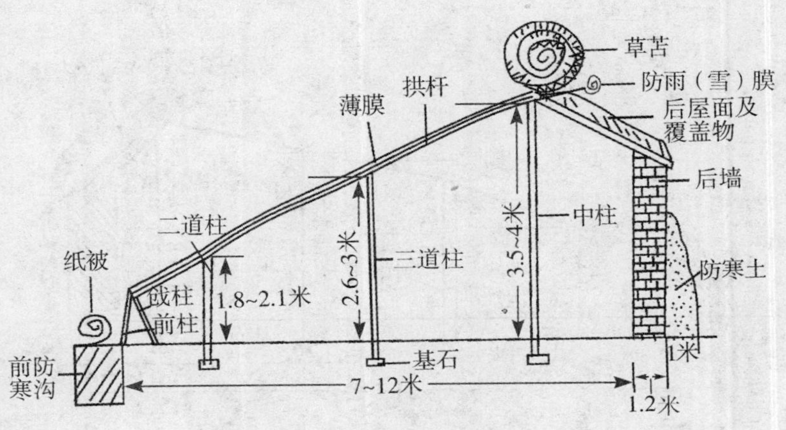

图 4－27　辽宁瓦房店式日光温室

3）黄淮改良式日光温室　如图 4－28 所示。

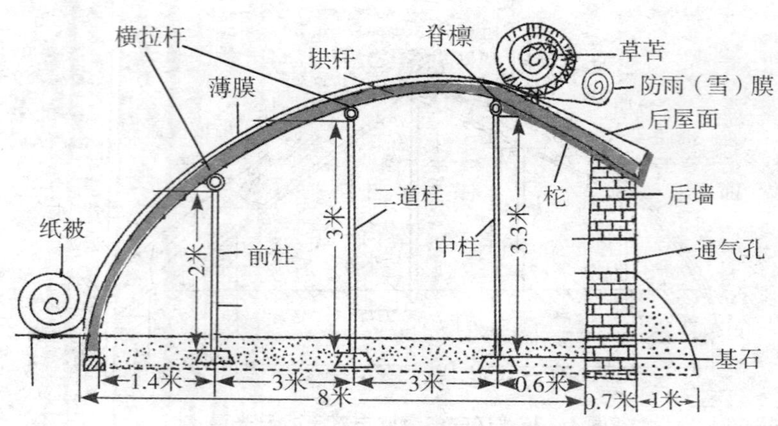

图 4－28　黄淮改良式日光温室

4）山东寿光式日光温室　如图 4－29 所示。

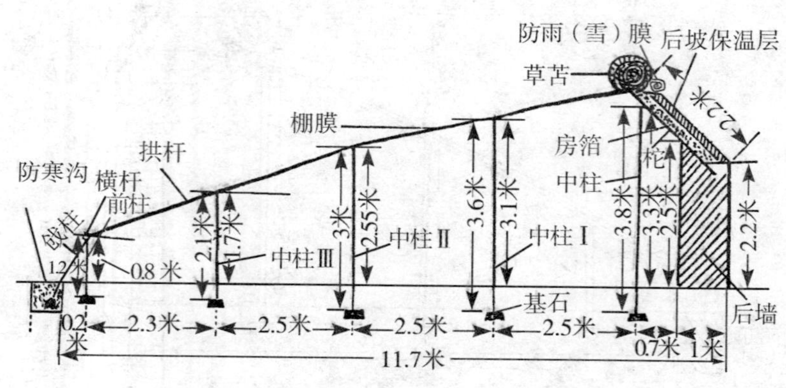

图 4－29　山东寿光式日光温室

（2）日光温室最佳位置的确定　场地定位就是依据设计图先将场内道路、边界、方向、方位定下来。目前生产上常用的定位方法有2种：一是用罗盘仪测出真子午线，再测出垂直的东西方向线。二是用立杆法测出子午线后定位。方法是在计划建造温室的位置立一垂直地面的木杆，10～14时每10分测1次木杆阴影长并记下位置，其中木杆最短的阴影线便是当地的真子午线。真子午线确定以后，再用"勾股弦"法找出真子午线的垂直线。其具体做法是：用12米长的测绳，由定点处开始，将测绳3米段与子午线重合并固定，然后1人拿着测绳捏住7米处向东走，再由1人捏住12米处向西南走，使12米处与定点处重合，便围成了后屋面的西北角，沿4米边延长线便是后墙线，如图4－30所示。定位后按照设计的尺寸进行放线，温室四角要打木桩，并用白灰画线，以便施工。

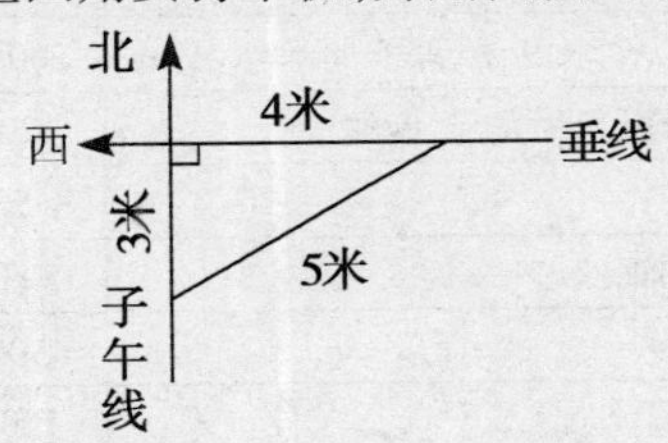

图4－30　测子午线

（3）日光温室最佳建造时间的确定　日光温室的建造时间在西北、华北地区一般在小麦收获后开始，9月下旬完成，10月投入使用。此时施工温度高，墙体易于干透。如果建棚时间过晚，墙体不易干，遇冻而疏松，且盖棚晚，室内温度上不去，影响蔬菜生产。若种植秋冬茬果菜类，一般8～9月定植，所以建棚时间要求比定植时间提前10～20天。但建棚时要注意防雨。

（4）建造日光温室所需的物料准备　建造日光温室的材料因选择的棚型不同而不同。下面就2种有代表性的棚型列出建筑用料的数量规格，以供参考。见表4－2、表4－3。

表 4－2　长 60 米、宽 8 米的黄淮改良式日光温室建造用料用工一览表

名称	规格	数量	用途
柁	圆木　长 2 米,粗 10～15 厘米	19 根	支撑后坡
脊檩	圆木　长 3.3 米,粗 10～15 厘米	20 根	支撑后坡
中柱	圆木　长 3.3 米,粗 10～15 厘米	19 根	支撑后坡
二道柱	圆木　长 3 米,粗 10 厘米	19 根	支撑前屋面
前柱	圆木　长 2 米,粗 8～10 厘米	19 根	支撑前屋面
拱杆	毛竹　长 7 米,大头粗 10 厘米	100 根	搭前屋面
横拉杆	毛竹　长 7 米,大头粗 10 厘米	22 根	固定拱杆
竹片儿	长 2～3 米,宽 7 厘米	100 片	前屋面前沿
塑料膜	聚氯乙烯膜　宽 8 米,长 60 米,厚 0.9 毫米 (聚乙烯膜　宽 9 米,长 64 米,厚 0.6 毫米)	80 千克 (60 千克)	前屋面棚膜
草苫	稻草　宽 1.2 米,长 9 米,厚 5 厘米	60 条	保温
拉绳	长 18 米,粗 1 厘米尼龙绳、麻绳	120 根	拉放草苫
铁丝	8 号、12 号	各 5 千克	绑拱杆
压膜线	塑料加芯或加钢丝芯	8 千克	压棚膜
无纺布	100 克/米^2	450 米^2	防雨、雪,保温
用工		100 个	

表 4－3　长 60 米、宽 11.7 米的山东寿光式日光温室建造用料用工一览表

物料	规格数量／名称	长度	宽度	厚度	直径	数量	说明及用途
钢筋混凝土	中柱	3.8 米	10 厘米	10 厘米		28 根	柱子的上端留槽口和穿铁丝孔 预制此规格数量的混凝土柱需水泥 1 000千克、石子 2.5 米^3,沙子 2.5 米^3,冷拔丝 100 千克
	中柱Ⅰ	3.6 米	10 厘米	10 厘米		14 根	
	中柱Ⅱ	3 米	9 厘米	9 厘米		14 根	
	中柱Ⅲ	2.1 米	9 厘米	9 厘米		14 根	
	前柱	1.5 米	9 厘米	9 厘米		28 根	
	戗柱	1.5 米	9 厘米	9 厘米		28 根	

续表

规格数量 / 物料名称		长度	宽度	厚度	直径	数量	说明及用途
钢丝和铁丝	24 号钢丝					150 千克	前后坡拉紧钢丝
	8 号铁丝					40 千克	拴坠石及部分拉紧铁丝
	12 号铁丝					40 千克	绑固横杆、拱杆
	14 号铁丝					20 千克	吊架用
	18 号铁丝					15 千克	绑压膜杆
竹竿	竹竿	10.8 米			9～10 厘米	14 根	前坡面拱杆
	竹竿	7～8 米			7～9 厘米	24 根	前沿横杆及接拱杆用
	竹竿	10 米			9～10 厘米	2 根	上棚膜时作两头卷膜用
	小竹竿	3～4 米			1～3 厘米	500 根	粗的作垫杆，细的作压膜杆
木棒	木棒	2.2 米			10 厘米	32 根	后坡檩条
		10 米			10 厘米	4 根	山墙前坡垫棒
农膜	聚氯乙烯	56 米		0.9 毫米		110 千克	棚膜
	聚乙烯	56 米		0.9 毫米		25 千克	后坡防水膜
	旧膜	56 米		0.9 毫米		15 千克	后坡表面覆盖及防寒沟用
	聚乙烯	60 米		0.6 毫米		70 千克	草苫覆膜
其他	铁钉	0.08 米				200 个	固定拉紧钢丝、铁丝等
	草苫（稻草）	12.3 米	1.2 米	5 厘米		50 床	盖前坡保温
	拉绳	26 米				100 根	拉放草苫和拴压盖草苫的棚膜
	用工					150 个	
	基石、坠石等						

（5）日光温室的建造

1）建墙　日光温室的墙体包括后墙和山墙。

☞后墙建造。后墙的作用除支撑后坡外，还起防风御寒的作用。因此,后墙的建造要求比较严格。

A. 泥垛墙。一般要求画线后铲平,过一遍夯,以免地基遇水下陷使墙体裂缝或倒塌。由于泥垛墙或干打垒墙用土较多,一般从后墙后侧1米远处起土。如确需从室内起土的,应先将30厘米熟土起到一边,远离墙体1米处再往下挖土垛墙。墙体垛好后再将熟土回到原处,这样有利于当年温室生产。

垛墙时最好先把泥土和麦秸或碎草混合均匀,泼水和好。逐层上垛并踩实。每次不能垛得太高,以防倒塌。第一次上垛80厘米高为宜,第二次垛50厘米。2米高的墙一般分3~4次完成。

B. 干打垒。先用夹板绑好,将事先准备好干湿适度的土填入槽内。每次填土不要太厚,一般20厘米左右为宜,填土过厚打不结实。干打垒墙往往接口处易留缝隙,对温室的密闭保温不利,每打一节要把接口错开(保证错开20厘米以上),墙干后若还有缝隙,盖棚前要注意填实。对于土质不好的地区,为了防止遇雨后造成后屋面落架,可在后墙内侧放置柁、檩处用砖砌垛。

C. 砖石墙。有条件或有资源的地区,后墙也可用砖或石砌成,但必须是"五〇"墙(即50厘米厚的墙)。由于砖墙太厚,用砖多,造价高,经济不富裕的群众难以承受,而太薄保温能力差。因此,生产上为了既省砖又保温,多将墙砌成50厘米空心墙,即内侧砌成12厘米,中空14厘米,外侧砌成24厘米。砌墙时要求每隔5层放一层拉手砖,以防倒塌。中空部分填充炉渣、麦糠、锯末或珍珠岩等。

砖石结构墙体属于永久性或半永久性建筑,砌筑前要求用夯打好地基。地基深度一般为50~60厘米,宽略宽于上部墙体,地基打好后,向上砌墙。在砌筑过程中要求灰浆饱满,勾好砖缝,抹好灰面,以免漏风。

☛山墙建造。山墙是承担和固定脊檩、连杆的地方。其形状如同温室的横断面,用料和建造方法与后墙相同。

机械碾压墙体。有条件的地方可采用挖掘机或推土机碾压造墙,以大大降低劳动强度。由于墙体占用土地面积较大(一般墙底宽可达 3 ~ 5 米),用土多,故温室建成后,其利用地面一般比地平面低 0.5 ~0.7 米,自然成为半地下式温室,保温效果好,值得推广。

A. 其建造方法。在预建造温室的地方放好线,在两山墙内侧 2 米范围内,先用挖掘机碾压紧实或夯实,然后用挖掘机或推土机将温室栽培面表层 20 厘米范围内的土壤移出,置于温室前沿外侧,用挖掘机或推土机挖土堆成温室的后墙或两边山墙,为了确保墙体紧实,要边堆土边碾压,墙体达到要求高度后,用挖掘机将墙体内层切削平直,并将原来移至前沿外侧的表土回填,平整即可。

B. 特别提示。需要建耳房(作业间)的一定要在挖土推墙前将耳房建成,或在预建耳房的地方,用砖石或木棒筑砌出由耳房进入温室的门口。

地下水位较高或降水较多地区不宜采用此法。

2)建后坡(后屋面)　后屋面一般有柁、檩、中柱等构成。其宽度因所选棚形不同而异。目前短后坡日光温室一般坡长为 1.5 ~1.8米,则其投影为 1 ~1.2 米。

埋中柱。中柱位置一般距后墙 1 ~ 1.2 米,东西为每 3 米栽 1 根。

日光温室中柱多为每 1.5 米栽 1 根。栽柱前先挖好长宽适度的坑,深度一般为 30 ~ 50 厘米,夯实底部并垫上砖石等硬物,然后将柱放入埋实。要求深浅一致,并在同一直线上。为了增加中柱的支撑力,可将中柱向北倾斜 5℃左右。

上柁。柁是支撑脊檩、腰檩等上部所有重量的。

将事先加工好的圆木(柁),前端固定在中柱上,后端担在后墙上,柁上端一般外出中柱线 20 厘米左右。为了防止柁后端遇雨下沉,可在柁下放1块垫木或垫1块砖。柁用线统一调平后,前端用大钉牢牢固定。

☞架设脊檩、腰脊。脊檩放在中柱处柁上方,使用扒钉或8号铁丝固定,脊檩接口处可用锯斜口"拍巴掌"的方法连接,用大钉固定。在架设柁和中柱过程中,每隔一段距离要用两木棍从东西两侧架住柁,以防歪斜落架。腰檩放在柁中间上方,顺平后用扒钉固定。

☞铺玉米秸捆。待柁、檩架好后,将玉米秸捆成直径30~40厘米的捆,每2捆为一组,梢部在中间重叠,上面一捆的根部搭在脊檩外15~20厘米,下边一捆的根部在后墙外侧,一捆一捆挤紧排放,直至把后屋面铺严。用木板或平锹把探到外面的玉米秸拍齐。接着上3~5厘米厚草泥。泥稍干后再铺20厘米厚的碎草或稻草、麦秸等。其上再铺厚度为10厘米的玉米秸,再上一层草泥,厚度为5厘米左右,并在泥上铺旧塑料薄膜,使其形成一个平坦的东西向走道,以便揭盖草苫时人员行走。

后屋面建成后一般厚度为40~50厘米,随纬度的增加,后坡厚度也应增加,保温效果才会好。

3)建造前屋面

☞拱架的安装

A.黄淮改良式日光温室。拱架多用竹竿或竹片,也可用竹竿与竹片混用,拱杆间距60厘米左右,下端置入土中约30厘米,夯实。上端用铁丝固定在脊檩上部的横杆上,整个拱架呈自然圆弧,拱杆前缘与地面的夹角为60°。为了将各拱杆连在一起,一般在其拱架上前后设两道拉杆,连杆与拉杆接触点要求用10厘米高的小柱顶住,以利于拉紧压膜线。拉杆下用支柱支撑,支柱与中柱对应,即3米栽1道支柱。后支柱距中柱2~2.5米。有的温室为了增加前支柱支撑力,向南倾斜20°~30°。总之,支柱、连杆、拱杆三者要牢牢固定。

B. 山东寿光式日光温室。前屋面骨架的安装较为复杂。施工时先依设计要求，按东西向统一排腰檩，先将支柱与中柱一一对应埋置，要求高度或倾斜度完全一致，然后再安装各排腰檩（拉杆），并一一绑紧固定。加强架上的粗拱杆与柁对应，一端固定在前柱上，另一端固定在脊檩上。加强架安装完毕，即可接上横拉铁丝。铁丝东西两端与山墙外地锚连接，用圆木在两山墙里侧紧顶住铁丝和墙，在山墙顶部放置接触面积较大的砖或木板，然后用紧丝机拉紧固定。

4）扣棚膜（寒冷纱、遮阳网）和绑压膜线（压膜杆）　日光温室目前多用 0.08 ~ 0.12 毫米的乙烯—醋酸乙烯膜、聚氯乙烯或聚乙烯长寿无滴膜。

☞棚膜准备与加工。覆盖前屋面棚膜的宽度要视温室跨度而定，裁膜时遇聚乙烯膜或醋酸乙烯膜长度每 60 米要加长2 米以上，遇聚氯乙烯膜每 60 米要缩短 2 米左右，以便能包到山墙外用木条或竹竿卷起固定，并做到不浪费薄膜。宽度也要比前屋面坡长长出1.3 ~ 1.5米，以便中间重叠，两边固定。

棚膜按标准裁好后要进行黏合，黄淮改良式日光温室一般采用扒缝放风。为了利于扒缝放风与固定，棚的边缘可卷入一条压膜线或麻绳，而后热合或黏合。山东寿光式日光温室一般多将棚膜黏合成一体。

方法是将两幅膜边重叠 8 ~ 10 厘米，用电烙铁热合或用黏合剂黏合。

目前，棚室建造面积大的地方，多采用塑膜黏合机黏合膜边，如图 4 – 31 所示。

☞扣膜。将棚膜加工好后，选择无风天气扣棚（有风天气膜容易被吹烂）。上膜方法因棚型不同而不同。

A. 黄淮改良式日光温室。因弧面光滑，上膜难度大。上膜时应自下而上，即先上下幅。下幅边缘埋入土中 20 厘米左右，两边

图 4－31　塑膜机械化黏合

拉紧后将膜头卷入圆木，固定在山墙外侧的地锚上，中间上边先暂固定在拱杆上，以防下滑。接着上第二幅，两幅重叠 30 厘米左右，上幅压下幅，固定方法同上。接着上第三幅，其两侧仍固定在山墙外，上边则用草泥压严，并将多出部分平铺到后坡上，用泥压住，以防漏水跑气。

B. 山东寿光式日光温室。先将卷好的膜，抬到温室脊檩处，在温室脊檩上固定后自上而下展放，直至温室前脚下边。两头拉紧拉平后将竹竿卷入膜内固定在地锚上，下面埋入土中 20 厘米。

☛绑压膜线。压膜线的作用是压紧薄膜，防止风吹鼓动。压膜线过去采用铅丝或尼龙绳，目前多改为压膜带，因为压膜带强度大，伸缩性小，对棚膜无损伤，一般可用 3～5 年。压膜带颜色有黑色和白色 2 种，形状有圆形和扁圆形 2 种，型号又有两道筋和多道筋之分。一般情况下可使用三道筋压膜带，装压膜线前先埋好地锚，拉好地锚线。

☞地锚。一般用木桩或砖头拴钢丝做地锚，地锚埋入30厘米深处，钢丝一头露出地面拧成圆圈备用。先将压膜带的上端固定在脊檩上的横杆或铁丝上，拉紧后下端固定在地锚线上，压膜带要求每拱内设1道。

5）覆盖草苫（保温被）及防雨（雪）膜

☞草苫。是日光温室的重要保温材料，可用蒲草、稻草或谷草编织而成。一般稻草保温效果要好于蒲草和谷草。

草苫打得厚而紧密，才能有良好的保温效果。稻草苫宽1.1～1.5米，长8～12米，单幅重量至少要达到40千克，太轻了保温效果减弱。草苫一般要求用10～12道尼龙线织成，两头加上小竹竿。

草苫覆盖时应相互重叠20厘米以上，其上最好包塑料薄膜，以防雨、雪。

草苫的卷放一般是用两条绳，绳头拴到后坡的拱杆上。近几年，有些地方研制出了简单卷帘器，既省工省力，又经久耐用，可在生产上大面积推广和应用。

☞纸被。是一种具有良好保温效果的不透明覆盖物，一般用3～4层牛皮纸制成，为了减少投资，可选用废旧水泥袋缝合而成，但牛皮纸遇水易湿易烂，近几年，生产上又研制出新型的覆盖物——无纺布或增厚中棉布，防水保温效果均优于纸被。纸被或无纺布覆盖在草苫的下面，与草苫一样，白天卷起，夜晚放下。

☞防雨（雪）膜。是用于在雨（雪）天气及严寒来临时，覆盖在草苫或保温被上的一层农膜，其主要作用一是防止雨（雪）淋湿草苫，二是可提高温室的夜温2～3℃。可用上年的旧棚膜，经修补后重新利用，以降低生产成本。

6）日光温室的辅助系统

☞作业间（耳房、操作间、缓冲间、储藏室）。50～60米长的日光温室可在温室的一头山墙上设一个进出口，100 米长的温室在后墙中间设一个或山墙两头各设一个进出口，以便于操作。进出口宽 1 ~ 1.2 米，高 1.5 ~ 1.8 米。为防止进出口进入冷空气伤害温室内的作物，以及防止操作人员干完活从温室内出来直接进入大自然中的温差过大，造成对人的伤害，最好在出入口上盖一个小房子（耳房），既能防止冷风对蔬菜作物及人员的伤害，又能存放工具和生产资料，不少农户为了工作方便，还在耳房内做饭、居住、休息及夜间看护和进行产品的分级、包装及储存，如图 4 – 32 所示。

图 4 – 32　温室配耳房

☞输电系统。输电系统包括电杆、高低压线、变压器、开关（闸刀）、照明、加温、抽水机组、卷帘机组等组成。作用是道路、作业间、温室内及交易场所的照明，灾害性天气来临时加温（包括苗床育苗电热线）、补光、抽水及卷放草苫（保温被）等，如图 4 – 33 所示。

☞灌溉系统。在日光温室中应用灌溉设备，不仅要注意系统的简便易操作性，而且还应注意系统的完整性。最基本的要具备保证不能堵塞滴头、喷头、渗管的水过滤器及能方便追肥的

图 4－33　输电系统

施肥装置。根据不同的作物、土质和栽培方式，选用不同的灌溉类型。实践证明适用于日光温室的灌溉方式主要有 4 种类型：微喷、地下暗灌、滴灌和渗灌，无论何种方式都要配置水塔使用，如图4－34所示。

图 4－34　水塔供水

A. 微喷。采用专制的旋转微喷头喷水，一般覆盖半径在 4 米左右，系统压力 50～150 帕，流量在 55 升/小时以下。水中可以配化肥或农药，灌溉均匀，覆盖性能好，夏季还有降温的作用，特别适合温室使用。

B. 地膜下暗灌。在高畦的基础上，中间开沟后再覆盖地膜，采用膜下暗沟浇水。使用这种方式可以降低温室中的空气湿度，从而可以减少作物因空气湿度过大所导致的病虫害，增产效果明显。

C. 滴灌。主要优点是省水，可以完全避免输水损失和深层渗漏损失。结合浇水进行施肥，避免肥料损失，提高肥效。寒冷季节在温室使用，可避免由于灌水导致的地温下降，同时降低空气湿度，减少病害。滴灌可以严格控制水量，保持土壤湿润，促进蔬菜高产。目前正大力推广的膜下滴灌技术，具有增加地温、防止蒸发和节水的优点。

D. 渗灌。利用埋于地下的渗灌管道，将水引入蔬菜根系分布的土壤，利用毛细管作用自下而上或向四周均匀浸润水分。该法不但不破坏土壤团粒结构，无板结层，地面蒸发少，省水，灌溉效率高，而且地面空气湿度低，能有效控制病害。该方法一次性投入较高，但从目前发展趋势看，在日光温室中应用前景广阔。

该系统由土壤湿度测量模块、LED 直观显示模块、单片机及行走式喷灌机组成。其中土壤湿度测量模块将土壤湿度转变为电压信号，送至单片机；LED 显示模块将土壤湿度情况用不同颜色的 LED 直观地反映出来；单片机作为控制器的主体部分，通过编程实现其模糊控制与神经网络相结合的算法；行走式喷灌机则由单片机输出控制其喷灌的时间，如图 4－35 所示。

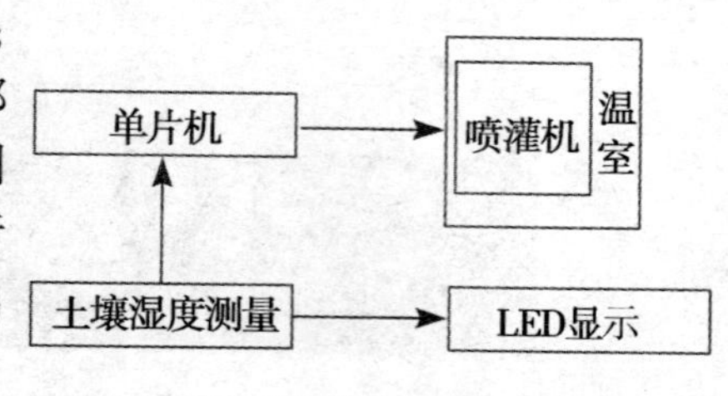

图 4－35　渗灌系统总体框架图

☞临时加温系统。在温室生产中，冬季加热是保证温室高效运行的首要条件。温室的加热设备有多种类型，如锅炉、热风炉、土造火炉、电加热等。

目前，节能温室加热方式以土造火炉为主，在低温需要加热时，将火炉点燃利用长烟筒散热提高温室温度。土火炉造价低，农民容易接受，如图 4－36 所示。

图 4－36　火炉加温育苗

锅炉造价高，运行成本也较高，只有在效益较高的温室或育苗室使用，才能显示出高投入高效益。如图 4－37 所示。

图 4－37　热风锅炉加温育苗

根据作物的种类,温室利用时期以及规模类型,选用加温设备的标准有三条:一是燃料易得,便宜,不污染塑料薄膜与作物,不产生有毒气体;二是设备价格低廉,安装简单;三是没有危险,节省劳动力。

☞二氧化碳气体补充系统。二氧化碳的不足是目前日光温室蔬菜增产的重要限制因素之一。天气寒冷时温室密闭较严,二氧化碳消耗较多,但又得不到室外二氧化碳的补充。因而使蔬菜处于二氧化碳的饥饿状态,严重地影响着光合作用,限制了产量和品质的提高。寒冷的冬季,通风可以从大气中补充二氧化碳,但也会导致室温的下降,会影响作物的正常生长。因此,在温室中配置二氧化碳增施装置,补充二氧化碳是十分必要的。

该系统的气源部分由二氧化碳液化气钢瓶和减压阀组成,气体输送部分由气路组成,气路由带有小孔的塑料管组成二氧化碳气体扩散管。管外径 20 毫米,管内径 16 毫米,小孔间距 1.2 米,小孔直径 1 毫米。电气控制部分包括气体检测器、光度检测器、电磁阀和控制电路。气体和光度所检测的信号综合参数达到所设定值时,控制电路给出开启信号,电磁阀吸合,打开气源向气路充气,气路工作压力范围在 0 ~6 帕。

☞卷帘机。温室机械卷帘技术是随着设施农业发展而兴起的。目前,新型节能温室的保温覆盖材料主要是保温被及草苫,采用机械卷帘可在 3 ~6 分完成 1 次卷铺工作,比人工提高工效 10 ~25 倍,每天增加光照时间 2 小时。所以电动卷帘机是新型节能温室的一项主要配套设施,如图 4 –38 所示。

图 4 –38　自动卷帘设备

施肥与喷药系统。日光温室作为工厂化农业的雏形，管网灌溉已被有关部门列为重点推广的新技术，在我国中北部日光温室集中生产区已创造了良好的经济效益和社会效益。依据流体力学原理，利用管网系统的自身能量，在日光温室配置管网灌溉自动施肥和施药系统，对于提高日光温室生产的自动化水平意义重大。

施肥与喷药系统主要包括水压表、调解阀、电动机、储肥(药)箱及微管等。一般将安装有喷头的微喷管沿日光温室拱架的下方用铁丝固定，封死的一端安装在日光温室拱架与后墙相接处。在日光温室南沿的内侧，沿日光温室的纵向铺设1根较粗的喷灌管(直径20毫米)与各微喷管以3通相连，紧固密闭，防止漏水。主管的一端封死，另一端与加压泵的出口连接。如果日光温室内植株高大，密植程度高，则可在植株中部铺设1层微喷管，以使喷洒均匀。该系统操作方便，使用简单，有效提高了工作效率，减少了劳动强度，如图4-39、图4-40所示。

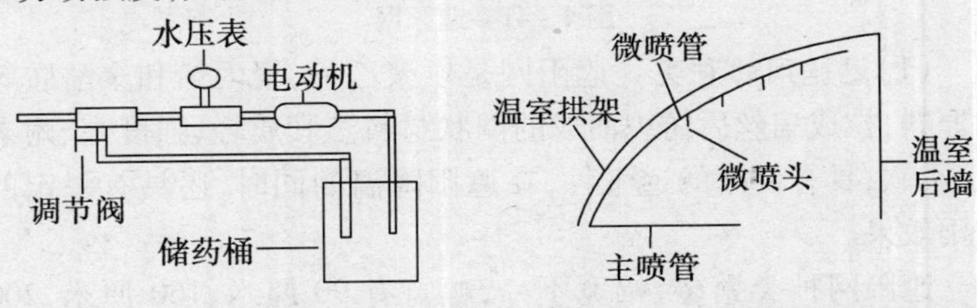

图4-39 连接件安装示意图　　图4-40 微喷管位置示意图

沼气。沼气与温室相结合，能为温室生产提供热源，解决燃料、净化肥源，构成“二位一体”的生产结构，随着该方法的推广应用，将能进一步发展为“四位一体”的生态模式，即作物生产、畜禽饲养、粪便发酵、生产沼气与日光温室融为一体。这种优势互补、集约生产的生态模式将为市场提供更多、更新鲜的无污染产品。沼气在温室中的作用一是利用沼气燃烧的热量，提高大棚内温度或者增加光照；二是利用沼气燃烧后排放二氧化碳的特性，向大棚内的农作物供应气肥，促进增产；三是为温室蔬菜提供优质的有机肥料，节省化肥、农药开支。

（四）高温季节育苗辅助设施

在高温季节育苗的实际生产中，为了达到最佳的育苗效果，都是利用日光温室、塑料小棚、中棚、大棚的棚架，上覆防雨、防虫及遮阳材料，进行保护育苗。

1. **遮阳设施** 目前在生产中使用的较先进的遮阳材料是遮阳网，如图 4－41 所示。

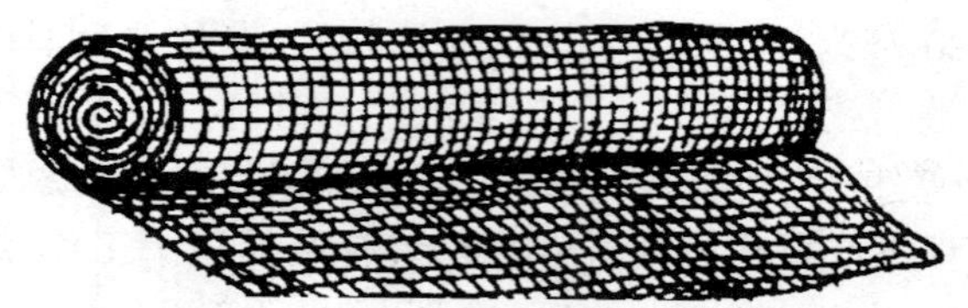

图 4－41 遮阳网

（1）遮阳网的种类 遮阳网是以聚乙烯、聚丙烯和聚酰胺等为原料，拉成扁丝后纺织而成的网状材料。其质轻、强度高、耐老化、柔软，具有良好的透气性，在遮阳降温的同时，还具有一定的防雨效果。

遮阳网种类繁多，幅宽不一，幅宽有 90 厘米、160 厘米、200 厘米、220 厘米和 250 厘米等多种，在使用中可以根据自身的需要裁切或缝合。网眼有均匀排列的，也有稀密相间排列的。根据纬编一个密区（25 厘米）中所用的编丝的数目多少将产品定为 SZW－8（8 根）、SZW－10（10 根）、SZW－12（12 根）、SZW－14（14 根）、SZW－16（16 根）等多种型号，编丝的根数越多，遮光率越大，纬向拉伸强度也越强。

遮阳网的颜色主要有黑色和银灰色 2 种，还有少量绿色、白色、黄色以及黑与银灰色相间等种类。

(2)遮阳网的性能特点

1)有效降低光照强度　遮阳网的最主要功用就是降低光照强度。不同的网眼密度和颜色有不同的遮光率,一般情况下,网眼密度越大,遮光率越高。我国生产的遮阳网的遮光率一般在25% ~70%,番茄生产上使用较多的为透光率在35% ~65%的遮阳网,各地可依据本地自然光强,因地制宜地选用不同规格的遮阳网。

对于颜色而言,黑色网遮光率最大,绿色次之,银灰色最小。黑色和银灰色在生产中使用较多。在一天当中,遮光率也不一样,一般中午遮光率较低,早、晚遮光率高。

2)有效降低温度　覆盖遮阳网之后,由于光照强度的降低,减少了地面的热辐射,从而可有效降低设施内温度。一般情况下,遮光率越高的遮阳网,温度降低的越多,在炎夏进行覆盖,一般地表温度可降低4 ~6℃,地下5 厘米地温较露地低3 ~5℃。黑色遮阳网可降低温度3.7 ~4.5℃,最大降温可达9 ~12℃,而白色网只可降低2 ~3℃。

3)防暴雨冰雹　夏季的暴雨对作物的生长发育影响很大,可以渍害作物根系,造成土壤板结,使根系缺氧窒息,特别是刚播种后,会把种子冲出或造成种子出苗困难;同时,雨后的高温还会造成作物生理失水。覆盖遮阳网后,可以对降水起缓冲作用,使雨水不会直接冲击地面造成地面板结,据测定,在100 分内降水量达34.6 毫米的情况下,遮阳网内中部的降水量仅26.7 毫米,网内降水量明显减少,水滴对地面的冲击力仅为露地的1/50。同时,雨后网内温度上升缓慢,可以减少植株生理失水。

此外,夏季也是冰雹的多发期,覆盖遮阳网还可以有效防止冰雹对作物的伤害。

4)防风　据测定,遮阳网的防风效果可达60%,当网外风速为17 米/秒时,网内距网5 厘米处为6.8 米/秒;网外风速为

6.6 米/秒时,网内距网 10 厘米处为 2.2 米/秒,距网 25 厘米处为 1.4 米/秒,距网 50 厘米处为 0。遮阳网可以对网内的作物起到很好的保护作用。

5)有效抑制田间水分蒸散　进行遮阳网覆盖可以有效地抑制田间水分蒸散,地面蒸散量的减少与遮阳网透光率变化趋势一致,在大棚覆盖遮阳网的情况下,田间的水分蒸散量可比露地减少 1/3 ~2/3。

6)防病虫危害　遮阳网覆盖后,网内的温度和光照明显降低,同时避免了夏季降水直接冲击作物,可以有效地降低作物病害的发生,特别是苗期的猝倒病和立枯病发病比例明显降低。银灰色的遮阳网,还有避蚜作用,而蚜虫除了吸食番茄汁液外,还是病毒病的主要传播源,可以有效降低番茄病毒病的发生。用于苗期覆盖,可保证幼苗生长健壮,用于结果期覆盖,还可降低果实日灼的发生。

7)效益高　遮阳网寿命长,一般可以使用 3 ~5 年,可以明显降低生产成本。同时遮阳网质轻,揭盖方便,操作的劳动强度小,可以明显降低劳动强度,不用时储存方便。

(3)遮阳网的覆盖方式

1)浮面覆盖　把遮阳网直接覆盖在畦面上,在播种后覆盖至齐苗 3 ~5 天揭网,有促进苗全、苗齐、苗壮的效果,如图 4 –42 所示。此种覆盖方式可以直接使用,也可以应用在拱棚或温室内的畦面。

2)小拱棚覆盖　指利用小拱棚支架或用竹、木等材料搭成拱形小棚,而后在上面覆盖遮阳网的一种覆盖方式,如图4 –43 所示。

3)平棚覆盖　指利用竹竿、木棍等材料在畦面上搭成平面或倾斜的支架,而后将遮阳网覆盖在支架之上的一种覆盖方式,支架一般高 0.5 ~1.8 米。

图 4－42　遮阳网浮面覆盖

图 4－43　小拱棚覆盖遮阳网

4）大棚覆盖　指把遮阳网应用于大棚上，可以覆盖在大棚外的薄膜之上，如图 4－44 所示。

图 4－44　大棚覆盖

5）特别提示　遮阳网在使用中要根据天气状况适时揭盖，一般要在阴天全天及晴天的 17 时至翌日 7 时揭去，以免影响幼苗的正常生长。

2. **防雨设施**　夏秋季节雨水较多，除了要做好苗床的排水工作之外，防止雨水对幼苗的直接淋打，减少土壤板结，也是夏季培育壮苗的关键环节。遮阳网和其他的遮阳材料，以及防虫网虽然也具有一定的防雨功能，但只是减轻了雨水的直接冲击力，并不能防止降水的落下，因此在夏季暴雨多、降水量大的地区，生产中一般还要使用塑料薄膜进行防雨。

育苗时一般采用旧塑料薄膜覆盖的方法，覆盖时只能盖在棚的上部，要将周围薄膜卷起用竹竿压好，使塑料棚的四周空气流通，起遮阳、防暴雨的作用。

3. **防虫设施**　夏季害虫活动频繁，对幼苗的生长影响较大，可以覆盖防虫设施。一般是在拱棚的支架上覆盖防虫网。防虫网有许多规格（幅宽、孔径、丝径、颜色等）。

防虫网的应用效果决定于孔径的大小，孔径过大，起不到防虫的效果，孔径过小，则遮光过多，通风降温困难。目前使用最多的是白色、孔径为20～40目的防虫网。防虫网的作用一是防虫，如白粉虱、有翅蚜虫、潜叶蝇等，二是遮强光，如图4－45所示。

图4－45　防虫网覆盖育苗

4. **几种设施的结合使用**　由于夏季高温、多雨、害虫发生严重，而遮阳网主要的作用还是遮阳、降温，其防雨作用有限，而塑料薄膜和防虫网又不能很好地遮阳降温。所以在夏季进行番茄育苗，为达到更好的育苗效果，一般要几种设施综合使用。一般是把塑料薄膜盖在拱棚支架的上部，支架四周设能通风的防虫网，而后在薄膜上面再加遮阳网，或在薄膜外面搭上苇箔、树枝、瓜秧、高秆作物的秸秆或草棵进行遮阳，有条件的可再在外面加盖一层防虫网,如图 4－46 所示。

图 4－46　多种设施综合利用育苗

5. 播种技术　此期育苗,由于外界温度高,造成番茄幼苗生长发育速度较快,相对苗龄较短,一般长成 4～7 片真叶的植株,适宜定植时苗龄只有 15～30 天,因此,此期育苗一般不进行分苗,以减少由于高温造成的幼苗伤根染病。

最好是进行营养钵或营养土方点播播种。营养钵的装钵摆钵、营养土方的切块、种子的点播方法与播种注意事项同正常季节育苗,只是播种后要注意遮阳、防雨、选择营养钵及营养土块的规格要稍大,宁可扩大苗床面积也不要播得太密,以保证每一株苗子有相对较大的营养面积。

6. 苗床管理

(1)*温度管理*　夏季高温季节育苗,温度管理就是如何降低苗床内的温度。但此时进行温度调控较为困难,一般是在育苗床的上方覆盖遮阳网或在出苗前覆盖草苫遮阳,以达到降低地温的效果，如图 4－47 所示。

图 4－47　苗床盖草苫

适当降低苗床内的温度，促进番茄种子早出芽，苗床的下方要保证足够的通风。此外，有条件者可以采用水帘降温，也可以在傍晚先浇水后排水来降低地温，促进苗子根系的发育。

(2) *光照管理*　在出苗之前，不需要光照，主要是以遮阳降低苗床内温度为主要管理措施。当苗子出土后，就要进行光合作用，因此覆盖草苫等不透明覆盖物的必须及时去除。在苗子生长期间，阴天全天或晴天的 17 时至翌日 7 时要把遮阳网去掉，保证幼苗接受充足的光照，以利培育出健壮的幼苗。

(3) *水分管理*　由于外界温度高，水分蒸发快，所以在水分管理上同常规季节育苗时有很大的不同。出苗后，要及时撒土填补缝隙。为防止幼苗徒长，浇水要根据苗情及土壤干旱程度，本着“宁干勿湿”的原则进行，掌握不旱不浇，保持苗床见干见湿。浇水最好是在每天的早晨进行，可以降低苗床内的地温，促进苗子根系的发育。

及时做好排水工作，严防苗床积水。

（4）养分管理　夏季高温季节幼苗生长迅速，尽管在营养土中已经预先混入了一定量的肥料，但在育苗过程中还可能存在营养不足的情况。可在幼苗长至2叶1心时根据苗情采用0.2%尿素+0.3%磷酸二氢钾水溶液进行叶片喷施。

（5）病虫害防治　易发生的虫害是蚜虫、白粉虱、螨类、蓟马及夜蛾科食叶虫类等，易发生的病害是猝倒病、立枯病、疫病、病毒病等。对于虫害要利用覆盖遮阳网或防虫网进行预防，具体的防治方法见病虫害防治部分。

（6）囤苗　在定植前3～5天，对于利用营养土方进行育苗的，把其拿离原位，以切断植株与地面的联系，而后适当加大土方间距再放回，不浇水进行囤苗处理。由于外界温度较高，可在缝隙进行撒土保墒。对于利用营养钵育苗的，也要进行控水囤苗。

（7）特别提示

1）防雨拍　在出苗前，苗床如果被雨水拍击，轻则造成土壤板结，重则种子被雨水冲出或冲走，会对出苗或生长发育造成很大影响。在生产中，最好是使用薄膜覆盖作防雨棚。

2）防水淹　降水中或降水后要及时排水，防苗床被淹。

3）摘帽　及时摘除种子出土未脱去的种皮，保证子叶顺利展开，促进幼苗生长良好。

4）除草　及时拔除苗床上的杂草，以免影响幼苗的正常生长。除草可结合中耕进行。有条件者，播种后要进行化学除草（详见草害防治）。

5）防徒长　夏秋季节育苗，苗床上的温度、湿度等条件不易控制，极易造成幼苗徒长。对于发生徒长的幼苗，可正确使用激素控制。

（五）基质育苗技术要点

基质育苗，为无土育苗中的一类，是指在配制育苗用营养土时不添加园土，而是利用草炭、蛭石、珍珠岩、沙子、锯末、炉渣、稻壳、花生壳、玉米秸等基质代替园土的育苗方式。目前，在穴盘、营养钵育苗或工厂化育苗中基质使用较多。

1. 基质育苗的优点

（1）基质来源广　能就地取材，材质重量轻，成本低，透气性良好。育出的苗茎粗大，叶片肥厚，根系发达，干物质积累多，幼苗茁壮。

（2）防病　避免土传病害，病害轻而少。

（3）节肥　追肥用配制好的营养液，养分不流失，用肥量少。

（4）成苗率高　出苗率、成苗率、分苗及定植的成活率均高，可节省种子，大大降低成本。

（5）效果好　能缩短苗龄、提早成熟以及增加产量。

2. 基质选用的原则　选用基质时，应本着就地取材，经济实用，质轻、透水、透气性好，含有较多的营养物质，包括有机物质和矿物质元素，以便于尽量简化营养液配方和降低营养液供应量等原则进行，以达到降低育苗成本的效果。

3. 常用配方　基质根据其成分的不同，可以分为有机基质和无机基质两类。

常见的无机基质有蛭石、珍珠岩、沙子、炉渣（灰）、岩棉、碎石等；有机基质有草炭、锯末、刨花、木屑、稻壳、花生壳、玉米秸、向日葵秆、食用菌废弃培养料等。这些基质既可以单用，又可以混用。

无机基质由于所含营养成分较少，且保水保肥能力相对较差，在使用时要定期浇灌适宜的营养液补充养分和水分。有机基质含营养成分较多，保水保肥能力较强，不浇营养液或只浇少量营养液即可，但其通透性较差。所以将有机基质与无机基质配合使用，效果更佳。

(1)无机基质常用配方

1)100%沙子　用直径2毫米和0.6毫米的干净沙子作为栽培基质。

2)蛭石+珍珠岩(1:1)　蛭石质轻，含多种微量元素，但在浸水后通透性较差，与珍珠岩配合使用效果很好。

(2)有机基质常用配方

1)100%草炭　草炭是植物残体腐化分解而成，富含有机质，同时草炭轻便，保水性好。

2)100%木屑、锯末基质或二者按一定比例混合　木屑和锯末保水性好，质地轻，是很好的育苗基质，但是其分解速度较快，使用一段时间后要及时更换新料。

3)100%食用菌废弃培养料　有机质含量丰富，透水透气性好。

4)稻壳、玉米秸、花生壳(粉碎)等的一种或多种与腐熟有机肥(猪粪、牛粪等)按1:1混合　稻壳、玉米秸、碎花生壳质轻，吸水保水性好，通透性好，加入有机肥后，是很好的育苗基质。

(3)混合基质常用配方

1)蛭石或珍珠岩与草炭按1:2或者1:3的比例混合　蛭石和珍珠岩有良好的通透性，与有机质含量丰富的草炭混合，是很好的育苗基质。

2)草炭、细炉灰与细沙土按照6:2:2的比例混合　炉灰与细沙的通透性结合有机质丰富的草炭，是良好的育苗基质。

3)蛭石、草炭和食用菌废弃培养料按照1:1:1的比例混合　此基质通透性好，保水保肥能力强，营养物质含量丰富。

4)草炭、蛭石和炉灰(渣)按照3:3:4的比例混合　此基质通透性好，营养较为丰富。

5)其他常见配方　草炭与炉渣4∶6；向日葵秆粉与炉渣和锯末5∶2∶3；沙子与锯末和向日葵秆粉8∶1∶1；细沙、草炭、炉渣、锯末和向日葵秆粉5∶1.5∶1.5∶1∶1。

4.配制技术　无机基质要选用适宜大小的颗粒，有机基质如使用作物秸秆时，在使用前要粉碎，同时在使用前要进行检查，不能选用发霉变质的。基质选好后，按照配比进行充分混合，混合后要进行基质消毒，消毒方法参考营养土配制部分。其后就可以铺摊或装钵（盘）进行使用，如图4－48所示。

图4－48　基质育苗

为了保证番茄幼苗期营养充足，避免出现营养不良，在有机基质和混合基质中，按1米^{3}基质混入5～10千克干鸡粪，磷酸二铵、碳酸铵、硝酸钾各0.5千克等速效肥料效果更佳。

5.基质要与营养液配合使用　基质中所含有的营养成分相对单一，特别是无机基质，不能满足番茄生长发育对于养分的需求，而营养液可以提供番茄生长发育所需要的养分和水分，即使是营养成分相对较全的混合基质，浇灌营养液也能够有效地促进番茄的生长发育（在配制基质时加有化学肥料的，只在番茄出现营养不良症状时，再定向浇灌营养液）。

（1）番茄基质育苗常用营养液配方　见表4－4。

表4－4　番茄常用营养液配方　（克/1千克水）

	大量元素							微量元素					
肥料种类 需要量 配方	硝酸钙	硝酸钾	磷酸二氢铵	有水硫酸镁	有水氯化钙	草木灰	尿素	螯合铁	硫酸锰	硫酸锌	硼酸	钼酸铵	硫酸铜
配方1	354	404	76	246				24～41	1.7～2.0	0.2～0.27	3.0	0.27	0.13
配方2			89	246	313	551	226						

（2）特别提示

1）营养要全面　营养液要按照番茄对营养元素的吸收和需要进行配制。对于无机基质要使用全营养，而对于有机基质和混合基质要根据基质的养分情况确定营养液的配比。上述配方中，未列入微量元素。如果基质是无机基质，如蛭石、细沙、珍珠岩等；或有机质含量较低的有机基质，如稻壳等含量较高时，要加入微量元素。一般在1 000升上述溶液中加入硼酸3克，硫酸锌0.22克，硫酸锰2克，硫酸钠3克，硫酸铜0.05克。如果基质中草炭、食用菌废弃培养料等含量较高时，则微量元素不用加入。

营养液中必须完全具备番茄生长发育所需的各种大量元素和微量元素，且要都能溶解于水。选用的氮肥应以硝态氮为主，铵态氮用量不能超过总量的25%。

2）浓度要适宜　理化性质要有利于番茄根系的吸收和利用，不能含有易残留的有害物质。

3）用水　如果水质含钠离子和氯离子过多时不能使用，最好是选用雨水或含矿物质元素较少的软水。

4）不使用含氯的化肥　氯离子不易被番茄吸收和利用，造成积累后易与其他元素产生拮抗作用。所以配制营养液时，不选用含氯的化肥。

5）二次稀释　为便于肥料溶解，应把肥料先配成原液，而后再把原液加入水中稀释成所需要的浓度，不要把肥料直接加入水中，以免搅拌不匀或搅拌费时费力。

6）现配现用　钙离子、硫酸根离子和磷酸根离子易结合形成难溶的沉淀物，所以在配制高浓度的原液时，不要存放，最好现配现用。

7）注意 pH　适宜番茄生长的 pH 呈弱酸性或中性（pH6～7），否则，要用磷酸、硝酸或氢氧化钾、氢氧化钠进行调节。

8）营养液配好后要进行过滤和消毒　消毒方法常采用高温处理或紫外线处理。

9）方便安全　营养液的配制要尽量做到原料易购、价格低廉、配制简便、养分齐全，使用安全。

10）注意温度　在浇灌营养液时，最好能把其温度控制在 20～25℃，以免对地温造成影响。

6. 苗期管理要点

（1）水分管理　由于基质的保水性相对较差，与有土育苗相比，浇水次数要相对频繁，特别在利用营养钵和穴盘进行点播育苗时，由于其包含基质量较少，更要加大浇水次数，并且在播种前底水一定要浇透，以下部向外渗水为标准。冬春季育苗时，播种后出苗前，要用地膜把营养钵（盘）覆盖，既保温又有保湿的效果，以保证在种子出土前不浇水；在夏季等高温季节育苗时，由于温度高，水分蒸发快，要小水勤浇，保持基质湿润，以利出苗，但是浇水量不可过大，防止种子腐烂。出苗后，要控制水量，防苗徒长。

随着幼苗的不断生长，要加大浇水量和次数，此时不能缺水，否则易形成老化苗。

（2）营养液管理　当幼苗子叶完全展开后，需浇施1/3浓度的营养液，1天浇施1次即可，浇施要在10时前或16时后进行。当长出2片真叶后，施用1/2浓度的营养液，随着植株的生长，逐渐增加营养液浇灌次数并提高营养液的浓度，到定植时就可以按正常量浇施营养液。

（3）其他管理　其他管理措施同常规有土育苗。

（六）嫁接育苗技术

嫁接栽培就是采用手术的方法，切去一棵植株的根，留下顶端（头部）或单独切掉一个幼芽利用；将另一棵植株，切去其顶端（头部），留下根系及茎（下胚轴）的一部分利用（人们习惯称顶端或幼芽被利用的这棵植株为接穗，根系及茎的一部分被利用的这棵植株为砧木）。使砧木和接穗强制结合在一起，形成一棵完整的植株进行栽培。这样既利用了砧木根系的抗病性强，根系庞大，吸收范围广，吸收水肥能力强，耐瘠薄，耐盐碱，耐低温或高温，耐高湿或干旱的优点，又利用了接穗产量高、品质好、商品性好的优点，达到高产高效优质的目的。

嫁接栽培历史悠久，公元前1世纪后期的《氾胜之书》中就有将10株瓠瓜捆绑在一起，使其愈合成一个整体，去掉9株长势弱的茎，留一株生长强壮的茎，就能结出大瓠瓜的记载。20世纪初期，嫁接栽培在日本开始应用于生产，20世纪30年代逐步得到完善，20世纪50年代得以迅速发展，特别是一些园艺生产技术先进的国家，如日本、荷兰、美国、英国等，就在黄瓜、西瓜、甜瓜上大量应用，20世纪80年代开始在茄果类上应用。在我国20世纪70年代通过有关人员进行专门的研究，嫁接栽培技术也有了新的进展，至20世纪80年代初期，在贵州榕江地区开始应用于西瓜生产上,20 世纪 80 年代末期在辽宁省瓦房店市用于日光温室黄瓜的生产上,至 20 世纪 90 年代中期,全国各地不但应用于西瓜、黄瓜、甜瓜等瓜类,而且也在辣椒、茄子、番茄生产上应用成功,并迅速推广普及。

1. 嫁接育苗的意义

(1)提高抗逆能力,减少农药使用　番茄不适宜连年重茬栽培,在生产中,无论是保护地还是露地,特别是保护地,由于常年连作重茬栽培,造成番茄枯萎病、疫病、青枯病等土壤传播病害大面积发生,而目前尚缺乏理想的抗病品种,利用药物防治成本高,劳动量大,成效低,难度大,基于此番茄生产已经到了举步维艰的地步,严重制约着番茄生产的进一步发展。而把优良的番茄品种与抗病性强的野生番茄等优秀砧木品种进行嫁接栽培,可以很好地解决番茄重茬栽培中土传病害发生严重的问题。嫁接育苗有效利用砧木根系的抗病性强,根系庞大,吸收范围广,吸收水肥能力强,耐瘠薄,耐盐碱,耐低温或高温,耐高温或干旱的优点,利用接穗产量高,品质好,商品性状好的优点,达到高产高效优质的目的。据相关报道称,可以防治黄萎病达 98% 以上,增产率达 30% ~50% 。由于嫁接苗如此强的抗病能力,可以大大减少农药的使用,在降低生产成本,减少人力投入的同时,还有利于生产出无公害的番茄产品。可以说,嫁接栽培技术在生产中的推广,为番茄生产的发展注入了新的动力。

(2)增加抗逆性,便于生产管理　番茄嫁接后,利用砧木发达的根系,增强其吸收水分和矿质营养的能力,可以为植株生长提供充足的营养,使得植株长势增强,植株高度增加,叶面积加大,由此提升了番茄幼苗对逆境的适应能力,表现抗寒、抗盐、耐湿、耐涝、耐旱、耐瘠薄等特点,特别是在日光温室等保护设施内的低温、弱光环境条件下,生长发育良好。

(3)提早收获、提高产量　番茄嫁接后根系生长得到促进,生理活性增强，吸收和合成功能得到改善，抗病性和抗逆性增强，生长势旺盛，为产量形成奠定了基础。尤其是利用砧木耐低温的特性，使嫁接植株生育前期在较低温度下也能正常生长，可以提早定植，延长生育期，达到早熟的目的。另外，番茄嫁接苗发达的根系，还方便进行番茄再生栽培，可以进一步提高番茄产量，提高经济效益。

2. 砧木品种的选择原则

（1）*高抗番茄土壤传播病害*　要求所用砧木品种对番茄青枯病、根腐病、根结线虫病等高抗或高耐，并且抗病性稳定，不因栽培时期以及环境条件变化而发生改变。就目前番茄生产形势来看，预防番茄疫病和枯萎病，是所选砧木必备的条件。

（2）*亲和力强而稳定*　要求与番茄嫁接后，嫁接苗成活率不低于98%，并且嫁接苗定植后生长稳定，中途不出现生长缓慢和死亡现象。

（3）*不改变果实的形状和品质*　要求所用砧木品种与番茄嫁接后，不改变果实的形状和颜色，不出现畸形果。

（4）*长势稳健*　不削弱植株的生长势，也不造成植株徒长。

（5）*品种选择*　适合嫁接的砧木品种有胜利、不死鸟、前进、开拓者、PFR－K64、PFR－S64、LS279等。

3. 嫁接用具及场地要求

（1）*切削工具*　在番茄嫁接时，由于目前市场上还没有专用的番茄嫁接切口切削工具，一般用双面刮须刀片做切削工具，削切砧木和接穗成适宜嫁接的形态。为了便于操作，可将刀片沿中线纵向折成两半，并截去两端无刀锋的部分。

（2）*接口固定物*　嫁接后砧木与接穗要在接口处进行固定，以方便接口愈合。固定接口最方便的是用塑料夹。

这是一种嫁接专用的夹子，小巧轻便，价格低廉。现已有专业厂家大批量生产专用塑料嫁接夹，一次投资可多次使用。在使用旧塑料嫁接夹之前，应先用100倍的福尔马林溶液浸泡8小时进行消毒处理。

常用嫁接工具如图4－49所示。

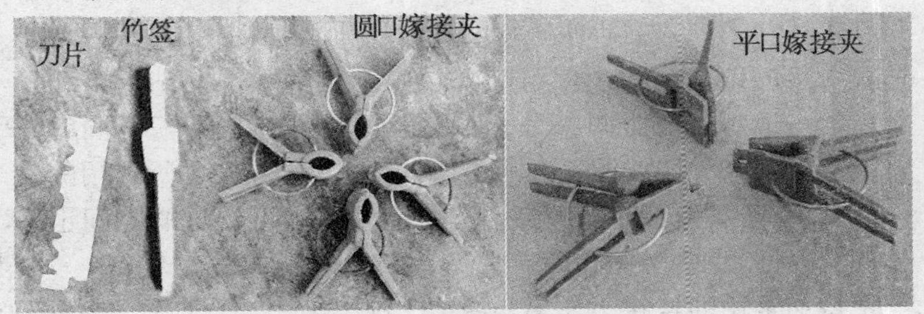

图4－49　常用嫁接工具

(3)用具的消毒及去污　在广口小瓶中放入75%酒精、棉花及卫生纸，操作时工作人员的手指、刀片等都应消毒，砧木和接穗上泥污，在切口前都要用卫生纸擦除，以防止病菌从伤口处带入植株体内，使嫁接失败或引起病害的发生。

(4)嫁接场所要求

1)空气温度与湿度适宜　温暖的环境不仅操作灵便，对植株切接伤口愈合也有利。空气的相对湿度与接穗的失水萎蔫程度密切相关，因此，要求相对湿度在95%以上的湿润环境，以防止接穗失水萎蔫，利于愈合后的成活生长。

2)无风　绝对无风的环境与切口愈合速度快慢密切相关。

3)特别提示　为了提高嫁接工效，用长条凳或木板作嫁接台，专人进行嫁接，专人取苗运苗，连续作业，防止出现差错。

4. 砧木和接穗苗的培育　在嫁接之前，把砧木苗和接穗苗培育成适宜进行嫁接的大小，且能够相互协调适应所选定的嫁接方法是技术的关键。

(1)嫁接适期　番茄嫁接的适宜时间，主要取决于砧木苗茎的粗度，当砧木茎粗达0.4～0.5厘米时为嫁接的适宜时间。若过早嫁接，节间短，茎秆细，不便操作，影响嫁接效果；过晚，植株的木质化程度高，影响嫁接成活率。

（2）砧木和接穗苗的协调　嫁接育苗中最关键的问题之一就是砧木苗与接穗苗的协调一致问题。由于选择嫁接的方法不同，适宜嫁接的砧木苗和接穗苗的大小也不同。为了使砧木苗和接穗苗的最适嫁接期协调一致，应从播种期上进行调整，不同的嫁接方法对于播种期的调整方法也不同。此外，嫁接时所选用的砧木品种，由于各自品种特性的不同，长成适宜嫁接时的时间也会不同，播种时也要考虑在内。

番茄常用的嫁接方法有劈接法、斜切接法、靠接法。其中劈接法和斜切接法，这两种方法对砧木和接穗的大小与粗细的要求基本一致，即这两种方法对适宜嫁接期的要求基本一致；而靠接法，与劈接法和斜切接法相比，只是要求适宜嫁接时的苗子稍大一些。这三者在选用相同的砧木品种时，砧木比接穗的早播天数基本相同。

在确定嫁接方法后，播种期的确定就主要取决于砧木品种的选择。不同的砧木品种生长的快慢差别很大，特别是苗期，如胜利、前进等品种，其生长速度基本接近正常番茄，可催芽后同期播种。而不死鸟等品种幼苗生长速度很慢，需比接穗提早 25～30 天播种。

（3）播前种子处理

1）砧木种子处理　番茄砧木野生性较强，由于采种时间早晚、果实成熟及后熟时间的不同，种子的休眠性差别较大。对休眠性强的砧木种子，在催芽前可用 100～200 毫克/千克的赤霉素，放在 20～30℃温度条件下处理，以打破休眠，温度低则效果较差。一般不死鸟用 200 毫克/千克浓度的赤霉素浸泡 24 小时。注意赤霉素的浓度不宜过高，否则出芽后幼苗易徒长。处理后种子一定要用清水洗净。

2)砧木苗的培育　播种后出苗前应保持苗床较高的温度，促其及早出苗。苗床白天温度保持在25～30℃，夜间温度保持在20℃以上。用不死鸟作砧木时，由于该砧木生长需要较高的温度，其苗床的温度要比番茄苗适当提高2～3℃。出苗后降低温度，延缓苗茎的生长速度，使苗茎变得粗壮，此期苗床白天的温度应保持在25～28℃，夜间12℃左右，使昼夜保持10℃以上的温差。砧木苗分栽于育苗钵或分苗床内后，要适当提高温度，促苗生根，尽快恢复生长。通常栽苗后的7天内，白天温度要保持在28℃以上，夜间温度应不低于20℃。砧木苗恢复生长后把夜温降低到15℃左右。

3)接穗种子处理与培育　参照常规季节育苗技术。

(4)床土配制与播种等　参照本书"四(二)常规育苗技术"进行。

(5)其他管理技术　参照本书"四(二)常规育苗技术"进行。

5. 主要嫁接方法

(1)劈接法　指先把砧木从上方切去，而后把茎从中劈开，再把接穗幼茎削成楔形，插入砧木劈开的切口中，固定成嫁接苗的一种嫁接方法。

1)砧木和接穗适宜大小　当砧木长到5～6片真叶、接穗具有3～4片真叶时进行嫁接。尽量选用砧木与接穗粗细一致的幼苗进行嫁接。

2)嫁接方法　此法最好采用砧木不离土、接穗离土嫁接。嫁接时，首先将带有砧木的营养钵置于嫁接台上，保留2片真叶，即在第二片真叶上方，用刀片平切砧木茎，将上部去掉，而后用刀片于切口茎中间垂直向下劈开，劈接时，切口的位置要处于茎的中间，不能偏向一侧，切入深1～1.5厘米，然后将接穗拔下，从顶端往下2片真叶处的一侧斜削一刀，迅速翻转接穗，从另一侧再用同样的方法削一刀，使接穗成双斜面楔形，楔形长度在1～1.5厘米，随即将削好的接穗插入砧木的切口中，对齐后，用嫁接夹固定，其详细操作步骤如图 4－50 所示。

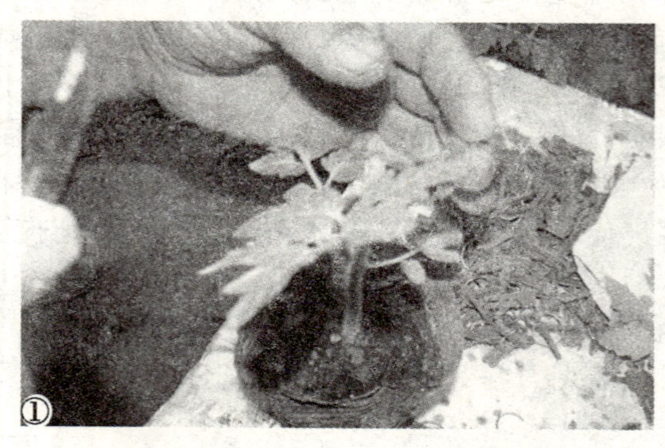

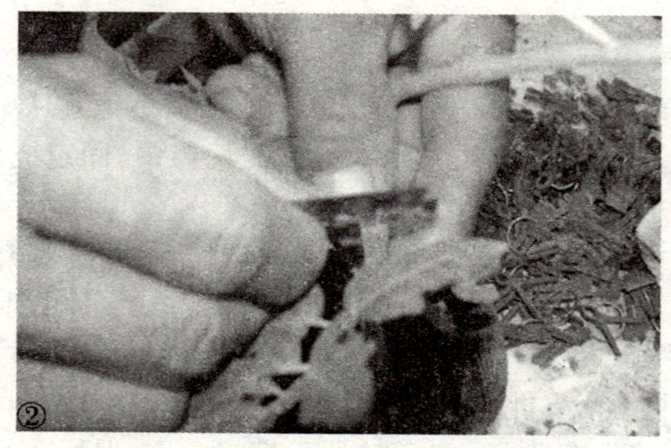

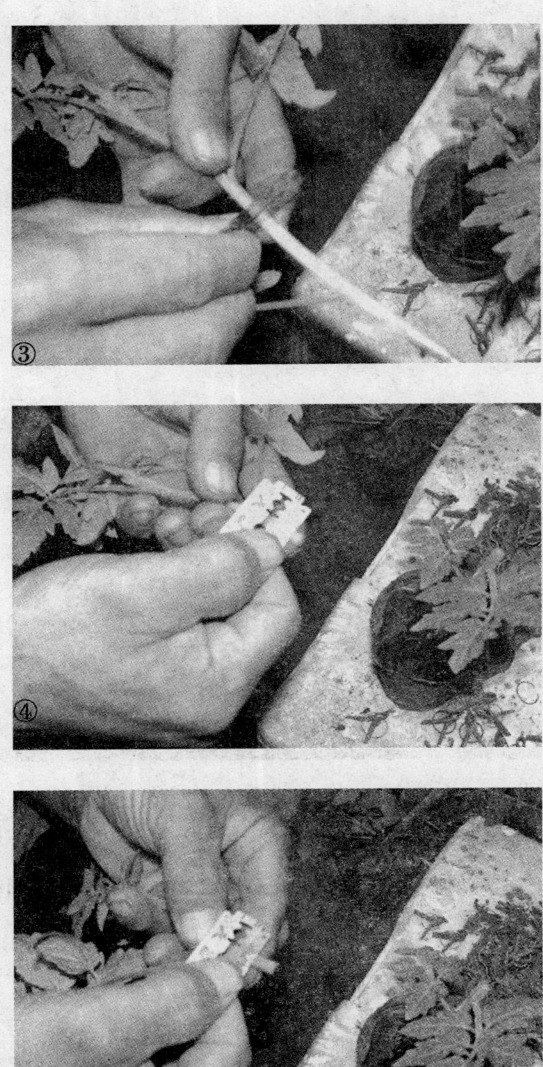

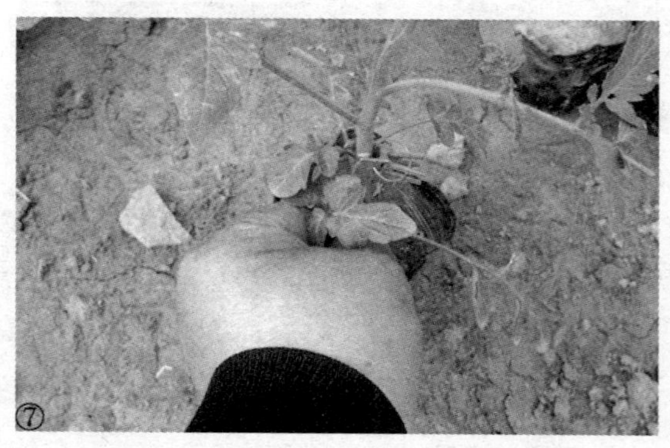

图 4－50　番茄劈接步骤

（2）斜切接法　又叫斜接或贴接，是指分别把砧木和接穗的上端和下端切去，切口切成相反的斜面，而后把砧木和接穗的两斜面贴合在一起成嫁接苗的嫁接方法。

1）砧木和接穗适宜大小　嫁接适宜砧木苗和接穗苗大小同劈接法。

2）嫁接方法　最好采用砧木不离土嫁接。嫁接时，先把带有砧木幼苗的营养钵放在操作台上，而后砧木保留 2 片真叶，在砧木第二片真叶上的节间处，用嫁接刀片成 30°斜削去株顶，使切面成一斜面，斜面长1～1.5厘米，立即将接穗拔下，在上部保留2片真叶，去掉下部茎和根，把切口处用嫁接刀削成一个与砧木相反且同样大小的斜面，然后将砧木的斜面与接穗的斜面贴合在一起，用嫁接夹固定，注意如果斜面接口较长，一个嫁接夹不足时，可以用两个嫁接夹，如图4－51所示。

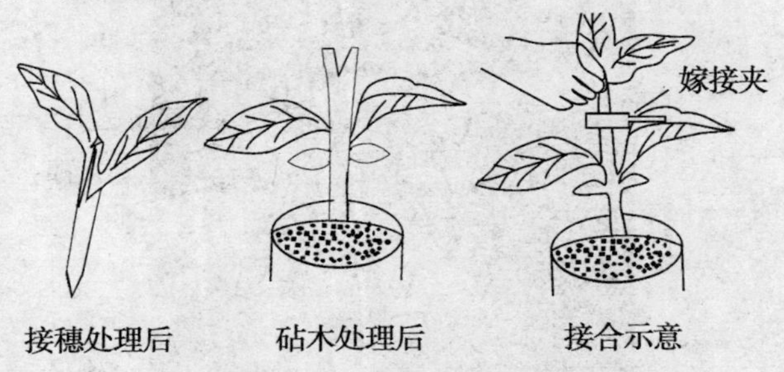

图4－51　斜切接示意图

（3）靠接法　靠接法是指分别在砧木和接穗的适当位置各斜切一切口，两切口方向向反，大小相近，而后把砧木和接穗幼苗的两切口契合后固定在一起形成嫁接苗的嫁接方法。

1）砧木和接穗适宜大小　当接穗幼苗长到5～6真叶时，砧木长出7～8片真叶，取两株大小粗细相近的幼苗进行嫁接。取苗时要把砧木苗和接穗苗按大小分类拔取，以方便嫁接操作。

2）嫁接方法　嫁接时取大小相近的砧木苗和接穗苗，把二者都拔出苗床备用。取一株砧木苗，先切去砧木的生长点，而后从5～6叶片处由上而下呈40°斜切一刀，深度为茎粗的1/3（切口深度不能超过茎粗的1/2，但也不可过浅，否则会影响嫁接成活率），下刀要掌握准、稳、狠、快的原则，一刀下去，不可拐弯和回刀，切好后，把砧木苗放于操作台上。而后立即拿起适宜的接穗苗，用同样的方法，在4～5片叶处由下而上成30°斜切一刀，深度为茎粗的1/2，然后将两切口紧靠后用嫁接夹固定好，掌握嫁接夹的上口与砧木和接穗的切口持平，砧木处于夹子外侧，各工序操作完毕，要随即把嫁接苗栽于营养钵或苗床内，栽植时，为利于以后断根，砧木和接穗根系要自然分开1～2厘米，如图4－52所示。

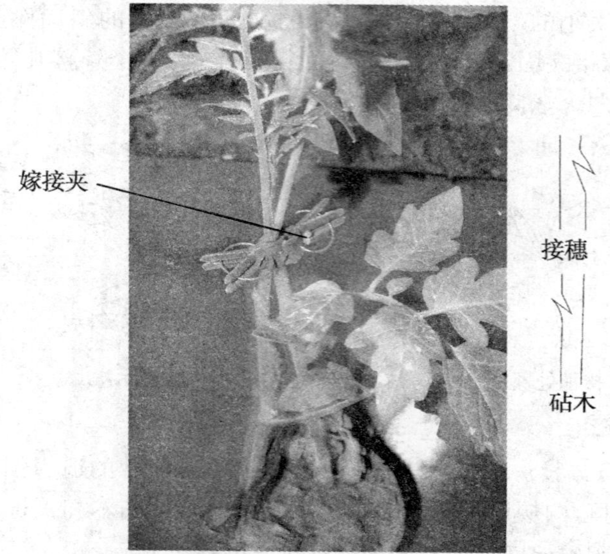

图4－52　靠接示意图

（4）*套管接法*　砧木和接穗削切法和斜切接法相同。只是砧木和接穗的斜面贴合后不用嫁接夹固定，而是用一长1.2～1.5厘米、两端为平行斜面形的C形塑料管套住，借助塑料管的张力，使番茄苗与砧木的接面紧密贴合的一种嫁接方法。

1）砧木和接穗适宜大小　嫁接适宜砧木苗和接穗苗大小同劈接法。

2）嫁接方法　采用不离土嫁接。嫁接时，先把砧木苗放于操作台上，而后保留一片真叶，即在第一片叶与第二片叶之间沿茎的伸长方向成25°～30°角，斜向切断去株顶，使切面成一斜面，斜面长1～1.5厘米，而后把事先准备好的番茄嫁接专用塑料套管套在砧木切口处，要使套管上端倾斜面与砧木的斜面方向一致，以便于接穗的套接,而后取接穗苗,在上部保留 2~3 片真叶,切去下部茎和根,把切口处用嫁接刀削成一个与砧木相反且同样大小的斜面,而后沿着与套管倾斜面相一致的方向把接穗苗插入嫁接套管中,插入时要尽量使砧木和接穗的切面很好地压附在一起,如图4-53 所示。

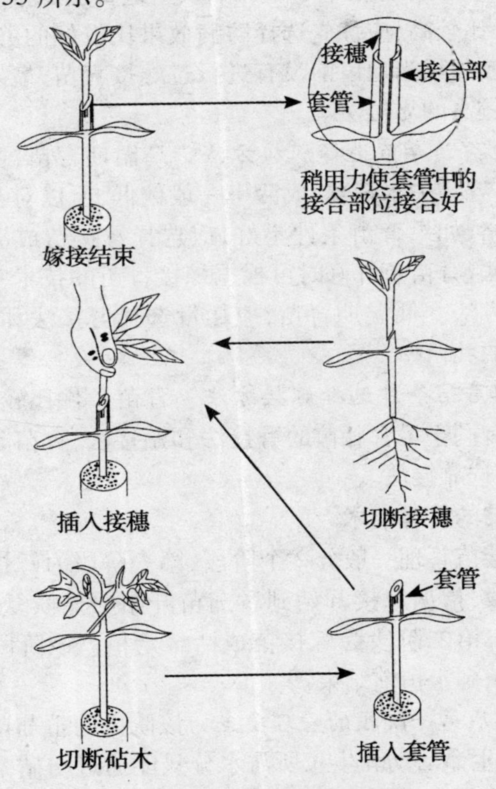

图 4-53 套管接示意

6. 嫁接方法的合理利用

(1)根据番茄苗的大小 一般来讲,大番茄苗嫁接,由于苗茎比较粗硬,易于劈裂,应选择劈接法、靠接法、贴接法等进行嫁接,不宜选用插接法，以免插孔时插裂苗茎。用小苗嫁接，可选择插接法。

（2）根据嫁接育苗的目的　如果是以防病为主要目的，应选择防病效果比较好的劈接法、贴接法进行嫁接。

（3）根据嫁接育苗技术水平　如果当地番茄嫁接育苗经验丰富，技术水平比较高，应优先选择防病效果比较好的劈接法、贴接法进行嫁接。如果当地以前没有进行过嫁接育苗，最好选用嫁接苗成活率比较高的靠接法等。

（4）根据育苗季节选择嫁接方法　高温期育苗，苗床温度比较高，嫁接苗容易失水萎蔫，成活率一般偏低，所以对苗床管理的要求比较严格，如果育苗条件不好，应选择嫁接苗成活率相对比较高的靠接法，育苗条件好时可根据嫁接育苗的技术掌握情况选择其他嫁接方法。低温期育苗，应尽量选择劈接法和贴接法，以提高嫁接苗的壮苗率。

（5）根据育苗条件选择嫁接方法　育苗条件比较好的地方，应优先选择有利于培育壮苗的劈接法和贴接法，育苗条件较差的地方，应当首选靠接法。

7. 嫁接苗的管理技术

番茄嫁接苗管理一般分2个阶段，第一阶段为嫁接苗伤口愈合至成活阶段，指从嫁接开始到番茄苗开始明显恢复生长为止，需8～10天。第二阶段为嫁接苗成活至定植。该阶段从嫁接苗开始明显生长到定植前结束。

（1）嫁接后第一阶段的管理要点　该阶段的番茄苗由于削切断根的原因，生命活动和生长所需水分只能通过与砧木的接合面以“渗透”的方式得到供应，非常有限。所以此阶段的重点是减少失水，维持吸水与失水的平衡，防止接穗发生萎蔫而降低嫁接苗的成活率。此阶段对育苗床的环境要求比较严格。

1）温度管理　嫁接后，立即将嫁接苗移入小拱棚内，充分浇水后将棚封闭。前 3 天，需在小拱棚外面覆盖草苫等保温遮光，保持棚内适温、高湿状态，以促进伤口愈合和减少番茄苗蒸腾失水造成萎蔫。白天保持 25～30°C，夜间 18～20°C，地温 25°C 左右。3 天后逐渐降低温度，白天掌握在 25～27℃，夜间 17～20℃。如果温度偏高，可采用遮光和换气相结合的办法加以调节，防止因温度过高，番茄苗失水加快，发生萎蔫。如果温度长时间偏低，番茄苗与砧木苗的接合将较慢，嫁接苗的成活率和壮苗率也会降低。因此，低温期嫁接要安排在晴暖天气进行，同时加强苗床的增温和保温工作。

2）湿度管理　嫁接后头 3 天空气相对湿度保持在 90% 以上，以后逐渐降低，但相对湿度也要保持在 80% 左右。在适宜的空气湿度下，嫁接苗一般表现为叶片开展正常、叶色鲜艳，上午日出前叶片有吐水现象，中午前后叶片不发生萎蔫。一般来讲，嫁接后将育苗钵浇透水或苗床浇足水，并用小拱棚扣盖严实，嫁接后头 3 天一般不会出现空气干燥现象，如果出现苗床内干燥现象，要在早晨或傍晚，用水瓢盛水小心浇入苗行间，不要叶面喷水，以免污水流入嫁接口内，引起接口腐烂。从第四天开始，要适当通风，降低苗床内的空气湿度，防止因空气湿度长时间偏高引发病害。苗床通风量要先小后大，开始通小风，随着嫁接苗伤口的愈合，通风逐渐扩大。通风量大小的判断以嫁接苗不发生萎蔫为宜。如果嫁接苗发生萎蔫，要及时合严棚膜，萎蔫严重时，还要对嫁接苗进行叶面喷水。

当苗床开始大通风后，苗床的失水速度也随之加快，育苗土容易干燥，要及时浇水，保持床土湿润。

3）光照管理　嫁接后的伤口愈合阶段，要求散射光照。因直射光照射嫁接苗后，容易引起嫁接苗体温过高，失水加快，而发生萎蔫。在管理上，白天要用草苫或遮阳网对苗床进行遮光，避免强光直射苗床。从第三天开始，早晚逐天减少遮光面积，一般头几天先将苗床遮成花荫，6 天后，逐渐撤掉覆盖物不遮阳，增加苗床光照，防止嫁接苗因光照不足，导致叶片黄化、脱落等。

(2)*嫁接后第二阶段管理要点*　该阶段对育苗床内的环境要求不甚严格，一般管理工作可按常规育苗法。所不同的是：①对苗床中成活不良的苗，要挑出集中于一个苗床内继续给予适温、遮光和高湿度管理，促其生长；②对靠接苗，选阴天或晴天下午，用刀片将番茄苗茎从接口下切断，并在前几天对苗床进行适当遮阳，防止番茄苗萎蔫，对倒伏苗要及时用枝条或土块等支撑起来。对砧木苗茎上长出的侧枝以及番茄苗上长出的不定根，要及时抹掉。

（七）育苗中常见问题及预防措施

番茄育苗期间，除了病虫害外，还常常出现一些问题，不仅影响壮苗的培育，还影响种植计划的落实。苗期常见问题及时预防，对保证全苗，培育壮苗十分重要。详见本书“十一、植株在不同环境条件下的形态表现与看苗管理技术”的有关内容。

五、地膜覆盖生产

在我国番茄生产的1季作区及2季作区的春露地番茄栽培上，早春地温偏低，限制了番茄的提早定植和早熟栽培，同时定植初期地温偏低使番茄根系发育不良，生长缓慢，高温季节到来时植株尚未封垄，地表温度高，吸水、吸肥能力降低，生长失调，引起落花、落果，植株抗病力降低，易发生病毒病。而早春地膜覆盖可使0～10厘米地温提高3～6℃，并具有保持土壤墒情、减少灌溉次数，防止土壤养分流失，改善土壤结构、防止杂草、减少病虫害等作用。为番茄根系创造适宜生长的环境条件，有利于番茄早缓苗、早发根、早生长，可使番茄早上市7～15天，前期产量增加

30% ~40%，总产量增加30%以上，提高番茄种植效益。目前地膜覆盖栽培，已成为我国北方地区番茄早熟丰产栽培的重要技术措施之一，在番茄生产中广泛应用。

(一)地膜选择

1. 无色透明膜 是生产中普遍使用的一种地膜，透光性好，透光率可达80% ~93.9%。这种地膜一般可使土壤耕层温度提高2~4℃。

2. 银灰色地膜 银灰色反光性强，故能增强地上光照，具有驱避蚜虫的作用，能减轻病毒病危害，成为驱蚜虫专用膜。在番茄生产中覆盖这种地膜能减少植株上的蚜虫数量，并使蚜虫发生期向后推迟，起到避病作用。但后期植株封行后，驱避蚜虫的作用降低。

3. 黑色膜 具有遮光作用，透光率极低。因其本身能吸收太阳光热，故增温效果不如无色透明膜。春季用黑色地膜覆盖，一般可使土壤增温1~3℃，但黑色膜本身常因吸收太阳光热，却不容易将热量传给土壤而软化。黑色膜能有效地防止土壤水分蒸发和抑制杂草生长。

4. 除草膜 该膜的一面含有除草剂，使用时膜内的除草剂便溶解在土壤水蒸气中，当水蒸气遇冷时凝成水滴，并滴落在畦面上，形成一层药剂处理层，能杀死刚萌发的杂草幼芽。除草膜除草，不但省工，并且效果好而持久。但番茄对一些除草剂较为敏感，必须考虑番茄对除草剂的选择性，严格选择适用的除草膜。

(二)整地施肥

1. 选地 番茄丰产栽培以选择富含有机质、保水保肥、排灌良好、土层深厚的壤土或沙壤土为宜。番茄忌重茬地，适宜于中性或偏酸性(pH 6.2 ~7.2)土壤生茬地栽培。种过番茄、芝麻、油菜、茄子、辣椒、马铃薯、烟草等作物的地块,要间隔4~5年才能种植,以防病菌相互传染。

2. **整地**　地膜覆盖栽培番茄的地块,要秋耕冻垡,以消灭或减少土壤中的病菌、虫卵,改善土壤结构。地膜覆盖后,番茄根系在土壤中的分布范围比露地浅,只有提供深厚的土壤耕作层才有利于根系的发展。因此,地膜覆盖栽培的土地一定要深耕。秋耕一般在27 厘米以上,深耕后要进行细耙,使畦土细面,无大坷垃及上茬作物耕茬,畦面平整,保证地膜能紧贴畦垄表面,防止地膜破损和膜下杂草丛生,影响地膜覆盖栽培充分发挥作用。同时,深耕可将前茬表土中的病原菌和虫卵翻埋到犁底层,有利于减少病虫的危害。地膜番茄根系分布浅,对环境反应敏感,不耐旱、不耐涝,必须精细整地。精细整地是保证地膜覆盖质量的基础。

定植前整地时土壤的墒情要适宜,缺墒要浇水。适宜的墒情,有利于保证盖膜的质量和提高土壤的温度,因此在早春应提前浇水造墒,然后细耕。

3. **施肥**　番茄需肥量及吸肥能力中等,但耐肥能力强,充足的矿质营养是获得高产的保证。番茄不但需要大量的氮、磷、钾营养元素,还需要一定量的钙、镁、铁、硼等微肥。据测算,每生产5 000 千克的番茄,约需吸收纯氮 17 千克、五氧化二磷 5 千克、氧化钾 24 千克。

地膜覆盖栽培的番茄根系浅,前期生长旺盛,从土壤中吸收的养分多,但覆盖地膜后追施有机肥不方便,追施速效性肥料的效果也差。所以地膜覆盖栽培要求在整地时一次性施足有机肥,或施入足够的缓效性复合肥。尽可能保证土壤养分在较长时间内满足番茄生长的需要。对肥力中等的菜田,在春季整地前亩施7 000 千克以上腐熟的有机肥,同时基肥中每亩混合施入过磷酸钙 40~50 千克,硫酸镁 1~3 千克,硫酸钾 30 千克。基肥总量的2/3 全田普施,1/3 集中沟施。

(三)做畦与地膜覆盖

各地因温度、湿度、土质、风力等气候条件差异很大,栽培方式不同,所以覆盖形式就有较大差别。

1. **平畦覆盖** 北方地区番茄生长期正值干旱少雨季节,为浇水方便,宜选幅宽 60 ~ 80 厘米地膜。1 米一畦,双行平畦覆盖栽培,如图 5 – 1 所示。

图 5 –1 平畦覆盖

平畦覆盖简便省工,适于降水量少、干旱多风的地区及土壤保水性差的地块。缺点是受光面积小,增温效果差,不利于雨季排水防涝。

2. **龟背畦覆盖** 阴湿多雨地区先将番茄畦做成中央隆起呈龟背形高畦,后将地膜展开,呈条幅式水平铺盖于番茄畦畦面。一般畦面宽 60 ~ 70 厘米,畦沟宽 30 ~ 40 厘米,畦面高度及盖幅宽度因地区而异。可采用 20 ~ 25 厘米高畦栽培。多雨地区宜采用幅宽 100 厘米以上的地膜覆盖全畦,以利雨季防涝及伏旱季节保墒，如图 5－2 所示。

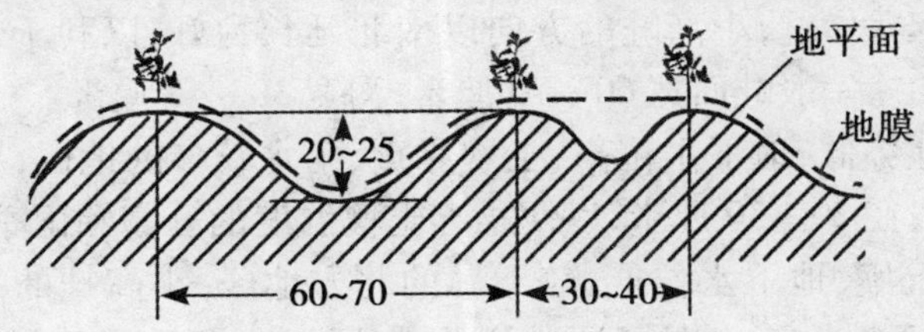

图 5－2　龟背畦覆盖　单位：厘米

3. 遮天盖地式覆盖　做畦法与平畦相同，畦做好后，直接覆盖一层地膜，地膜幅宽 70～80 厘米。然后用杨树条、柳枝、紫穗槐条等弯成弓形或半圆形，顺番茄行插成支架，成小拱棚状。上扣幅宽 1.2 米、厚 0.015 毫米普通透明地膜。这种覆盖方式升温快，10 厘米地温较平畦覆盖平均高 2～3℃，因而可早播或早定植 5～8 天，提早成熟 10 天左右。但保墒性稍差，必须及时浇水，且易滋生杂草，应及早防除。同时，由于地膜很薄，抗风、抗拉能力较塑料薄膜差，覆盖空间较小，气温较高时易灼伤番茄苗，应适时撤除，如图5－3所示。

图 5-3　遮天盖地式覆盖

4. **小高畦覆盖**　小高畦在保护地、春露地均可采用。整地施基肥后起垄做畦，小高畦的方向以南北延长为好，以利于一天中受光均匀。一般畦面宽 60～70 厘米，沟宽 30～40 厘米。

在地势低、地下水位高、土壤黏重、雨水较多的地区，小高畦高度一般在 20～30 厘米，以便早春土壤温度的升高和雨季排涝；在沙质土壤、地下水位低、较干旱的北方地区，小高畦的高度以 15～20 厘米为宜；比较干旱的西北高原地区，可采用 5～10 厘米的小高垄，便于灌溉，如图 5-4 所示。

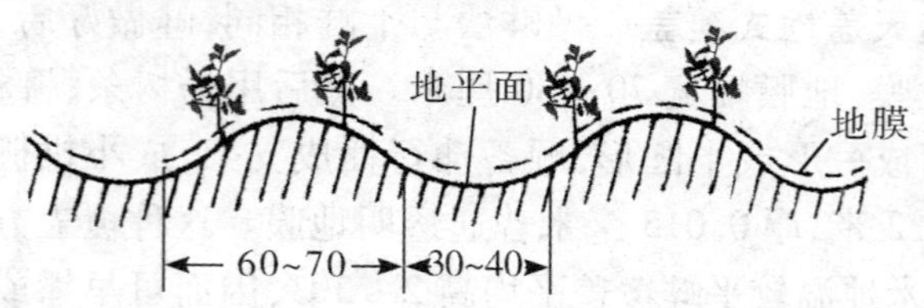

图 5-4　小高畦栽培　单位：厘米

5. **朝阳沟栽培（阳坡垄沟覆盖法）**　这种方法可在终霜前 10 天左右定植，适用于长江以北地区使用。具体做法是，在定植前 10～15 天做好垄，在定植垄的北侧起一高垄，垄宽 50 厘米，垄高为 30 ~ 40 厘米，宽 25 厘米用来挡西北风，幼苗定植在小高垄南侧畦面或浅沟里，上覆地膜，如图 5 - 5 所示。

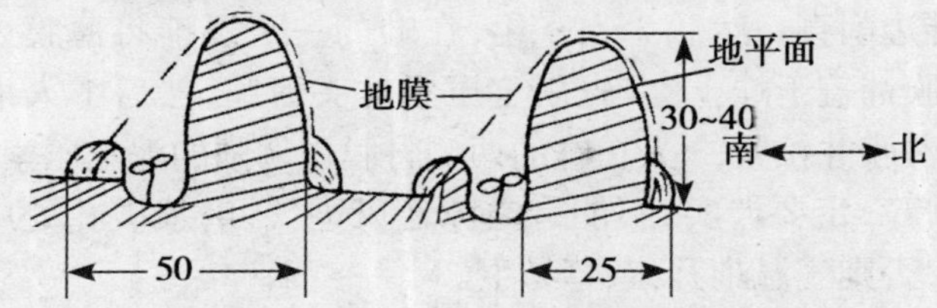

图 5 - 5　朝阳沟覆盖　单位：厘米

6. 覆膜方法　盖膜前，南方地区应有 5 ~ 7 天晴天，以利于畦地充分散湿，防止土壤水分过多，造成幼苗不发根，甚至沤根死亡。

北方干旱地区，土壤水分往往缺乏，盖膜前应适当浇水增墒。

盖膜宜在定植前 7 ~ 10 天无大风天气进行，一般选用 90 厘米宽地膜覆盖畦面，畦沟不盖地膜，留作浇水和追肥用。

根据定植方法不同有 2 种盖膜形式，一种是先盖地膜再定植，为了提高地温，应提前将地膜覆好，待地温升到 15℃ 以上时，用直径同育苗营养钵体直径相同的铁筒在膜上打孔栽苗，如图 5 - 6 所示。

打孔

定植

图 5 - 6　打孔定植

另一种是先定植后再盖地膜，其中先盖膜后定植法应用较广。盖膜前，先将畦土四周用铲子削去3厘米厚泥土，放置于畦沟中，畦边削直。然后3人一组，在畦的一头逐渐将薄膜展开，2人将薄膜铺盖于畦土上，先用土压紧畦头薄膜，然后1人沿着畦长展开薄膜并拉紧，2人在畦的两侧将膜用切削的泥土压紧。

盖膜一定要严实，不能有空隙通风进气，磨损破孔处应用泥土封住，否则气温难升，杂草易生。

☞特别提示。种植面积较大的地区，有条件的可利用大型覆膜机覆膜，如图5－7所示。

图5－7　机械覆膜

（四）品种选择

地膜覆盖栽培对品种无特殊要求，适用露地栽培的品种，一般都可以进行地膜覆盖栽培。但目前番茄地膜覆盖栽培主要是以提高地温，提早上市为目的，所以在选择品种时最好选用早熟或早中熟、抗病、耐低温和耐热、生长期较长的品种。同时考虑当地市场对番茄商品性的需求。实践认为，粉果将军 F_1、中杂 9 号、佳粉 17 等品种较适于该茬番茄栽培。

（五）适期育苗

1. **育苗时期** 农谚有“番茄栽花”的说法。即番茄大田定植的生理苗龄为花蕾期。番茄地膜覆盖栽培的育苗时期，一般可根据定植期减去育苗天数来推算。番茄露地地膜栽培定植期必须在终霜过后。北方地区一般要在 4 月 20 日以后。如陕西省关中地区适宜的定植期为 5 月 15 ~ 20 日。河南省黄河两岸适宜的定植期为 4 月 20 日左右，南岸适当提前，北岸适当延后。育苗天数等于苗龄天数加上 7 ~ 10 天的幼苗锻炼天数和3 ~ 5天的机动天数。春季育苗番茄的日历苗龄一般为 70 ~ 120 天，早熟品种取短限，中晚熟品种取长限，当 90% 幼苗现花蕾时定植。

采用塑料小拱棚育苗，华南地区一般于 12 月至翌年 1 月播种；长江中下游地区则于 1 ~ 2 月播种；北方地区多在 3 月播种。淮河以北地区用温室和温床育苗的播期一般在 11 ~ 12 月；东北、内蒙古、新疆、青海和西藏单作区在 2 月上中旬育苗。

此外，幼苗适宜的日历苗龄与育苗季节、育苗方式密切有关，低温季节采用加温育苗时苗龄就短，冷床育苗时苗龄就长。番茄加温育苗苗龄为 60 ~ 90 天，冷床育苗时为 100 ~ 130 天。如华北地区种植秋延后番茄，在 7 月上中旬育苗，只需要 30 天左右早熟番茄品种便可现花蕾。

穴盘育苗幼苗生长的空间有限，所以一般苗龄相对较短，在温度等条件适宜时苗龄一般只需 70 天左右。生理苗龄比原来传统的育苗要小，一般 4 ~ 6 片叶即可定植。否则因营养面积不足，幼苗拥挤，易徒长，或控苗过度，形成老化苗。

番茄育苗的播期，应依据当地的气候条件、不同栽培目的、品种特性、育苗设施条件进行调整。

2. 培育适龄壮苗

(1)苗龄的概念　常用的苗龄表示方法有生理苗龄和日历苗龄2种。前者用叶龄如子叶苗、真叶苗(2叶苗、3叶苗……)等表示;后者用从播种到定植所经过的育苗天数来表示。2种方法各有利弊,因此以同时用上述2种苗龄表示方法结合运用为好。一般而言,苗龄较长的大苗要比苗龄短的小苗早开花结果,并可延长对适宜生长季节的利用时间,故用作早熟栽培的尽量培育大苗。

(2)育苗技术　参照本书"四、番茄育苗技术"。

(六)定植

1. 定植前的准备　定植前1~2天苗床浇1次"分家水",喷1次叶面肥+杀菌、杀虫农药。

2. 适时定植　番茄地膜覆盖栽培的定植日期可比露地栽培早几天,但一般不能超过10天,必须躲过晚霜和寒潮。定植过早易受冻害,缓苗慢,过晚影响产量。定植时要看天、看地、看苗进行。看天,即在晴天上午定植,最忌雨天移栽。如有降水,"宁等雨后,不抢雨前",以防栽后遇低温阴雨天气,造成土壤温度低、湿度大,影响缓苗或造成沤根死棵。看地,就是看土壤的墒情,以黑墒移栽为好。看苗,就是选大苗、壮苗,移栽苗根系发达,苗高20厘米左右,有80%以上植株现蕾,这样不但能提高成活率,而且可保证早发棵、早开花、早结果。

虽番茄苗定植的生理适期为现蕾期,但具体定植日期还须结合当地温度条件而定。定植应在当地晚霜过后,地温稳定在13~15℃时进行,不能定植过早,否则温度过低,且易受冻。就全国而言,广东、广西在2~3月定植,湖南在3月上旬定植,长江中下游地区宜在清明前后定植,华北一带,一般于4月中下旬定植,东北地区的辽宁在5月上中旬定植,而黑龙江要到5月下旬至6月上旬才能定植。

3. **定植技术**

(1)四带　带水、带肥、带土、带药定植。起苗、运苗时要采取护根措施,尽可能多带土,少伤根,防止机械损伤,苗子要随起、随运、随栽、随浇压根水,做好地下害虫防治和保墒。

(2)八快　一般采用一条龙定植法,各项作业连续完成。即快起苗、快运苗、快刨坑、快施肥[每穴一把熟腐饼肥或一小撮(3~5 克)三元素复合肥]、快栽苗、快浇水、快封土、快撒毒饵。

4. **合理密植**　在事先做好的垄(畦)上,按大垄双行单株栽苗,早熟品种株距 26~30 厘米,亩栽 5 000~4 400 株。中晚熟品种株距 33~40 厘米,亩栽4 000~3 300 株。应用朝阳沟栽培模式者,按单垄(沟)单行定植,株距视品种而定,早熟品种密,中晚熟品种稀。

5. **特别提示**　定植后适时适量浇缓苗水,并用土将定植留下的孔隙及幼苗茎部压好。起垄时,每亩条施三元素复合肥 3~5 千克+充分腐熟的饼肥 15~20 千克,以利壮苗早发及壮根。

(七)田间管理

番茄虽喜温、喜肥、喜水,但不抗高温,不耐浓肥。在生产管理上,应根据番茄不同生长发育时期的特点,做到定植后促根发秧,盛果期促秧攻果,后期保秧保果促优质。

1. **查苗补栽**　定植后 5~10 天,要进行全田普查,发现缺苗、死苗要进行补栽,并分析死苗、缺苗原因,有针对性地进行补水或病虫害防治。

2. **肥水管理**　移栽定植后,因地温低,根系少而弱,此时管理重点是增温保墒,促根生长。进入结果期,应保持土壤不干不湿,攻棵保果,争取在高温季节到来之前封垄。如果长势不好,这时要抓紧进行第二次追肥,并揭去地膜,结合追肥进行 1 次中耕除草。

(1)水分管理　浇水应根据土壤、气候和植株生长情况而定。土质疏松、保水性差的沙地,浇水次数可适当多一些,每次浇水量不宜过大。保水性强的黏重土壤,浇水的间隔时间应长一些,浇水量可适当多一些。应根据天气预报确定浇水时间,以浇水后3~4天无大雨为宜。

番茄生长的前期,由于植株较小,需水量少,以及地膜覆盖可减少土壤水分的蒸发,所以定植后浇水量比无地膜覆盖露地栽培的少,防止浇水过多引起地温下降。平畦栽培在缓苗后轻浇一水,然后进行蹲苗。高垄栽培的缓苗以后根据土壤墒情,可在膜下浅沟内浇水1~2次;等第一穗番茄坐果后(鸡蛋黄大小时)开始浇水,在植株生长进入盛果期(第三花序坐果)后,要加强浇水。以后根据植株生长情况和天气变化,采取小水勤浇的方法进行浇水。

前期低温季节9~12时浇水,进入高温季节,每次浇水宜在9时前、17时后进行。

浇水原则是大田土壤见干见湿,遇旱即浇,遇涝即排。一般在土表发白,10厘米以内土壤见干时即应浇水。番茄不宜大水漫灌,也不宜旱涝不均。过度干旱后骤然浇水可能发生落花、落果、裂果和感染疫病等叶部病害。

北方地区番茄田,夏季应注意排水,防止畦面淹水或长期积水,以免影响根系的生长和减弱吸收能力。浇水时水一般不应漫过畦面,水在畦面上停留的时间也不宜过长。

南方多雨地区,除干旱时酌情浇水外,重点应放在雨后排水上,要保证做到雨停后番茄田内不积水。

(2)追肥　地膜番茄生育期长,生长量大,产量高,只靠基肥不能满足整个生长期的需要。在施足三要素和有机基肥的前提下,追肥也不能忽略不计磷、钾肥。氮肥过多能使植株徒长,引起各种病害。另外,追肥必须与浇水结合,以免产生肥害。要少施勤施,即“少吃多餐”,在施肥数量上掌握“两头少中间多”的原则,尽量做到及时合理。

1)追肥时期及数量　栽后10天左右是返苗期,可亩施尿素8千克,并浇1次小水促苗迅速生长,建成丰产骨架。番茄在第一穗果实坐果后至采收前,是追肥的关键时期。当第一穗果长到鸡蛋黄大小时,结合浇水进行第一次追肥,每亩可随水浇腐熟粪稀2 000千克左右或硝酸磷肥15千克+钾肥8~10千克。以后每坐稳一穗果追1次肥,追肥配合浇水进行。

2)追肥方法　应穴施或开沟条施并及时覆土。据试验,撒施化肥自然挥发量在70%以上,作物吸收不足30%,如果穴施或开沟条施并及时覆土,可提高肥料利用率10%~30%,比撒施增产10%左右。追肥可在畦沟内结合浇水,追施速溶性复合肥和发酵的人畜粪尿。也可利用注肥器将速效性化肥注入到离番茄主茎15厘米处的根际,如图5-8所示。

图5-8　注肥器追肥

有条件的地区，可采用塑料软管滴灌配施肥，该技术省工、省时，操作方便。

北方地区基肥施用比例大，追肥的次数可少些；南方地区基肥施用比例小，追肥次数可多些。

3）叶面追肥　番茄叶面具有吸收营养的功能，向叶片喷施速效肥的施肥方法叫叶面追肥，也有人称为根外追肥。叶面追肥不仅能增强植株叶片的营养，而且能刺激植株根系对水分和营养的吸收。叶面追肥可增强营养，延长叶片寿命，促进生长发育，防止落花、落果，增强植株抗病能力。因而既能增产又能防病，是生产上增产增收的有效措施。在不良环境条件下（如日光温室冬季番茄生产）进行叶面追肥，必须采用的增产增收措施。

叶面追肥最好在露水见干的上午或蒸发量较小的下午进行，防止叶面肥在叶片迅速干燥，影响植株吸收。叶面追肥不要在烈日当头的中午进行。露地番茄在刮风天、下雨天不宜追肥。叶面追肥可选用0.2%～0.4%磷酸二氢钾或500倍的复合微肥，或碧全植物健生素500倍液。目前各类叶面肥和激素很多，应根据使用说明正确使用，最好能交替使用。

缓苗期每天在叶面用0.2%磷酸二氢钾加0.1%尿素溶液喷雾，不但能促使缓苗，又有利于发根，而且能增加产量。结果期向叶片上喷肥料，可弥补土壤施肥不足，不但肥效快，而且肥料利用率高，是丰产栽培的一项重要追肥方法。在盛花期可以喷200～300倍硼砂水溶液来提高坐果率。在整个生长期多次喷洒尿素300倍液，磷酸二氢钾500～800倍液，有明显的保花保果效果，一般能增产10%左右。喷肥可与喷药防治病虫害结合进行，以减轻劳动量。

在番茄整个生育期内，可用于番茄根外追肥的肥料种类、用量与用法见表5－1。

表 5－1　番茄根外追肥的肥料种类及用法

名称	50 千克水中加入量（克）	肥效	用法
细糠、麦麸	5 000～6 000	多种营养	浸泡 24 小时后喷施
尿素	150～250	氮肥	溶化后喷施
过磷酸钙	2 000～2 500	磷肥	开水浸泡 24 小时后喷施
氧化钾	250～500	钾肥	溶化后喷施
志信叶圣	50～100	钾肥	溶化后喷施
钼酸铵	5～6	微肥钼	溶化后喷施
硼酸	5～10	微肥硼	溶化后喷施
硫酸锰	16	微肥锰	溶化后喷施
硫酸锌	44	微肥锌	溶化后喷施
磷酸二氢钾	200～250	磷钾肥	溶化后喷施
志信钙硼钙	50～150	钙硼肥	溶化后喷施
志信锌	50～100	锌肥	溶化后喷施
志信铁	50～100	铁肥	溶化后喷施
碧护	2～3	刺激生长	稀释后喷施

4）特别提示

☞ 叶面施肥可结合喷药进行。

☞ 如果喷施药、肥后 24 小时内遇雨，应补喷。

3. 植株调整　在番茄栽培中通过植株调整来控制茎叶营养生长，促进花及果实发育，是获得高产高效益的关键技术之一，也是挖掘植株内在增产潜力的有效方法。对番茄植株进行适宜的植株调整，可以提高坐果率，提早成熟，增加单果重，提高果实整齐度，果实发育及着色良好，可以明显增加产量和改善品质。番茄植株调整主要是通过打杈、摘心等操作来进行，不同的打杈、摘心方式形成了各种不同的整枝方法。

(1)整枝　常用的番茄整枝方式,如图 5－9 所示。

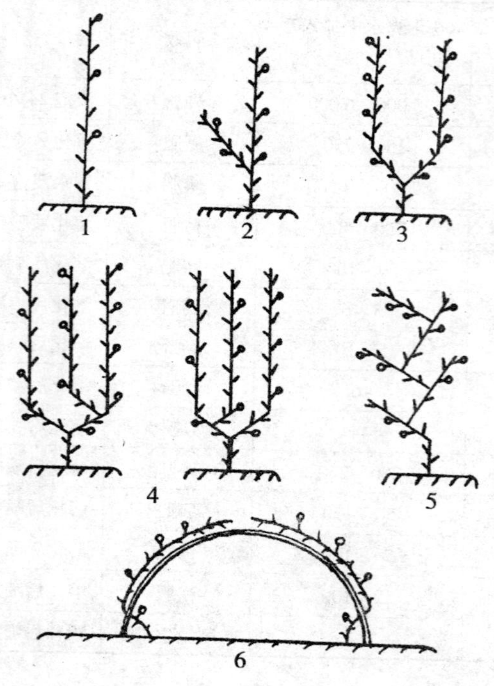

图 5－9　番茄整枝示意图

1. 单干整枝　2. 改良单干整枝　3. 双干整枝
4. 三干整枝　5. 连续摘心整枝　6. 倒 U 形整枝

1)单干整枝　单干整枝法是目前番茄生产上普遍采用的一种整枝方法。单干整枝每株只留一个主干,把所有侧枝都陆续摘掉,主干也留一定果穗数摘心。打杈时一般应留 1～3 片叶,不宜从基部掰掉,以防损伤主干。留叶打杈还可以增加植株营养面积,促进生长发育,特别是附近果实的生长发育。摘心时一般在最后一穗果的上部留 2～3 片叶,否则,这一果穗的生长发育将受到很大影响，甚至引起落花、落果或果实发育不良，产量、品质显著下降。单干整枝的优点是适合密植栽培，早熟性好，技术简单易掌握。缺点是用苗量增加，提高了成本，植株易早衰，总产量不高。

2）双干整枝　双干整枝是在单干整枝的基础上，除保留主干外，再选留一个侧枝作为第二主干结果枝。一般应留第一花序下的第一侧枝。因为根据营养运输由“源”到“库”的原则和营养同侧运输，这个主枝比较健壮，生长发育快，很快就可以与第一主干平行生长、发育。双干整枝的管理与单干整枝的管理相同。双干整枝的优点是节省种子和育苗费用，植株生长期长，长势旺，结果期长，产量高。缺点是早期产量低，早熟性差。

3）改良式单干整枝（一干半整枝法）　在主干进行单干整枝的同时，保留第一花序下的第一侧枝，待其结1～2穗果后留2～3片叶摘心。改良整枝法兼有单干和双干整枝法的优点，既可早熟又能高产，生产上值得推广。

4）三干整枝法　在双干整枝的基础上，再留第一主干第二花序下的第一侧枝或第二主干第一花序下的第一侧枝作第三主干，这样每株番茄就有了3个大的结果枝。这种整枝法在栽培上很少采用，但在番茄制种中有所应用。

5）连续摘心换头整枝法

☛两穗摘心换头整枝　当主干第二花序开花后，在其上留2～3个叶片摘心。主干就叫第一结果枝。保留第一结果枝第一花序下的第一侧枝作第二结果枝。第二结果枝第二花序开花后，再其上留2～3个叶片进行摘心，再留第二结果枝上第一花序下的第一侧枝作第三结果枝，依此类推。每株番茄可留4～5个甚至更多的结果枝，对于樱桃番茄和迷你番茄等小果型品种，也可采用三穗摘心换头整枝法。应用这种整枝法要求肥水充足，以防早衰。

☞换头再生整枝法

A. 从基部换头再生，在头茬最后一穗果采收后，把植株从靠近地面10 厘米左右处剪掉，然后加强肥水管理，大约10 天即发新枝，选留一个健壮的枝条，采用单干整枝法继续生产。此方法头茬果和二茬果采收间隔时间较长，有 70 天左右。

B. 从中部换头再生。当主干上第三花序现蕾以后，上面留 2 ~3 片叶摘心。同时选留第二和第三花序下的第一侧枝进行培养，并对这两条长势强壮的侧枝施行“摘心等果”的抑制措施，即侧枝长出后留一片叶摘心，侧枝再发生侧枝后，再留一片叶摘心，一般情况下如此进行 2 ~3 次即可。待主枝果实采收 50% ~60%时，引放侧枝，不再摘心，让其尽快生长，开花结果。此时所留两条侧枝共留 4 ~5 穗果后摘心，其余侧枝均打掉。

C. 从上部进行换头再生。当第一穗果开始采收时或植株生长势衰弱时，同时引放所有侧枝，并暂时停止摘心或打杈。一般引放 3 ~4 个侧枝，并主要分布在第二穗果以上，以避免植株郁闭和通风透光不良。当几乎所有植株都已引放出侧枝时，每个植株选 1 ~2 个长势强壮、整齐、花序发育良好的侧枝作为新的结果枝继续生产，其余侧枝留一片叶摘心。新结果枝一般留 2 ~3 穗果后，留 2 ~3 片叶摘心。新结果枝再发生侧枝应及时摘除。

6)倒 U 形整枝　结合搭弓形架，先把番茄按单干整枝整理，然后绑到架上，弓形架最高点与番茄第三穗果高度基本一致。这样，番茄植株上部开花结果时，上部花穗因为弓形架高度的降低而降低。从而改善它的营养状况，提高了上部果穗的产量、品质。使用这种方法也要经常去老叶、病叶，以防植株郁闭，影响通风透光。

7)番茄整枝中应注意的问题　对于病毒病等感病植株应单独进行整枝，避免人为传播病害；整枝时应先健株后病株，并经常用肥皂水洗手；植株上不作结果枝的侧枝不宜过早打掉，一般应留1 ~2 片叶制造养分，辅助主干生长；打杈、摘心应选晴天下午进行，以利伤口愈合，不要在雨天或露水未干时进行整枝，防治病原菌感染；结合整枝应进行绑蔓及植株矫正，及时摘除老叶、病叶及失去功能的无效叶。

（2）打杈　在番茄的栽培中，除应保留的侧枝外，将其余侧枝全都摘除的操作过程，叫打杈。如图 5－10 所示。

图 5－10　打杈

科学的打杈是番茄高产栽培中非常重要的一环。然而，很多的菜农对这一环节缺乏足够的重视，认为无关紧要，从而引起一系列的不良后果。所以打杈时要注意以下事项。

☞注意杈的生长速度，做到适时打杈。菜农的做法往往是杈无论大小，见了就打。当然，打杈过晚，消耗养分过多，会影响坐果及果实膨大。但是，在番茄生长前期，植株营养同化体积较小，打杈过早，影响根系的生长发育，造成生长缓慢，结果力下降。尤其是早熟品种及生长势弱的品种愈加明显。正确的做法应该是，待杈长到 7 厘米左右时，分期、分次地摘除。对于植株生长势弱的，必要时应在杈上保留 1～2 片叶再去打杈心，以保障植株生长健壮。

☞把握好打杈的时间。在一天中，最好选择晴天高温时刻进行打杈。早晨打杈产生伤流过大,造成养分的流失;中午温度高,打杈后伤口愈合快,且伤流少;如果16时以后打杈,夜间结露易使伤口受到病菌侵染。

☛打杈前做好消毒工作,防止交叉感染。因人手特别是吸烟者的手往往带有烟草花叶病毒及其他有害菌,如消毒不彻底极易引起大面积感染。所以,在进行操作前,人手、剪刀要用肥皂水或消毒剂充分清洗。在打杈时,要有选择性。即先打健壮无病的植株,后打感病的植株,打下来的杈残体要集中堆放,然后清理深埋,切忌随手乱扔。

☛适当留茬。很多菜农在打杈时将杈从基部全部抹去。这种做法的缺点在于,一旦发生病菌侵染,病菌很快沿伤口传至主干,且创伤面大,不利伤口愈合。正确的做法应该是打杈时在杈基部留1~2厘米高的茬,既有效地阻止病菌从伤口侵入主干,又能使创面小,有利伤口愈合。

(3)掐尖　也叫摘心。就是说当番茄植株生长到一定高度时,将其顶端摘除。它是与整枝相配合的田间管理措施。通过摘心可以减少养分的消耗,使养分集中到果实上。摘心的早晚应根据番茄植株的生长势而定。如植株生长健壮可延迟摘心,生长瘦弱可提早摘心。一般在拔秧前40天,顶端第一花序开花时进行。对早熟品种或早熟栽培,一般有4~5个花序后可摘心,而晚熟品种要5~6个花序才可摘心。摘心时,顶端花序上面应留2片真叶,以防果实发生日烧病。

(4)疏花疏果　番茄为聚伞花序或总状花序,每穗花数较多,如气候适宜,授粉受精良好,坐果较多,而鲜食品种常为大中型果。由于结果数太多而养分不足,常使单果重减轻,碎果、畸形果增多,影响商品品质和经济效益。所以,每穗果实坐果以后要进行疏果,将碎果、畸形果等摘去。一般大果型品种留果2~3个,中果型品种3~5个,小果型品种5~10个即可。但如果是加工品种或者是樱桃番茄，因果型较小，每个果实都能长成，大小比较均匀，就可以不疏果。

番茄一般不疏花。但有些品种在早春低温下，第一花序的第一朵花常畸形，表现出萼片多，花瓣多，花柱短而扁，子房畸形，这样的花坐果发育后容易形成大脐果或畸形果，所以，应及时摘除，以提高果实的商品品质。

（5）打老叶　保护地栽培的番茄，在果实膨大后下部叶片已经衰老，本身所制造的养分已经没有剩余，甚至不够消耗，应及时摘除下部老叶、黄叶，增加通风透光，促进果实发育。一般打老叶的时期是在第一穗果放白时，就应把果穗下的老叶全部去掉。摘除的老叶应及时予以深埋和烧毁。

（6）插架绑蔓　番茄的架型因品种和整枝方式不同而异，有限生长型品种多采用篱架形式，无限生长型番茄栽培一般采用人字架。搭架要求架材坚实，插立牢固，严防倒伏。搭架后及时绑蔓，绑蔓可用稻草、麻绳、塑料绳、布条等，绑蔓时应呈“8”字形把番茄蔓和架材绑在一起（见下图），防止把番茄蔓和架材绑在一个结内而缢伤茎蔓，如图 5－11 所示。

图 5－11　番茄上架与绑蔓

4. 中耕与除草　地膜覆盖下地表温度可达50℃以上，一般杂草萌发后会被高温烤死，所以前期不中耕畦面，只锄畦沟。田间操作时应小心，尽量不损坏薄膜，一旦发现薄膜破裂，要及时用土压严，以免透风，失去地膜覆盖的意义。当杂草过多顶膜时，可将膜中间划开，除草后将膜重新盖好并用土压严。

5. 地膜留、去与覆草　前期在田间操作时，一定要小心，尽量避免损坏薄膜，一旦发现薄膜破裂，要及时用土压严。进入7月高温季节后，番茄田已封垄，可结合除草去除薄膜，或在其上覆盖秸秆等，以降低地温。

6. 保花保果防早衰

(1)*番茄落花落果的原因*　番茄除因发生各种病害、虫害造成落果外，一般落果现象较少，而落花现象比较普遍。

1)体内生长激素失衡　番茄落花主要与植物体内的生长激素含量有关。如果环境条件及营养条件适宜，番茄花的发育及授粉受精正常时，果实的发育也正常，这时体内生长激素的形成量不断增加并维持较高水平，一般不产生落花现象。如果环境条件及营养条件不适宜，授粉受精不正常，花和果实的生长发育就会受到影响，这时体内生长激素水平则较低，易产生落花现象。从外部形态上看，番茄落花的部位是在叶柄中部的离层处。

2)不良的生态条件　生态条件虽然不是造成番茄落花落果的直接原因，但在栽培上若进行严格控制，使番茄生长发育良好，则保花保果率显著提高。在不良生态条件下，采用人工辅助授粉和生长素(番茄灵等)处理，保花保果率可显著提高。

3)环境条件　番茄不同栽培形式及栽培季节其落花落果原因不尽相同。冬春茬番茄栽培中低温(13℃以下)和气温骤变是引起落花落果的主要原因。越夏番茄栽培高温(30℃以上)和干燥(或降水)是引起番茄落花落果的主要原因。不论哪种栽培形式，栽培技术不当，如栽植密度过大，整枝打杈不及时，引起植株徒长，管理粗放等都会引起落花落果。

4）品种　番茄生产中有时出现植株长得高大、粗壮，叶深绿肥厚，只开花不结果的“寡妇棵”现象。这种植株在田间的出现率很小，在杂种中的出现率比常规品种高3～5倍。发生这种现象的原因有两种可能，一种是多倍体，一种是不孕系。如果是不孕系有可能是生理不孕，也可能是遗传不孕。生产上一旦出现这种植株应及时拔除。育种工作者一旦发现这种现象，可进行自交、杂交，有可能发现有用的自交系。

（2）番茄落花落果对产量的影响　番茄没有花果就没有产量，一般生产上平均落花率为15%～30%，有时高达40%～50%。落花落果大部分出现在第一花序或第二花序。高架多穗果栽培上部花序落花落果也比较严重。

（3）防止番茄落花落果的主要技术措施

1）适时定植　避免盲目早定植，防止早春低温影响花器发育。定植后白天温度应保持在25℃，夜间在15℃，促进花芽分化。

2）加强肥水管理　干旱时及时浇水，积水时应排水，保证植物有充分营养，合理整枝打杈。

3）激素处理

☛涂抹法。应用2,4－D浓度为10～20毫克/千克。高温季节取浓度低限，低温季节取浓度高限。首先根据说明将药液配制好，并加入少量的红或蓝色染料做标记，然后用毛笔蘸取少许药液涂抹花柄的离层处或柱头上。这种方法需一朵一朵地涂抹，比较费工。2,4－D处理的花穗果实之间生长不整齐，成熟期相差较大。使用2,4－D时应防止药液喷到植株幼叶和生长点上，否则将产生药害，如图5－12所示。

☛蘸花法。应用番茄丰产剂2号或番茄灵时可采用此种方法。番茄丰产剂2号使用浓度为20～30毫克/千克。番茄灵使用浓度为25～50毫克/千克，生产上应用时应严格按说明书配

图 5－12　番茄抹花

制。将配好的药液倒入小碗中，将开有 3～4 朵花的整个花穗在激素溶液中浸蘸一下，然后将小碗边缘轻轻触动花序，让花序上过多的激素流淌在碗里。这种方法防落花、落果效果较好，同一果穗果实间生长整齐，成熟期比较一致，也省工、省力。

☛喷雾法。应用番茄丰产剂 2 号或番茄灵也可采用喷雾法。当番茄每穗花有 3～4 朵开放时，用装有药液的小喷雾器或喷枪对准花穗喷洒，使雾滴布满花朵又不下滴。此法激素使用浓度及效果与蘸花法相同，但用药量较大。

☛使用番茄坐果激素注意事项　配制药液时不要用金属容器。溶液最好是当天用当天配，剩下的药液要在阴凉处密闭保存。配药时必须严格掌握使用浓度，浓度过低效果较差，浓度过高易产生畸形果。蘸花时应避免重复处理。药液应避免喷到植株上，否则将产生药害。坐果激素处理花序的时期最好是花朵半开至全开时期，从开花前 3 天到开花后 3 天内激素处理均有效果，过早或过晚处理效果都降低。在使用坐果激素时，应加强生态条件的管理。

4）番茄人工辅助授粉　番茄花粉在夜温低于12℃时，日温低于20℃时，没有生活力或不能自由地从花粉囊里扩散出去。如果夜温高于22℃，日温高于32℃，也会发生类似情况。有些品种花柱过长，在开花时因柱头外露，而不能授粉。番茄植株有活力的发育良好的花粉，通过摇动或振动花序能促进花粉从花粉囊里散出，并落到柱头上，从而达到人工辅助授粉的目的。摇动花序或支柱的适宜时间为9～10时。当花器发育不良，花粉粒发育很少时，同时采用振动花序和激素的方法，比单独使用激素处理，保花保果效果更好。激素要在振动花序2天后处理，否则会干扰花粉管的生长。如果植株没有有生命力的花粉产生，那就必须采用激素处理。

番茄露地栽培时，人工辅助授粉要摇动整个植株，以利于花粉扩散。也可用高压背负式喷雾器喷清水或结合根外追肥进行喷雾振动。以色列农业工程火山研究所发明一种拖拉机牵引的脉冲喷气振动器，用这种振动器在花发育时，每隔4～7天振动1次，则结果数增多，总产值可增加15%，高者可达20%。

番茄设施栽培时，人工辅助授粉可通过摇动或振动架材来振动植株，以促进花粉授精。也可以通过人来回走动来带动植株。也可用高压喷雾器进行喷雾振动。在人工辅助授粉的基础上，如果保花保果困难，则要使用坐果激素处理花序。番茄保花保果应注重正常的授粉受精，乱用坐果激素将影响品质。

5）加强番茄花期栽培管理　番茄保花保果除了培育壮苗，花期人工辅助授粉，以及使用坐果激素等措施外，还要加强花期的栽培管理。开花期的适温为25～28℃，一般在15～30℃时均能正常开花结果。如果温度低于15℃或高于33℃就容易发生落花落果。

番茄是强光植物，光照不足也会造成落花落果。开花期土壤不能干燥，要湿润，空气湿度也不能过高或过低。高温干燥或低温高湿及降水易引起落花落果。开花期一般不灌大水。番茄是喜肥作物，要保证肥水充足。番茄从第一果穗坐果始，营养生长和生殖生长同时进行，如果植株体内营养供应不足，器官之间就会引起养分的竞争，易使花序之间坐果率不均衡。栽培上可通过疏花疏果、整枝打杈、摘叶摘心等措施，人为调整其生长发育平衡，以促进保花保果，开花期除上述栽培管理外，根外喷施磷酸二氢钾或植保素等叶面肥也有利于保花保果。花期二氧化碳施肥，也可提高坐果率。开花期还应注意病虫害防治。

(4) 防止番茄植株早衰

1) 番茄植株早衰的症状　植株叶片薄而且小，色淡绿，上部茎细弱，且色淡，下部叶片黄化，花器小，即使使用生长调节剂处理，也不能坐果或坐果少，且果实小。

2) 发生的原因　品种不适宜，前期徒长，施肥方法不合理，整枝留果不合理，对病害轻防重治导致病害蔓延。

3) 预防措施

☞ 选择适宜品种。选择生长势强、适应性广、抗病、无限生长类型的中晚熟品种。

☞ 挖定植沟深施基肥。做法是大小行定植，小行距 40 ~ 50 厘米，大行距 90 ~ 100 厘米。在计划定植小行距的两行位置上，挖 80 厘米宽、90 厘米深的定植沟。挖沟时，两边放土以防乱层。将总施肥量的 1/3 施入沟底，拌匀后回填下层土至 60 厘米深处，再将总施肥量的 1/2 施入沟内，与下层土拌匀，最后将上层土和余下的肥料混匀填入沟内，拍平压实。在定植沟上按小行距开沟定植。缓苗后，培土成垄，覆盖地膜。

栽前造墒，预防徒长。定植前墒情重时，应耕翻土地晒垡散湿，并防再度雨淋；可移动营养钵，加大株间距离，囤苗待栽。未用营养钵的,应切块、移块囤苗。直至土壤墒情适宜时定植。土壤墒情很低时,应结合定植沟回填土及施肥,浇水造墒。一般与回填土相应浇2次造墒水,浇水量宜少。

☞适墒定植,浇足定植水,缓苗后逐步起垄盖地膜。基本能保证第一穗果鸡蛋大小之前不用浇水,对于防止前期徒长非常有利。

☞换头整枝,计划留果。整枝时,将第二穗果下部的1个侧枝留2片叶摘心(主侧枝),如其叶腋再生侧枝,同样留2片叶摘心,其余侧枝全部摘除。主蔓留3穗果,第三穗开花时,留2片叶摘心。待主蔓的第三穗果基本成形时,所留侧枝放开生长,并将主蔓基部叶片摘去,促进侧枝生长和主蔓果着色。主侧枝开花坐果后,再在第二穗果下部留侧枝(次侧枝),主侧蔓留2~3穗果后打顶。以后每隔2~3穗果换1次头。每穗留3~4个果,多余的花特别是畸形花和果全部摘除。使用生长调节剂处理计划留的花,保证每朵花都坐果,每个果都形正个大,商品性好。

☞防病为主,治病及时,采取综合措施预防病害。种子进行消毒处理;育苗用营养土要用至少3年未种过茄科作物的土壤,有机肥要经过堆沤腐熟;苗床撒药土防病;定植沟内及垄面撒药土,一般亩用1.5%~2.0%百菌清或甲基托布津混合干细土15~20千克;定植后,每隔15~20天用1次药,代森锰锌、百菌清、杀毒矾等几种药剂交替使用。阴雨天或浇水后,要用百菌清烟雾剂熏蒸。注意放风排湿,及时处理病残体,蘸花用药配好后加入0.2%扑海因等杀菌剂。

7. 番茄果实成熟过程 番茄果实成熟可分为5个时期:

(1)未熟期 果实正在发育膨大,果面全都是绿色。

(2)绿熟期 果实已经充分长大,为绿色,顶部由绿变白。这时候果实含糖量低,风味也较差。早熟栽培的番茄,可在这个时期采收,经催熟后上市。

(3)变色期　果实顶部开始挂点红色。这时期采收的果实经短期储藏就可大部着色。果实内的种子已经基本成熟,风味好,略酸。运输距离1 000千米以内销售的产品,可在这一时期采收。

(4)成熟期　果实从顶部变红发展到整个果实的3/4变红,果实还坚硬,果实内的种子已经成熟,外观色泽鲜艳。这时的果实营养价值高,风味好,最适合生食或熟食。但不耐储运,采收3天后就完全变红。就地供应的番茄可在这一时期采收。

(5)完熟期　果实全部着色,色泽鲜艳,甜度大,含酸量低,品质好,种子也已经饱满。但不耐储放。一般用于留种或加工成番茄酱。

8.番茄催熟

(1)植株用药催熟　在果实进入绿熟期以后,可用200倍的过磷酸钙浸出液喷果实及整个植株,能促进果实早熟2~4天。用40%乙烯利水剂500~1 000毫克/千克喷或浸蘸进入绿熟期的果实,可早熟7~10天,但不能把药液喷到细嫩的茎、叶上。

(2)拢秧增加光照　当第一果穗进入绿熟期,第二果穗也接近进入绿熟期时,可把秧子拧拢在一个垄沟,让秧子充分受到光照。这样,第一穗可提前3~4天成熟,第二穗也可提前更多时间。此法适于早熟有限生长类型品种,或复种秋菜的番茄地。

(3)采摘后催熟　果实采收后放到温度较高的室内或温床、温室、大棚内,可加速成熟。也可将1 000~4 000毫克/千克的乙烯利溶液放在大容器内,把果实浸蘸一下取出,放到20~30℃条件下经2~4天,能提前成熟3~6天。

(4)番茄催红四不宜　番茄因气温达不到番茄红素生长的要求迟迟不能转红,采用株上药剂催红可促进番茄提前上市。在催红过程中,由于处理不当抑制植株的生长,有的还会造成药害。因此,使用药剂催红应注意:

1)催红不宜过早　一般要求果实充分长大、果色发白变成炒米色时，催红效果最好。如果果实处于青熟期、未充分长大便急于催红，易出现着色不匀的僵果现象。

2）药剂浓度不宜过高　番茄催红药液浓度过高会伤害基部叶片，使叶片发黄。通常用40%乙烯利水剂50毫升加水4千克，充分混合均匀后使用。

3）催红果实数量一次不宜太多　单株催红的果实一般每次1~2个为好。因为单株催红果实太多，受药量过大，易产生药害。

4）催红药液不能沾染叶片　在催红过程中用药要仔细操作，可用小块海绵浸取药液，涂抹果实表面。也可用棉纱手套浸药液后，套在手上均匀轻抹果面。注意乙烯利有腐蚀性，不能用手直接接触，切记一定要在棉纱手套内戴橡胶手套，以防烧伤。

9. 适时采收　采收番茄时，应根据采后不同的用途选择不同的成熟度。用于长期储藏或长距离运输的番茄应选择在绿熟期采收。因为这种成熟度的果实抗病性和抗机械损伤的能力较强，而且需要较长一段时间才能完成后熟，达到上市标准，即食用的最佳时期，短期储藏或近距离运输可选用转色期至半熟期的果实。立即上市出售的果实则以半熟期至坚熟期为好，因为这时果实即将或开始进入生理衰老阶段，已不耐储藏，但营养和风味较好，故宜鲜食。而完熟期的果实含糖量较高，适宜作加工原料。

（1）番茄果实采收的标准　早春当地市场销售，一般要求果实全着色比较适宜。假如长途外运，采收时着色的标准就要低一些。

（2）采收的最佳时间　采收的时间最好是在早晨。试验表明，早晨采收的番茄在上市或运输过程中，损耗最小，24小时50千克损耗600克左右。下午采收的损耗最大，可以达到2 000克以上。据研究，8时以前采的番茄果实温度最低，自身呼吸量最小。下午采收后，由于温度原因番茄自身呼吸量最大。由此推断番茄果实的损耗就是呼吸作用释放了自身的水分或分解了自己储存的有机物。

10. 番茄的储运与保鲜

(1)选择耐储藏的品种　番茄储藏期的长短和损耗率与品种的关系极为密切。不同番茄品种的储藏性、抗病性有很大差异,以储运为目的的番茄应选用抗病性强、果皮较厚、果肉致密、果实硬度较高、水分较少、干物质含量高、心室少或心室多而肉较硬的品种。一般加工型品种、某些微型番茄品种(樱桃番茄)比鲜食大果型品种较耐储藏,晚熟品种比早熟品种耐藏,呼吸强度低的品种较耐藏。目前国内较耐运藏的品种有粉果将军 F_1,合作 903、合作 905、粉果棚冠 F_1、合作 908 等。

(2)采前管理　同一品种不同栽培季节、不同栽培地区、不同栽培管理措施,其果实耐藏性也有差异。用于储藏的番茄生产田,应适当控制氮肥用量,增加磷、钾、钙肥比例。后期控制灌水,以增加干物质含量和防止裂果。注意及时整枝打杈、疏果,防止果实过小和空果。雨后或灌水后不能立即采收,否则储藏期间易腐烂。晚秋要随时注意天气变化,防止突然降温,造成冻害和冷害。

(3)采前防病虫　对蛀果害虫如棉铃虫等以及造成果面煤污的白粉虱等要提前及时防除。对早疫病、晚疫病,应坚持定期喷药,采前 7 ~ 10 天喷 25% 多菌灵可湿性粉剂加 40% 乙膦铝可湿性粉剂(简称多乙合剂),其储后病害可降低 38%。

(4)使用代谢调节剂　据江苏省农业科学院试验,田间喷施 0.4% 氯化钙和 0.6% 硝酸钙各 4 次,以及亩施氧化钙 254 克,储后同期好果率较对照提高 2.5% ~ 13.96%,而且亩产量也提高 6.29% ~ 15.59%,其中以硝酸钙的效果最佳,可明显推迟后熟和延长储藏寿命。

(5)高温季节番茄保鲜技术　首选果肉厚实、果形周正、无病害、无开裂、无损伤的青熟果。在采摘、装箱和运输装卸过程中,都应轻拿轻放。最好从植株上采摘下来就直运仓库,以减少运输和中间环节,避免不必要的机械损伤。

1)简易储藏　夏秋季节利用地窖、通风库、地下室等阴凉场所储藏番茄,箱或筐存时,应内衬干净纸或0.5%漂白粉消毒的蒲包,防止果实碰伤。番茄在容器中一般只装4~5层,包装箱码成4个高,箱底垫砧木或空筐,要留空隙,以利通风。入储后,夜间应经常通风换气,以降低库温。储藏期间,应7~10天检查1次,挑出腐烂的果实。此方法20~30天后果实全部转红。秋季如果将温度控制在10~13℃,可储藏1个月。

2)盖草灰土储藏法　在储藏室或窖内,铺一层筛细的草灰土,摆一层番茄,撒一层草灰土,堆5~6层,最顶上和四周用草灰土盖住,再用塑料薄膜封严实。如用箱或筐装番茄,一层果一层草灰土装好,再用塑料薄膜封严实,每7~10天放气1次。

3)塑料帐气调储藏　将装好的番茄堆码在窖或通风库中,用塑料薄膜将码好的垛封住口成为塑料帐。利用番茄本身的呼吸作用,使塑料帐内的氧气逐渐减少,而二氧化碳逐渐增加,来减弱番茄的呼吸作用,以延长储藏期。在储藏期间,每隔2~3天将塑料帐揭开,擦干帐壁上的小水滴,过15分左右重新套上,封住口,以补充帐内新鲜空气,避免番茄得病腐烂。每隔10~15天翻垛检查1次,挑出病果。用这种方法,一般可储藏30天。

4)薄膜袋储藏　将青番茄轻轻装入厚度为0.04毫米的聚乙烯薄膜袋(食品袋)中,一般每袋装5千克左右,装后随即扎紧袋口,放存阴凉处。储藏初期,每隔2~3天,在清晨或傍晚,将袋口拧开15分左右,排出番茄呼吸产生的二氧化碳,补入新鲜空气,同时将袋壁上的小水珠擦掉,然后再装入袋中,扎好密封。一般储藏7~15天,番茄将逐渐转红。如需继续储藏,则应减少袋内番茄的数量,只平放1~2层,以免压伤。番茄红熟后,将袋口散开。采用此法时,还可用嘴向袋内吹气,以增加二氧化碳的浓度,抑制果实的呼吸。另外，在袋口插入一根两端开通的竹管，固定扎紧后，可使袋口气体与外界空气自动调节，不需经常打开袋口进行通风透气。

(6)低温季节番茄保鲜技术

1)室内储存　在果实红熟前，可用普通地膜、报纸、塑料框包装后，置8℃以上环境条件下储存，等果实红熟后再把温度降到5～7℃保存。此方法简便、经济、实用，尤其适合中小规模储存。

2)室内缸存　选直径1米、高度1.5米左右的缸，洗刷干净，用0.5%～1%的漂白粉消毒，缸底铺上麦秸，然后一层一层摆放。摆满后用塑料薄膜封口，膜两边各留一个小孔。一般15～20天打开检查倒缸1次。

11. 虫病草害安全防治　参照本书“十三、番茄虫病草害安全防治技术”进行。

六、春季中小拱棚生产

番茄早春中小拱棚生产是投资小、见效快的一种种植模式。长江以北地区多有种植，在中原地区产品从4月20号开始上市，一直供应到6月10号左右，市场的价格都不错。每亩产量可达万斤，经济效益在6 000元以上。由于番茄栽培中这种模式的投入和产出比最大，目前的栽培面积要大于日光温室与塑料大棚。

（一）对设施的要求

春季中小拱棚生产季节，长江以北正处于冬春换季时节，南北的冷暖气流的强弱不平衡，经常处于拮抗状态。形成了冷暖交替，风向多变的多风季节。对中小拱棚的建造要求提出以下建议。

1. **抗风能力强** 中小拱棚在生产季节的风向不定，风力较强。根据30年来早春历史气象资料分析，每年的3月8日、18日，4月的2日、14日、30日前后，95%的年份都有大风出现，最大风力可达8级的年份占30%，一般都在5级左右。为此设施一定要坚固。为了提高抗风能力，中小拱棚的高度不要太高，跨度也不要太大。能够勉强进行农事活动就行。中拱棚中心高度1.8米，小拱棚高度1米左右。

2. **保温性能好** 中小拱棚番茄在早春栽培，虽然主要作用是防霜冻，俗言说得好，春季的天是娃娃脸，说变就变。不时会有低温寒流出现，必须考虑保温性能的提高。有条件的可以加设风障或上面再盖一层无纺布。据测算，增加一层无纺布按1 000米^2，1米^{2}的造价按6角计算，每亩增加600元投入。番茄可以提早5~7天上市，经济效益可以提高1 500多元。无纺布可以使用4年，这样计算，投入和产出比可以达到1:10，是非常划算的。

3. **操作方便** 中小拱棚在早春使用时间很短，一般只有45天左右，在这期间，需要从事较多的农事活动。建造时要充分考虑如何操作方便的问题。由于早春的雨雪很少，自古就有春雨贵似油的说法。即使下雪，由于外界环境温度的提高，融雪速度也很快。因此，为便于棚内的农事活动，中小拱棚内的立柱要尽量减少。

4. **选材合理** 中小拱棚在使用材料上，本着就近取材，材料易得、坚固耐用的基本原则。根据各地的具体情况，可用复合材料制成骨架，也可选择竹竿、竹片、灌木的一年生条子、木棍等，单一使用或结合使用均可。薄膜的选择要有讲究，太厚的使用量较大，会加大成本。太薄的投资少，但是又不结实，一般中拱棚覆盖的塑料薄膜选择厚度0.8毫米的就行，小拱棚覆盖的塑料薄膜选择0.5毫米厚度就比较合理。

5.造价低廉 农业生产讲究的是投入和产出比。投资愈大纯利润就会降低。本着可以使用的原则,因陋就简,就地取材,选择便宜的建造材料。中小拱棚的塑料薄膜经过对比试验,无滴膜虽然升温快,但是,在夜间薄膜上没有一层水珠,它的保温效果大打折扣,番茄反而生长得不好。为此,中小拱棚一般不需要无滴膜。

(二)品种选择

春季中小拱棚生产宜选择较耐低温、抗病性强的早熟和中早熟品种。同时还要考虑产品销售市场对番茄商品性的要求。实践认为,粉果棚冠F_1、上海903、上海906等品种较好。

(三)培育壮苗

培育适龄壮苗,首先要把握好播种期,早春小拱棚番茄育苗,为了抢一个“早”,不少人盲目提早育苗。经常出现早种不早收的现象。甚至有的遇到倒春寒年份,会出现多次育苗不成苗的被动现象。

1.育苗期的确定 中小拱棚番茄要求大苗移栽,一般日历苗龄要求70~85天,生理苗龄7片叶左右。位于东经117°,北纬32°左右的黄河中下游地区在3月20日定植,播种时间可以安排在12月25~30日比较合适。其他地区要根据当地的经纬度来推算。根据太阳3.89天向北移动一个纬度,以北纬32°为基准,每低一个纬度,可以提早3~5天播种。又根据中国大陆由东向西呈阶梯状的特点,气象学家又在经度上进行了研究,确定由东向西每增加1°,气象的物候学指标推迟0.6天,向东减少1°可以提早0.6天的道理。除了天然的盆地和特殊的山地以外,基本在我国各地只要知道当地的经纬度,利用这个公式,就能计算出适宜的育苗时间。其他操作参照番茄育苗的要求就行。

2. 炼苗 番茄育苗时间讲究适宜温度，在温室的苗床上没有经过风雨的吹打，抗逆能力很差，必须经过炼苗。炼苗的好坏是番茄早春中小拱棚栽培成败的关键。

（四）整地施肥

1. 施基肥 番茄对养分要求比较多，特别是有机肥的需求更高。基本上是斤果斤肥的需求比例。也就是说，假如要求亩产7 500千克番茄，它对优质腐熟的有机肥需要7 500千克。一般要求在栽培前30天施入土壤最好。据贾普选1986年在河南省荥阳市城关乡宫寨村的保护地实验，在施用同量三元素复合肥情况下，提前施肥20天的和定植前1天施肥的相比，提前施肥的苗子，其生长速度和叶片色泽上都有明显差别，并且提早4天结果；植株外观对比，生长量大小差别在7～10天。总体估算经济效益，相差25%左右。提早施复合肥生长好的效果总结为，复合肥能充分转化，有害气体能提早释放出土壤，不危害根毛，养分可以供根系随时利用。

2. 整地 提早施肥也要提早整地。番茄是深根系作物，根的下扎深度可达1.6米，要求深犁达30厘米。细耙3遍，把土壤充分搅匀。按100厘米一行开沟，沟宽40厘米，深15厘米。

3. 覆盖地膜 根据棚内结构做畦，可做成宽为1米的平畦，也可做成畦高15厘米、畦面宽60厘米、畦沟宽40厘米的龟背垄，在平畦或垄面上覆盖地膜。春季中小拱棚生产覆盖地膜比不覆盖地膜一般温度提高2～4℃。采用小高畦地膜覆盖栽培，需提前覆盖地膜，以烤地增温。

（五）适时定植

番茄在定植前7天就要扣好棚膜提高地温。定植时在定植沟内靠两边挖穴栽苗，株距30厘米（每亩定植4 000株左右）。定植后随机把地膜覆盖在栽培沟上，盖好小拱棚棚膜后，再进行浇水。这种栽培模式叫一膜两用，起到先盖天、再盖地的双用效果。

1. 适龄定植 番茄早春小拱棚栽培，要求提早上市，所以，必须大苗定植。一般达到70～85天苗龄，番茄苗子的真叶7片左右，每株都带有花蕾，经过充分的锻炼以后就可定植。

2. 适时定植 早春小拱棚定植的时间根据上述计算的方法确定以后，为了更准确和保险起见，还要进行物候期的对照。根据对各地物候期参照物的观察，一般在柳树吐絮、梨花或泡桐花盛开之际，小拱棚番茄才可定植，绝不能盲目提早。

3. 合理密植 早春小拱棚番茄由于生育时间短，市场的前期价格比较高。从经济效益出发，要抓好前期产量就是最大的成功。经过多年的市场价格统计，在5月20日以前，番茄市场价格都比较好，平均在2元/千克以上。必须抓住5月20日以前的产量。为了提高前期产量，就要加大定植密度。根据试验，前期产量最高的密度必须达到4 000株。每株采收2～3穗番茄以后，田间密度过大时，采取留一去一间拔措施。这样不但提高了前期产量，中后期也不会减产。

（六）定植后的管理

小拱棚番茄定植以后，只要浇足压根水，3天内密闭不放风，促进根系伸长和加快缓苗。经测试，在14时外界温度最高时，小拱棚内的空气温度可以达到40℃。不要急于降温，维持3天以后再进行适宜温度管理。

1. 中小拱棚温、湿度调节 中小拱棚番茄的温、湿度管理很重要。目前栽培普遍存在一个问题，就是早上吃过早饭后，不看拱棚内的温度，到地就放风，（拉开棚口）下午不看温度下降是多少,放工时再合上棚膜。菜农认为,这样不会出问题。实际上失去了拱棚的意义。科学的做法是,等温度升至28℃时再放风。根据博爱孝敬的对比试验,采用定时和定温度放风,拱棚番茄不但上市时间可以提早4天,而且可使前期产量提高20%以上。为了把拱棚的植株长势调整均匀,提高番茄群体产量,还要注意以下几个问题。

(1)经常变换通风口的位置　拱棚栽培的通风口处近4米^{2}的面积番茄生长速度很慢,据计算,每亩小拱棚的通风口有30个左右,占地约100米^2,占一亩地的1/6。如果加以调整,使整体一致,可以提高10%左右的前期产量。因此,通风口的位置最好是每天调换一个地方,不要长期在一个地方放风。

(2)拱棚较长时需多开通风口　拱棚的长度一般不要超过20米,老菜农用俗言总结为,菜畦长4丈(13米),生产最便当,平整最省力,浇地不慌张。小拱棚的温度测量,一个通风口基本可以调节8~10米的温度,再长就不起多大作用了。要是拱棚长度超过20米,就要考虑中间多留几个放风口。为此建议拱棚15~18米留一个放风口。

(3)放风口要由小逐渐加大　拱棚栽培由于外界气候条件相对较好,不会冻死苗,很多人在管理上就会马马虎虎,放风口往往一步到位,造成小拱棚内的空气温度忽高忽低,不很稳定。其实这样对番茄植株的影响非常大。必须在拱棚温度达到28~30℃的时候,先放开一部分,到中午温度升高时再加大放风口。

(4)阴雨天也必须放小风　通风的作用很多人认为,只起到降温和排湿的作用,到阴天或下雨天时,就不再放风。这是原则性的错误。阴雨天时间,外界气温下降以后,小拱棚的小气候的土壤温度相对较高,形成自然散温现象,由于塑料薄膜的阻挡,拱棚内比外界气温要高。就是这种地温辐射现象,不但带出来大量的湿气,还把土壤中的有害气体带到小拱棚内。如果长时间不通风，有害气体浓度超过 50 毫升/米^3 时，叶片就会出现危害。有些人把这种危害当成侵染性病害进行药物防治，这样做不但造成浪费，还会形成药害。因此，要求在外界温度不低于 4℃时就必须放点小风，一般 1 天内不少于半个小时的放风时间。

2. **水肥管理**　拱棚番茄早春追肥和浇水与秋季不一样，秋季地温较高，浇水追肥不考虑降温的危害，春季地温提升困难，不能一次多追肥浇大水，宜采取小水勤浇，淡肥勤施的措施。每次每亩追尿素 10～15 千克；追 2 次氮肥每亩每次再追 15 千克硫酸钾肥。追肥一定结合浇水，可以先把化肥撒在行间沟内，也可以把尿素化成水后，随水冲施。浇水追肥需要注意的问题是：

（1）选择晴天浇水　为了防止地温下降和拱棚内湿度过大，追肥浇水选择晴好天气的 10～15 时比较适宜。

（2）浇水后注意通风　拱棚浇水后要加强通风。因为拱棚空间很小，湿度最容易饱和。浇水后在温度比较高的情况下，地面蒸发和叶面蒸腾的作用加快。据观察，刚浇过水的密闭拱棚内，在 28℃的棚温条件下，40 分相对湿度就上升到 100%，这时再通风效果会更好。另外，每次浇水都冲有肥料，通风量小的时候，小拱棚的水滴中含有大量的氨气，这些水滴落到番茄叶片上，就会出现叶片白斑。加强通风就会减少高湿和有害气体对植株的危害。

（3）阴雨天不能浇水　拱棚番茄浇水得当，会大幅度提高产量。盲目浇水会浇出病害，产量下降。低温阴天不能浇水是基本常识，目前还有不少菜农浇水无原则，不管天气阴晴，也不管棚内温度高低，想浇水就浇水。却不知，阴天浇水湿气无法排出，有利于病原菌的繁殖，会引起病害的发生或加重病害的发展。

3. **及时撤棚**　早春小拱棚栽培的薄膜覆盖时间大约 40 天。到时间不揭棚膜就会影响番茄的正常生长。小拱棚撤膜掌握得好，不但不会影响产量，还能形成高产。

(1)小拱棚撤膜的外界环境要求　小拱棚番茄撤膜的外界温度白天28～30℃,夜间最低温度连续5天不低于15℃,就可以考虑撤膜。不要撤得太早,早春换季时节,不断有寒流南下。春天的天是娃娃脸,说变就变,2天内的气温会相差20℃左右,要是没等气候稳定下来就撤膜,往往会造成很大的影响。中原地区,以东经117°、北纬34°为基准时,撤膜的时间一般在4月26日前后。各地区可按经纬度的加减,合理调整撤膜的具体时间。

(2)撤膜前的准备工作　在外界环境许可的情况下,要做好撤膜的准备工作。其一,先进行一次追肥浇水。其二,要加大白天的放风量,晚上正常盖好。不少人主张撤膜前要昼夜放风,进行锻炼。根据对比试验,昼夜放风的撤膜方法,植株可以平稳过渡,相对比较安全。在撤膜前施肥浇水后,夜间盖好棚膜,由于昼夜温差变小,营养生长出现旺盛架势。外界条件成熟以后,撤膜的昼夜温差拉大,旺盛的植株营养马上集中转移在生殖生长上。这样的措施,不但不会影响产量,反而,这种方法在生产中,推广20多年来,每亩基本会增加效益1 000多元,最少增值800元。

4.激素抹花和人工辅助授粉　番茄拱棚早春栽培,由于番茄的雄蕊在低温高湿的情况下花粉无法散开,自身又没有单性结实的能力。需要授粉或激素抹花后促进坐果。使用2,4－D时,浓度20～25毫克/千克。选择坐果灵的浓度要求达到40～50毫克/千克。抹花要注意的是:

(1)抹花时一定要打开通风口　不管使用哪种坐果激素,都有一定的挥发性,棚室的空间激素气体达到一定的浓度以后,番茄生长点就会受害。在实际生产中,植株生长点发黑发皱,诊断激素中毒的情况,一般都是挥发中毒。并不是激素滴在生长点上了。

(2)抹花时间要安排在11～16时　棚室在11时以前的温度比较低,特别是番茄子房在自身温度低的情况下,吸收能力很差,这时抹激素会随着空间温度的升高而挥发。坐果的作用反而不大。棚室温度提高以后，番茄花器表皮开始干燥，抹花以后会很快吸收。

(3) 适位抹药　番茄抹花时，一般抹两个部位都可以，一是花托的根部，这个地方吸收能力最强，吸收得也最快。二是花蕾的果柄节上，这些地方激素充足会促进果实和秧结合部快速膨大，为番茄提供养分。经过试验，采用这种方法以后，坐果率提高，畸形果大幅度减少。

(4) 阴雨天不能抹花　阴雨天植株的吸收能力很弱，抹花后不但坐果作用不大，反而容易挥发有害气体，造成生长激素中毒。

(5) 使用坐果激素的品种要结合植株长势决定　目前坐果激素有 2,4－D 和坐果灵两类，它们的作用大致相同，但是，性能有很大的差异。2,4－D 作用快，有效时间短。坐果灵作用慢而时效长。使用时要根据植株生长情况选择。植株生长旺盛，最好选择 2,4－D，利用作用快的特点，快速坐果，快速膨大，可以对植株的生长势进行有效的控制，达到营养生长和生殖生长的平衡。假如是老化苗，生长势、弱花器已经开放时，最好选择坐果灵，利用它的作用较慢、时间长的特点，植株能够正常生长，后来的番茄果实也会长成。有经验的菜农，在番茄植株生长不均衡的情况下，将两种坐果激素分开使用。弱株使用坐果灵抹花，壮株使用 2,4－D 抹花，在很短的时间内，把植株群体调整的整齐一致，果实的商品性又提高一个等级。

(6) 人工授粉　番茄在前期空气湿度大、花粉不散的情况下使用坐果激素，如果中期花粉散开以后，最好采用人工辅助授粉。经过试验，人工授粉的番茄长得快，商品果有光泽，品质好，产量高。值得推广。

(7) 采用熊蜂辅助授粉　经试验一群熊蜂在温室内可以连续工作 3 个月以上。500 米^2 面积的番茄温室，熊蜂数量 300 只左右就完全可以满足授粉需要。经中国农业科学院测试,采用熊蜂授粉的结果类蔬菜,比使用激素的营养价值有明显提高。番茄的维生素 C 含量提高 17% ,西瓜的可溶性固形物含量提高 1.4 度,特别是近瓜皮的糖度也很高。使用熊蜂授粉的投入和产出比达到 1:(7~8),被列为农业项目中投入和产出比最高的一类实用技术。

5. 其他管理

(1)植株调整　番茄在生产中期,就要进行植株调整。番茄的最佳叶面积指标是4 左右。剪去老叶、病叶。另外番茄功能叶时间一般是 60 天,超过这个时间就要及时打掉,以免消耗植株养分。剪叶选择晴天中午进行,不能在阴雨天剪叶,否则会造成伤流严重或病原菌浸染。

(2)及时拔掉结果结束的植株　撤膜后需要剔除的植株,每株留 3 穗果剪掉生长点,剪掉其他的叶片。待果实采收完以后,及时连根拔掉,以免影响留下植株的正常生长。

(3)清理田间残株落叶　把每次剪掉的叶片和拔出的植株及时收集起来。可以直接丢进沤粪池里,进行发酵。也可以丢到远离种植区的垃圾场。特别是有些残叶、病叶带有大量的病原菌,如果随便乱丢,这些病原菌就会借风力或人事活动到处传播病害。

(4)未尽事宜　参照本书“五、地膜覆盖生产”进行。

七、塑料大棚生产

(一)塑料大棚的栽培形式及模式

1. 塑料大棚的栽培形式 塑料大棚番茄栽培的形式,随着技术的进步越来越多。形式的改进,不同程度地提早或延迟了市场的供应,不但产量得到提高,而且经济效益也得到不断增加。下面就不同形式的生产作一介绍。

(1)单层薄膜覆盖的地膜栽培 塑料大棚在定植番茄时,做成龟背垄,垄高15厘米。覆盖一层地膜后,地温可以提高2℃左右,由于大棚内无风,地膜不用压边就行。增加投资部分的产出比,一般是1∶7以上。这种形式的栽培也最为普遍，如图7－1所示。

图7－1 单层大棚地膜栽培

（2）大棚套小拱棚栽培　大棚的一层薄膜在寒流到来时，最低温度情况下，只能提高4℃左右，在春季早熟栽培就是要抢一个“早”字。为了提早上市，就必须提早定植，各地菜农在不断地改进，又在大棚内套一层小拱棚，用无纺布或薄膜在夜间进行覆盖，据测试又可以提高3～4℃。起码能提早10天定植，上市时间可以提早7天左右。每亩投资菜架小竹竿300根，薄膜或无纺布800米^2。总的投资在1 000元左右，可用3年左右。

（3）三层覆盖栽培　早春塑料大棚的番茄生产，根据市场的价格特点，前期要高出中后期的若干倍，由于经济利益的引导，菜农千方百计地提早种植。在大棚套小拱棚的基础上，在上面又加一层覆盖物。经过测试，加盖不同的覆盖材料的保温效果有所差异。在小拱棚上加盖一层薄膜，保持与小拱棚有40厘米的空间，由于大棚内的空气流动很小，覆盖物的固定就很简单，薄膜只要用铁丝拉好架膜的框架，盖上薄膜就行。保温效果可以提高2.5℃。早春使用时间很短（30天以内），保存得好使用年限都在

4 年以上。由于不要求透光效果,可以用旧薄膜。经过计算,增加这层覆盖,连铁丝在内每亩不足 600 元。

如果用厚度为 80 克/米^2 的无纺布,由于大棚内无风,直接贴盖在小拱棚上不需要固定,在大棚内的保温效果会更好,最低温度阶段测试,栽培畦可以增加 6℃。内覆盖的无纺布,每米^2 的价格在 1 元左右。每亩需要不超过 800 米^2,投资增加 800 元左右。妥善保存可使用 4 年以上,很大程度上提高了提早定植的安全系数。

(4) *多层覆盖栽培* 大棚番茄早春栽培多层覆盖形式,在我国的京津地区,早春寒流来时,外界气温比中原相对要低,多层覆盖的栽培更有意义。现在使用最多的有 6 层覆盖物。就是在大棚外面加盖草苫,草苫上盖防寒膜,棚膜里面 20 ~ 30 厘米处使用二膜(保温幕),栽培畦上加盖小拱棚,栽培埂上覆盖地膜。当地菜农风趣地说:这叫里三层,外三层,早栽半月不受冻。河北省永年县在 2002 年 3 月上旬遇特大寒流,当地最低气温下降到 -8℃ 的情况下,采用这种形式覆盖的大棚没有受冻害。比周边的少一层草苫的大棚,效益提高了 3 倍,如图 7 -2 所示。

图 7 -2 多层覆盖栽培

需要指出的是，早春大棚多层覆盖可以相对提早定植，利用良好的保温效果，改良环境条件，来加快番茄生长速度，来提早上市和提高前期的产量，增加经济效益。决不能无限度地盲目提早。所有保温材料，是在有温度的情况下可以保持。在连续阴雨天的情况下，大棚温度基数就很低，再加上转晴时一定有低温大寒流，保温效果就会大打折扣。河南安阳地区的滑县采用多层覆盖种植番茄，2002 年在 1 月 20 日定植，覆盖 4 层的保温效果在理论上讲可以 10℃以上。在 2 月 2 日连续 7 天阴雨以后，大棚内温度降到 2℃。晴天前遇寒流外温降到 -8℃，结果早晨最低温度降到 -2℃，番茄几乎全部受冻害。早种不能早收。到目前为止当地菜农还不敢在适期育苗，总是拖后定植。

2. 塑料大棚番茄的栽培模式 塑料大棚利用面积较大，建造相对容易，建造材料易得，投资比较低廉，生产技术比较容易掌握，目前是全国保护地设施面积最大的一种类型。栽培模式多种多样。可用于蔬菜的早春和秋延后栽培。也可在夏季采用遮阳材料，进行越夏遮阳栽培。番茄栽培的模式一般来讲，在长江以北的平原地区，番茄生产多采用春提早栽培和秋延后促成栽培。宁夏、甘肃等西北地区，采用越夏遮阳栽培。云贵高原的低纬度地区，在春末、夏初做防雨栽培。

（二）春提前生产

由于大棚栽培的土地利用率高，建造容易，投资相对较少。投资和产出比也比较高，技术容易掌握，又可以两季使用，目前番茄春提早种植面积全国排在第三位。各地形成不少的大规模种植基地。

1. 春提前生产对设施的要求

（1）选址　大棚要建在背风向阳、交通便利的地方，以南北向为好；或在大棚的迎风一侧设立风障挡风。

(2)性能　为了达到采光性能好，光照分布均匀，白天升温快，夜间保温好，管理方便。要设计合理的高跨比例，虽然中心高度越高，大棚坡面越陡，它的光线入射率就越多。但是，抗风能力就会下降。综合平衡各方面的利弊，一般认为，塑料大棚宽度为8～14米，长度为50～80米；脊高为2～2.5米，边高1米左右较合适；大棚的通风口设置要合理，要求顶部通风口和中部通风口的位置适中，并易于开放和关闭；结构合理，坚实牢固。一般来讲，大棚内的立柱数量越少，越便于操作。但大棚的立柱数量减少、结构变简单后，棚架的牢固程度也随之下降，抗风、雪能力也随之降低。大棚的规格越大，保温性能越好，但棚内中间部位的光照变弱，不利于番茄生长。具体选择时，长江以北地区冬春季节多大风，应选用骨架结构牢固的多立柱大棚以及钢架大棚。

(3)覆盖物　覆盖的塑料薄膜应为透光性能好的无滴膜或半无滴膜，其中以乙烯—醋酸乙烯多功能转光膜为好，聚乙烯薄膜易产生水滴，透光性不好，而聚氯乙烯多功能复合膜费用高，会增加大棚番茄的生产成本。

(4)特别提示　我国由南到北，温度逐渐变低，保温的矛盾越来越突出，而由北向南通风降温的矛盾越来越重要，所以，大棚的面积大小由南向北有逐渐增大的趋势。黄淮流域每个大棚一般为1亩；长江中下游地区每个大棚在0.3亩左右。如华北等地生产中常见的大棚一般跨度在8～12米，长度在40～60米，高度与跨度之比为1∶4或1∶5，一个棚的面积一般在1亩左右；近几年河南周口、河北永年等地，结合国外大棚生产建造经验，自行研究一种占地5～10亩的连栋大棚，发展很快。

2.设施的选择和建造　详见本书“四、番茄育苗技术”。

3.品种选择　选择早熟性好，既耐低温、弱光照，又耐热、抗病性强，株型紧凑，适于密植，商品性状优，经济效益好的品种。

实践认为,目前生产中宜选择粉果棚冠 F_1、西方佳丽、浙粉系列、沈粉系列、中杂系列早熟品种种植。

4. 适期播种 大棚春提早番茄栽培,菜农都知道前期市场价格比较好,抓住前期高价格,大量上市,经济效益会大幅度提高。都在千方百计提早育苗,抢早定植。但是,一定要把握好提早的程度不能太大,育苗一定要在成功的可能性在 95% 以上才能育苗。我国地域辽阔,各地的气候差异很大,要依照各地的气候特点、栽培形式和育苗条件的因素综合考虑,来确定番茄培育壮苗的适宜播期。播种过早,苗子长得过大,就会形成弱苗,控制过狠易形成老化苗,不利于高产。特别是淮河以北的广大中原地区,早春时经常出现严重的倒春寒,大棚栽培再次育苗的年份十年就有两三次,为此不能盲目提早。为了安全起见,下面把一些主要地区的适宜育苗的时间,推荐给大家作一参考,见表 7－1。

表 7－1 不同地区单层塑料大棚番茄播种定植收获时间表(旬/月)

地区	育苗形式	播种期	定植期	收获期
哈尔滨	加温温室	中/2	中/4	下/5
长春	加温温室	中/2	中/4	下/5
沈阳	加温温室	上/2	上/4	中/5
乌鲁木齐	加温温室	中/2	中/4	下/5
西宁	加温温室	中/2	中/4	下/5
兰州	加温温室	上/2	上/4	下/5
银川	加温温室	上/2	上/4	下/5
呼和浩特	加温温室	上/2	上/4	中/5
太原	加温温室	下/1	下/3	中/5
北京	日光温室	下/1	下/3	中/5
天津	日光温室	下/1	下/3	中/4

续表

地区	育苗形式	播种期	定植期	收获期
石家庄	日光温室	中/1	中/3	下/5
西安	日光温室	中/1	中/3	下/4
郑州	日光温室	上/1	上/3	中/4
济南	日光温室	上/1	上/3	中/4
合肥	日光温室	上/1	上/3	中/4
长江中下游	大棚套小棚	上/2	下/2	上/4

5. 培育壮苗大苗 番茄春提早大棚栽培，要想提早上市，必须采用大苗壮苗移栽。根据近年来高效益典型的经验总结，番茄育苗采用10厘米×10厘米的大号塑料营养钵育苗效果最好。在这种前提下可以再比常规育苗时间提早7天。番茄苗子有了比较大的营养面积和相对大的空间，可以正常生长到8片以上叶子，花蕾即将开放再进行定植。定植后，加强肥水管理。由于在缓苗期就会坐果，不会出现前期徒长现象。基本可以提早上市5天左右。

其他育苗规程，参照本书“四、番茄育苗技术”的要求操作。

6. 整地施肥覆膜

(1)施肥与整地 番茄根系比较发达，但由于早春的地温低，营养吸收能力受到限制，必须多施有机肥来增加土壤的透气性和储热保温能力；增加矿物质营养元素，满足番茄高产的需求。有机肥要求使用充分腐熟的植物秸秆堆肥、鸡粪、牛马粪或猪粪和人粪尿。鸡粪、猪粪和人粪尿要加入铡碎的稻草、麦秸、玉米秸或食用菌废料混合充分发酵后使用。每亩使用量不少于15米^3。通过多施有机肥，加快改良土壤的团粒结构和理化性能。大量的有机肥在土壤中分解时，会释放较多的二氧化碳，对提高番茄光合作用能力意义重大。矿物质元素的使用一般是，每亩施硫酸钾50

千克，过磷酸钙 25 千克，尿素 40 千克，硫酸镁 3 千克，硼砂 3 千克。施肥的方法是，普施和埂下施结合。具体操作是在整地前把 80% 的基肥撒在地面上，深耕 20 厘米以上，充分耙细耙匀，再把地面刮平后，准备起垄定植。

(2)起垄覆膜　起垄前把剩下的肥料集中均匀地撒在埂下，再每亩用敌克松 2 千克拌在 20 千克的细土中撒在垄下。按行距 120 厘米起垄，垄宽 50 厘米，沟宽 80 厘米，深 20 厘米。把起好的垄用铁耙子趟平，打碎土坷垃。起垄以后，用幅宽 100 厘米的地膜盖好。在每条垄背两边按株距 28 厘米打孔，孔的大小基本比营养土坨的直径大 2 厘米就行。准备工作做完以后，等待适时定植。

(3)特别提示　埂下施的化肥使用量要准确，不能盲目加大使用量。稍不注意，超量使用，就会延迟缓苗，影响前期生长。经过多品种试验，早春尿素每亩的最佳使用量为 5 千克，超过 8 千克就有不同程度的烧根现象；三元素复合肥早春 8 千克，10 千克就会导致缓苗困难，抑制前期生长。目前保护地早春埂下施肥出现烧根并引发生理干旱现象的屡见不鲜。

早春定植的番茄，缓苗时间长，叶片发黑发硬，生长速度慢，大多是由于化肥超量，造成的生理干旱现象。

7. 适时定植

(1)原则

1)根据地温确定定植时间　大棚早春番茄栽培，要强调适时定植。按番茄生理要求，最低地温必须稳定在 13℃ 以上。由于早春的气候多变，测量地温起码要连续 7 天的结果才能认定。保温设备增加以后，不能单靠设备好就把定植时间往前提，一旦出现大的寒流，虽然不会冻死，由于地温的下降，根尖和根毛停止生长，或出现少量回根现象，需要 5～7 天才能恢复，就会出现早栽不早收的现象。

2）观察物候期作对照　大自然春暖还是春寒，可以从物候上判断参考。一般长期天气的变化，各地都有代表的参照树木。我国广大地区，最有普遍性的是河边的柳树。可以参照柳树的物候期变化，进行适时定植相对比较可靠。根据多年的观察记录，一般在河边柳由黄泛绿时，番茄定植最为安全。

3）充分做好防寒的应急准备　俗谚说得好，"好年防荒年，好天防雨天"。早春大棚栽培在适时的情况下定植，也要充分做好防寒措施。比如大棚四周围草苫，使用二道防寒幕，必要时还要预备增温设备。

（2）定植方法　选择晴天的中午进行定植。提前一天把番茄苗从温室运到大棚里，进行适应性锻炼。锻炼时要预备好二层覆盖的东西。万一出现预计外的低温时，进行临时覆盖。定植时小心操作，避免伤根，不要把营养土块弄烂。方法是挖开定植穴，放进苗子以后，把周围的土封好就行。不能用力挤压栽苗坑。实际调查中发现，由于有些人怕栽的土不实在，栽苗后由于用力挤压了根部，结果把番茄的营养土块挤压碎了，造成伤根，缓苗速度慢。和同一条件下不伤根的对比，上市时间晚了4天。每亩经济损失高达1 200多元。

番茄定植结束后，要及时浇定植水。定植水要浇足浇透。不要认为早春浇水足会影响地温提高。其实土壤的含水量相对多一点，它的总体容热量还会增加，夜间散温慢，平均相对地温会更高。浇水太少，在缓苗结束后，幼苗刚出现新生根群，这时的植株还没有完成营养生长和生殖生长的转化过程，土壤就会出现缺水现象。不及时浇水，干旱严重，这时浇水，根系吸水能力很强的情况下，营养生长就会比较旺盛，导致营养生长和生殖生长不能平衡。虽然不会影响总体产量，但是前期植株以营养生长为主，势必降低前期产量。浇足定植水后，在番茄缓苗结束时，土壤正值适墒阶段，恰好进行营养生长，几天后，土壤进入干旱期，不要急于浇水进行蹲苗控制，让其完成生殖生长的转化，几乎每株都坐果以后进行浇水，使果和秧一起生长。这项技术使用得当，番茄前期产量会成倍增加。

8. 定植后的管理

(1)湿度管理　大棚湿度的管理是围绕番茄生长的适宜湿度为中心，结合防病的湿度要求进行调控。特别是阴雨天气的湿度管理，更是关系着侵染性病害的发病问题，更要特别小心。

1)晴天的湿度调控　在露地生产上不是问题的事情，在大棚生产上却变成主要的管理中心。番茄生长适宜的相对湿度一般是70%左右，由于大棚在密闭状态下，土壤蒸发及叶片蒸腾的水分都集中在大棚的空间，使空间的湿度很快升高，经常处于饱和状态。在空气温度适宜、湿度较大的情况下，植株生长很快，但是由于植株自身细胞含水量大，干物质含量降低，对侵染性病害的抵抗能力下降，极易产生病害，必须进行人工调控。在大棚管理上，湿度的调控方法很有讲究。目前有人主张在太阳升起以后，大棚内雾气腾腾时先拉开风口排一会儿湿度再关上升温。从表面看来雾气是消散了，经过测试，实际上相对湿度并没有减少，空间的雾气是棚内的水珠刚刚在太阳光照射下开始的蒸发，这时打开通风口以后，温度又降了回去，一部分水蒸气被排到棚外了。但是，有很大一部分又在降温时重新结露，恢复原状了。另外，大棚在密闭的状态下，土壤和植株在一夜之间释放出大量的二氧化碳，在温度没有达到植株进行光合作用时，就拉开通风口排湿，没有排出多少湿度，却把有用的二氧化碳排放在棚外了，造成了二氧化碳气体的损失，这种排湿方法是非常不正确的。见表7－2、表7－3。

表7－2　大棚早放风管理的湿度、温度和 CO_2 浓度的测试记录(贾普选)

时间(时)	温度(℃)	相对湿度(%)	CO_2 浓度(毫升/米^3)	备注
8	18	100	1 000	开风口20分
9	22	97	400	
10	26	100	100	开风口
11	27	75	300	
12	30	70	330	

注:地点,河南省焦作市博爱县孝敬乡。时间,1998年4月16日,晴。

表7－3　大棚正常管理的湿度、温度和 CO_2 浓度的测试记录(贾普选)

时间(时)	温度(℃)	相对湿度(%)	CO_2 浓度(毫升/米^3)	备注
8	18	100	1 000	
9	25	80	700	
10	30	75	220	开风口
11	30	75	300	
12	31	70	330	
13	32	70	330	
14	33	65	330	
15	28	80	330	
16	25	85	330	关风口
17	26	85	350	
18	20	90	400	
19	18	95	500	
20	18	95	650	
24	17	100	800	

注:地点,河南省焦作市博爱县孝敬乡。时间,1998年4月16日,晴。

正确的湿度排放方法是,大棚温度上升到30℃时再拉开通风口,这时候大棚内植株上的水珠全部蒸发,空气中的二氧化碳基本消耗到大气含量的正常值以下,再加上棚内外有较大的温度差别,这时进行排湿的速度最快,效果也最好。这种操作方法不但能正确排放湿度,还能充分利用二氧化碳。

2)阴雨天的通风及湿度调控　大棚番茄在早春栽培,阴雨天也必须通风。通风的目的并不只是为了排湿,另外一个目的是要把大棚空间的有害气体排出棚外。保护地施用了大量的有机肥,这些肥料在分解过程中会产生很多气体,其中除了二氧化碳气体以外,还有氨气、甲烷、亚硝酸等一大部分有害气体。在晴好天气时,夜间释放的这些有害气体,白天随着通风能顺利排到棚外,在阴雨天气时,由于土壤中的热量会以长波辐射的方式向外散温,同时带出来部分有害气体。这种情况下假如不通风,有害气体就会聚集在大棚内。据测定,有害气体浓度超过50毫升/米^{3}时,番茄叶片就会受到危害。边缘开始失绿变黄,浓度在100毫升/米^{3}时,叶片就会严重受害,边缘出现青枯。达到150毫升/米^{3}时,整个叶片就会干枯。这些现象,很多人又当病害去防治,造成很大的经济浪费和损失。1998年在焦作市的博爱县进行技术员培训时,为了更能说明有害气体在阴天浓度会更高的问题,选择每亩施用10米^{3}鸡粪的大棚,密闭不通风的阴雨天,测试的有害气体检测情况见表7-4、表7-5。

表7-4　大棚阴雨天有害气体浓度变化记录表(贾普选)

时间点	有害气体浓度(毫升/米^3)			平均浓度(毫升/米^3)	备注
	东部	中部	西部		
8	43	42	40	42	
10	52	50	48	50	
12	58	56	54	56	

续表

时间点	有害气体浓度(毫升/米^3)			平均浓度(毫升/米^3)	备注
	东部	中部	西部		
14	60	58	56	58	
16	70	68	66	68	通风20分
18	35	33	31	33	
20	50	48	45	48	

注:时间,1998年3月18日。地点,河南省焦作市博爱县孝敬乡东王贺村。天气,阴,小雨,东风3级。

表7-5 大棚晴天有害气体浓度变化记录表(贾普选)

时间点	有害气体浓度(毫升/米^3)			平均浓度(毫升/米^3)	备注
	东部	中部	西部		
8	60	63	66	63	
10	62	64	66	64	开始通风
12	30	32	34	32	
14	28	30	32	30	
16	24	26	28	26	
18	26	26	28	26	关闭风口
20	29	31	33	31	

注:时间,1998年3月17日。地点,河南省焦作市博爱县孝敬乡东王贺村。天气,晴,西风3级。

从检测的记录分析,晴天的夜间大棚散温快,地面的热辐射多,有害气体浓度也高。阴雨天夜间降温相对要少得多,地面热辐射少,有害气体浓度就低。可是随着外界持续的降温,大棚放风时间缩短,地面辐射加剧,有害气体浓度随之增加。由此看来,阴雨天的通风更为重要。通风20分后就会大幅度排出有害气体。所以阴雨天要求通风,特别是间断性通风半个小时,是比较科学的。

9. **看苗管理** 早春大棚番茄定植以后,经过大温差的锻炼,抗逆能力很强,要想取得比较高的产量,在管理上不能拘泥在适温范围,必须根据番茄的形态指标进行温度调控。番茄正常的形态指标是,叶柄的开展角度与地面水平夹角呈30°~35°,生长量处于高峰值。小于30°时,叶片基本平铺地面,生长速度缓慢。大于45°时基本形成直立,营养生长速度过快,植株抗性开始下降。番茄形态指标的观察时间必须在11时前后,温度在28~30℃的情况下比较准确。具体调控的方法阴天、晴天不一样。

(1)晴天的温度调控 连续晴好的天气,番茄在28℃左右的情况下,叶片呈现直立现象时,说明温度比较高了,白天最高温度不要高于30℃,更主要的是适当降低夜间温度,加长白天的通风时间,下午可以晚一点关闭通风口。叶片与地面夹角小,是植株受寒的表现,要适当提高温度,白天可以是33~35℃的高温。下午及早关闭通风口,把大棚在傍晚的温度基数提高,掌握好时间,一般要求2~3天的调控,就会好转过来。每天都要进行观察,以防从一个极端调控到另一个极端。据观察出现高温反应时,第一天高温,第二天就会发现植株出现不协调的现象。控制时,使用3天降温措施,才能出现好转的迹象。但是,会停止生长1天。为此建议调控时间确定为需要降温的时间为2天,提温时间一般为1天,就恢复常温管理为好。

(2)阴雨天温度调控 阴雨天大棚的管理是有一定技巧的。由于阴雨天一般的气温都比较低,大部分管理是偏重以保温为主。其实阴雨天,番茄不会有多大的生长量,也不能温度太高,温度越高,在光照不足的情况下,植株自身的营养消耗就会越多。一般在白天阴天时,温度维持在15~18℃就行,夜间最低温度不低于8℃。相对要尽量加强通风,没有在阴雨天冻死的番茄,不要只管温度不通风，造成不应有的危害。连续阴雨天气有转晴的迹象时，反而要加强保温措施。天晴以后第一天不能让棚温上升过快，提前拉开通风口，让温度缓慢上升。

(3)水肥调控　大棚早春番茄的水肥管理要谨慎。虽然番茄喜欢大半旱墒情，由于早春的光照和温度非常适宜营养生长，在没有坐果时浇大水施重肥，营养生长就会非常旺盛，生殖生长就会停滞，就会大幅度降低前期产量。再加上植株过于旺盛，栽培密度又大，行间很快郁闭。不但容易感染病原菌，还会导致植株早衰。影响总体产量和经济效益。为此，大棚栽培的水肥调控是高产高效的一项关键技术。

1)看植株浇水　大棚内的温度条件虽然比较高，土壤和叶片的蒸发量都相对较大。但是，由于空间有棚膜的保护，地面覆盖地膜，形成一个小的气候循环系统。水分总的消耗量相对大田要小得多。定植以后，一般要浇足第一次的安家水。第二次浇水时，一定要等到番茄九成以上的植株坐果以后。生长点的3个新叶片，出现层次分明的黄绿、绿和深绿色，说明植株的营养生长已经完成了向生殖生长转化的过程，才能浇第二次水。如果浇水过早，这个过程没有完成，就会出现营养生长的快速发展，生殖生长相对就会滞后，虽然总体产量也比较高，前期产量就会明显下降。目前在实际生产中，不少技术员习惯露天种植的浇水方法，浇完定植时的安家水以后，在很短时间内又浇一次叫“缓苗水”。植株徒长以后，又使用矮壮素等药物进行化控，结果是费力花钱不落好。

2)看果浇水　番茄在早春大棚栽培，浇水就要看果了。盛果期的水分需求量比较大，对膨果也最为重要。是否应该浇水，必须观察番茄果实的发育情况。根据各地高产的浇水经验总结，番茄浇水的诊断指标是，用手去轻握一下正在膨大的幼果，有粘手和果体有松软感觉时，说明该浇水了。不缺水时，用手握幼果的感觉是光滑并有顶手感觉。

☞观察时间。观察时必须是在晴天的中午，温度在 28℃以上，通风口已经拉开的情况下进行，早上或阴雨天植株不出现缺水现象。不能作为观察时间。15～17 时，由于植株的蒸腾作用，正处于水分含量最低状态，观察的指标也不准确。

☞观察位置。在大棚内观察的地点要有代表性，正常要选择 3 个以上的诊断点，一般认为最有代表性的地点是，把大棚分成 4 小段，去除棚边选择等分的 3 个结合点，在结合点的栽培行中间部位，作为观察点最为科学。

3）看天浇水　早春大棚浇水必须选择适当的天气和一天内的时间。早春外界气温不稳定，经常有很大的变化。基本到浇水的时间时，首先注意天气预报，要选择在未来 3 天内是晴好的天气，无大的寒流经过本地区时进行。一天的浇水时间最好选择在 11～15 时。外界环境的最低气温超过 10℃时，一天内浇水的时间可以放宽。如果进入初夏以后，外界环境成为高温阶段以后，每天的浇水时间又要放在傍晚或夜间了。每次浇水的量不要太大，每亩每次一般控制在 20 米^3 左右比较合适。不论在哪一段时间，阴雨天气都不能浇水，以防空间湿度过大，引发侵染性病害的发生。

4）看叶色追肥　大棚早春栽培，要求有足够的土壤肥力，不断再追施化学肥料，促使番茄高产。但是，追肥必须是适量安全的。一次过多，导致土壤浓度过高，不但不会增产，还会影响植株的正常生长。施肥前最好进行土壤养分化验。1994 年贾普选在河南省滑县做过土壤检测，番茄在土壤养分总含量高于1 200 毫克/千克时，不能再追化肥。否则，就有抑制生长的可能。一般速效的氮、磷、钾在 450 毫克/千克总含量时，追肥的利用率最高，效果也最明显。在没有化验设备的情况下，要观察植株的叶色变化情况。这个变化是微弱的，稍不注意就分辨不清。在叶的边缘处变化比较明显。缺乏养分时,叶片边缘绿色变淡,颜色透黄是缺钾症状,氮素缺乏会有浅绿症状。用来作养分指示指标的植株,不要造成叶片上有药害。以便观察准确。

5)看结果量追肥　番茄在观察叶片色泽不清,或把握不准时,可以根据番茄结果量把握追肥量。根据检测时间的产量记录,一般是结两穗果就需要追一次肥料。每次每亩一般使用尿素7.5千克。现在使用的冲施肥,每亩每次使用15千克比较合适。

(4)叶面积的调控　根据番茄高产田的实际调查,叶面积指数在3.5~4时比较合适。多余的叶片,要及时剪掉。一般功能叶的寿命不超过60天,超龄叶在剪叶时要首先去掉。剪叶要选择晴天的下午,在保持通风的状态下进行。上午剪叶时,容易造成伤流严重。阴雨天伤口愈合速度慢,并容易感染灰霉病,不能剪叶。

10.其他管理　参照本书"六、春季中小拱棚生产"进行。

(三)秋延后生产

我国长江中下游及华北地区,秋末气温下降快,该地区秋延后栽培番茄时,适于生长的时间较短,番茄产量较低,冬前(霜前)不能完全收获,必须加覆盖保护生长,所以利用塑料大棚进行延后栽培,可显著延长番茄的供应期,如果结合简易储藏,可供应到元旦和春节,栽培效益较高。

在栽培技术上有些与春季和夏季栽培技术有相同的地方,这里只介绍不相同的关键技术。

1.品种选择　宜选择前期耐高温,中后期耐低温,抗病性强(主要是抗病毒病)、丰产性好及耐储运的中早熟品种。可供选用的番茄品种有:粉果棚冠F_1、粉果将军、浙粉系列、沈粉系列、中杂系列的品种。

2. 适期播种 秋季大棚秋延后番茄播种期要求十分准确，播种期提早，露地番茄生产没有结束，卖不上好价钱。播种时间过于向后推迟，由于长江以北的大棚主要生产区，到 11 月 20 日左右必遇席卷大江南北特大寒潮，这些地区在大棚栽培的果菜类作物，都会受到不同的寒害。根据多年来的栽培经验来看，一般要求在 7 月 20 号前后比较合适。番茄的生长与果实成熟，不是按日历时间计算的，是根据有效的积温和光照的积累数量决定。由于 7 月的一天有效积累比低温期的一天，要多得多。有人做过统计，以 7 月 20 日为轴心日，提早一天播种可以提前 6 天采收。

3. 育苗技术

(1)种子处理 番茄在秋季大棚延迟栽培，是病害多发季节，为了防止种子带菌必须进行种子处理。除了按育苗要求进行晒种外，药物消毒更为重要。主要防治病毒病，一般用磷酸三钠 10 倍液，把种子浸泡 30 分，捞出后清洗干净。为了提早出苗，可以进行简单催芽处理，就是把消毒好的种子，用清水浸泡 6 小时后，在保湿条件下放置在常温的屋内就行，经 3 天左右种子透尖时就可以进行播种。

(2)播种 番茄秋季栽培播种的技术相对比较简单，事先在育苗床上浇透水，或在育苗盘打好的播种孔内放上种子，播种后盖上湿润的细土，盖土厚度为 1 厘米。

盖土时不能人多，最好单人操作，以确保盖土厚薄均匀一致，出苗整齐。

(3)管理要点 秋季番茄苗期正值高温多雨季节。育苗必须采用遮阳降温、防雨措施和严格的护根措施。

1)遮阳棚的使用 遮阳棚的建造参照育苗一节介绍。番茄秋季育苗使用遮阳棚，和其他品种育苗的管理方法不能一样，番茄遮阳育苗的目的是避开强光和降低温度。遮阳网的遮阳率要求在45%～50%，太密遮阳率高，致使光线弱番茄苗子会很弱，太稀遮阳率低又起不到需要的遮阳效果。另外遮阳网使用，要在10时强光时遮上，17时后揭掉。阴天不盖遮阳网。目前育苗普遍存在一个问题，就是一盖到底，育苗床建造时就盖上，一直到育苗结束才去掉。这样操作很难培育壮苗。经研究认为，遮阳网在夜间阻挡了地面的长波辐射，影响了地面的散温。必须采取措施，进行定时揭盖管理，阴天不盖遮阳网，以确保秋季的壮苗培育成功。

2）护根育苗　番茄秋季栽培护根育苗很重要。由于栽培前期正值高温多雨季节，移栽一旦伤根，土壤中的病原菌和病毒就会趁着伤口进入根部进行繁殖，造成根部及早发病。生产实践认为，秋季栽培用规格为10厘米×10厘米塑料营养钵效果最好。

3）及时补充水分　番茄秋季高温育苗，除了外界环境高温营养土的蒸发量加大以外，叶片在高温情况下，蒸腾作用也在加强，最容易出现缺水现象，导致番茄植株新陈代谢停滞，病毒毒素就会大量积累，容易诱发病毒病。番茄秋季育苗的成败关键就在于水分的补充，决不能为了控制旺长采取控水的错误办法。经过对比试验，番茄采取控水育苗，定植后不发棵，根系伸长很慢，形成老化植株，基本没有产量。究其原因是，番茄根系在高温缺水的条件下，木栓化速度最快。一旦形成木栓化的根系，自身就无法继续发展，影响番茄植株的生长和产量的形成。育苗要求一天内的早晨与傍晚2次补水，每次补水量为600克/米^2。幼苗达到3～4片叶时就要及时移栽。

4.整地施肥　番茄根系虽然比较发达，由于秋季的地温高，营养吸收能力会受到限制，必须多施有机肥来增加土壤的透气性和营养缓冲能力，并增加矿物质营养元素，满足番茄高产的需求。施肥种类和数量参照本书“七（二）6”进行。

5. **定植**

(1)适期定植　大棚秋延后栽培番茄,强调适时定植。按番茄生理苗龄要求,定植苗达到4片叶就是定植适期。

(2)定植方法

1)浅定植　番茄秋季定植一定要浅,菜农总结为露坨定植。由于秋季定植后,外界高温多湿,定植时把下胚轴埋在土里以后(菜农叫埋脖栽),在高温高湿的情况下,容易发生茎基腐病害,造成大量死苗。菜农总结说:秋季番茄栽得深,就是不死也发昏。看来这一点是已经被菜农所认识。

2)选择晴天下午或阴天移栽　番茄在早春一般都知道选择晴天定植。到了秋季,往往认为选择阴天比晴天下午定植好。经过对比试验,阴天定植的效果远不如晴天下午。阴天定植后,当时看来不缓苗,阴天过后,缓苗时间更长,失水现象更严重。晴天下午移栽的番茄,第二天,缓苗基本完成。第三天就会开始生长。另外,阴天或雨天移栽的苗子,表现病害来得早,植株的抗病能力明显较弱。原因说法不一,暂时没有定论。

3)浇足定植水　番茄定植结束以后,就要及时浇定植水。定植水要浇足浇透。

4)及时浇缓苗水　压根水浇过3~4天后,再浇1次缓苗水。二次进行浇水的作用一是秋季气温高,土壤蒸发量大;二是可以有效的降低地温,增加土壤水分,有利于加快缓苗。一般沙质土要早浇。黏土地可以晚浇一两天。为此缓苗水浇水时间以安排在早晨或傍晚最好。浇水量不要太大,掌握浇后10分左右,畦面的水渗完为好。一般浇水量达到每亩30米^{3}就会达到应有的效果。

5)不盖膜　秋延后栽培不盖地膜,如图7-3所示。

6. **及时覆盖棚膜**　大棚秋延后番茄要根据气候变化情况,及时覆盖棚膜。一般在外界最低气温下降到8℃时,就要准备盖

图 7－3　秋延后定植的番茄

棚膜。

(1)盖膜前的准备

1)大棚骨架的修复　首先检查大棚骨架的情况。竹木结构的检查竹竿有没有断裂,竹竿的炸口有没有毛刺,都要认真修复。钢骨架的检查防锈漆有无脱落,焊口有无开裂等,要逐根查验。发现问题就要及时修复。还要检查立柱是否牢固,有无严重腐蚀现象,一旦发现隐患就要立即修复或更换。

2)棚膜的准备　番茄对光照比较敏感,要选择透光率高的塑料薄膜。为达到安全越冬、度夏,塑料薄膜不能太薄。一般要求厚度在 0.8 毫米以上。还要根据大棚的宽度,放风口的位置,把每一幅塑料薄膜按照大棚需要的长度截好。购置合适的幅宽。宽度不够的可以用电熨斗焊接。为了防止放风口的薄膜磨损断裂,还要在结合处卷一下,焊一个能穿绳子的鼻子。宽度大约3 厘米。在鼻子里穿一根筷子粗细的绳子。

3)压膜线的准备　盖膜前必须准备足够的压膜线。大棚的棚膜是靠压膜线固定在骨架上的，压膜线必须结实牢固。在冬季的大风有巨大的破坏力，据测定，风力达到 8 级时，1 米^2 的荷重达到 40 千克以上。特别是跨度在 10 米以上的大棚，每根压膜线的承受力不少于 300 千克。为此压膜线不能有老化、生锈等缺陷。

4）棚架消毒　大棚骨架的消毒也很重要，特别是使用年限比较长的竹木骨架，在接头处都用草绳或布条包裹着，里面藏有大量的霉菌。不进行消毒盖上薄膜以后湿度加大，病原菌就会大量繁殖，番茄很快就会感染病害。骨架消毒一般用高锰酸钾或硫酸铜 1 500 倍液，用喷雾器喷洒。采用高压喷雾器效果更理想。

5）检查地锚　这是很重要的环节，秋冬的风力比较大，会有短时的 8 级以上的大风。因为大棚的薄膜是靠压膜线固定，压膜线两头就拴在地锚上。要逐个检查地锚的铁丝是否有生锈和断裂的隐患。最好每个地锚都用杠子撬一下，看是否有地下隐患。大风刮坏薄膜的很多案例，据统计 95% 都是由于地锚断裂出现的问题。

6）清理大棚两侧地面　这个工作也很重要。因为大棚薄膜必须在两侧展开。如果两侧地面有铁丝头、木棒、硬坷垃或者作物的根茬等要清扫一下，硬坷垃要打碎或拣出去。地面有杂物时，薄膜展开以后可能会有人为踩烂薄膜，或者在拉动薄膜时挂烂薄膜的现象。

（2）*覆盖棚膜*　我国北方地区在秋冬的交替时节，是多风天气为主，给大棚覆膜带来很多不便。在准备工作做完以后，就要抢抓时机覆盖。有句气象谚语叫“狂风怕日落”，一般在傍晚前覆盖比较安全。在无风的情况下跨度 10 米以上的大棚需要最少 12 个人来操作速度比较快。以 12 米大棚为例，要留三道通风口，需要 4 幅薄膜，合理的操作程序如下：

1）第一步确定薄膜的正反面　现在的无滴耐老化膜都有正反面，一面涂有无滴剂，另一面涂有紫外线吸收剂。一定把涂有无滴剂的一面放在大棚的里面，有紫外线吸收剂的一面向外。假如放反了，它的无滴和防老化性能就会大幅度降低。

2）第二步展开边膜　把人分成两组，先把大棚两边的边膜展开，两头拉紧，薄膜中间上沿稍向上提 30 厘米，以便最后容易向下拉展。

3）第三步展开顶膜　大棚顶部两幅薄膜可以同时展开，在秋冬季的西风比较大，也比较多，若是南北方向的大棚，应该西边压住东边的一幅。东西方向的大棚要用北边一幅压住南边的一幅薄膜较为合理。在大风到来时，不容易从缝隙中进入冷风。要把薄膜用力拉紧，一般50 米长的大棚，薄膜会拉长 1.5 米，但也不能拉得太长。拉长以后宽度就会变窄，放风口压得就不够宽度了。

4）放压膜线　以上工作必须抓紧时间整理结束。全部拉紧展开后，不要管是否各处的薄膜最到位，在最短的时间内放上压膜线，以免在展开薄膜后再起大风。放压膜线时，先从中间压一道，然后在大棚的两头的 1/3 处再压一道。第一遍每隔 5 个拱架压一道。第二遍再在压好的空当中间补一道。开始的第一遍压膜线，不能压得太紧，第二遍比第一遍要略紧一点。两遍压完以后，要把薄膜不展的地方慢慢拉开。薄膜全部拉展以后，就可以把最后一道压膜线放上拉紧了。

5）压好四周薄膜　压膜线上完以后，要求松紧度一致。这时就开始把大棚四周和地面接触的薄膜边压结实，最好是开沟后埋上，以免在下雨后把压膜的土冲走。大棚边柱高度超过 1 米的情况下，必须在中间进行加固。

6）注意事项

☞大风应急处理。覆盖棚膜时临时起风的情况经常发生，一旦薄膜展开以后刮起大风，要保护薄膜不被刮坏，可以把展开的薄膜一幅中间捆上几道，固定在骨架上，等风停时再重新开始。

☞压膜线不能从一端开始。薄膜展开以后，压膜线必须按上述操作规程实施。有不少大棚覆盖薄膜以后，压膜线从一端压起，到最后的1/3以后薄膜紧的压不下去。造成薄膜的两头松紧不一样，后压线的一头薄膜受力过大，一旦遇到外界的强大冲击力，薄膜就会破烂。

7. **扣棚后的管理** 大棚秋延后栽培，薄膜覆盖以后的初期管理很重要。番茄必须进行一段时间锻炼，才能进入常规的大棚管理。以后就要调控好空间的温度和湿度。

(1) *覆盖薄膜后的过渡期管理* 薄膜覆盖以后，大棚温度不能一下升到30℃以上，番茄会因为加快呼吸作用，降低抗病能力，甚至会促进植株老化。必须要有几天缓慢升温的过渡时间。根据栽培经验，覆盖的第一天，不但要加大通风口昼夜通风，还要放底风一段时间，每天棚温逐步上升3℃左右比较合适，逐步提高管理温度。正常情况下需要有5～7天的过渡时间后，才能进入正常的棚室管理了。

(2) *大棚密闭后的温度管理* 经过几天时间的过渡以后，白天温度保持在28～30℃，晚上12℃左右，比较适宜。阴雨天气光线不足，温度也不会太高，一般维持在18～20℃就行。在这种温度指标下，观察番茄的生长势，如果坐果比较多，生长速度比较慢，可以提高2～3℃的管理温度。要是坐果较少，植株生长比较旺盛，叶片有直立现象时，就要降低夜间的温度，要根据番茄生长情况对温度进行调控。

(3) *通风管理* 大棚通风的调节作用有三个：一是利用通风来降低大棚空间的温度。番茄适宜生长的温度白天26～30℃，夜间16～20℃，一般在棚温上升到28℃时开始通风，通风口要由小到大逐步加大，晴好的天气温度比较高时，要在大棚的两坡面都拉开通风口，让空气对流，提高降温的效果。在操作时一般是先拉开顶缝通风口，温度再升高时，再拉开坡面的通风口。在晴天刮大风时棚温也会升高，通风口不能在迎风面开放，要在背风的一面开放通风口，以免大风直接吹进大棚里面，造成不应有的损失。第二个作用是排湿。在温度不太高湿度又比较大时，就要排湿，大棚中间顶缝的排湿效果最好。经过测试，顶缝扒开不超过20 厘米的缝隙，在秋季基本没有降温作用。但是排湿的效果比较好。根据这种情况，一般掌握降温拉开坡面缝，排湿以使用顶缝为主。第三个作用是排放有害气体。上一节已经讲过，有害气体的浓度超标以后，番茄叶面就会受害。有害气体由于阴雨天气地温高，土壤向空间进行长波辐射散温，把土壤里的有害气体大量带进空间。所以越是阴雨天气，越需要通风排气。时间不要太长，一般一天通风 30 分就可以。阴雨天主要是拉开顶缝通风。

(4)肥水管理　大棚薄膜覆盖以后，由于不能大量向外散发湿度，番茄浇水的次数明显减少。一般有 7～10 天才浇水 1 次。为了减少空间湿度，一次的浇水量要减少 30% 左右。化肥的使用更要小心，不要因为浇水次数少了，一次就要多追一些。由于薄膜覆盖以后，化肥在转化过程中，会产生大量的氨气散发不出去，积累在空气中。掌握好不要一次大量地追肥，否则，会造成肥害。

(5)植株调整　番茄在薄膜覆盖以后，植株生长速度较快。要及时打掉下部的老叶和病叶。一是减少老叶的遮光，二是可以减少老叶上存留的病菌染病，也方便喷药。

1)选择晴天打老叶　在打掉老叶时，为了减少番茄植株的伤流，尽快愈合伤口，必须在晴天的下午，植株本身营养回流时段进行。上午操作效果不太好，更不能在阴雨天进行。

2)去叶留柄　番茄在打掉老叶时，在植株叶片过于茂密时，把茂密的叶片可以从叶柄的中间把叶片剪掉一半，把一半留在植株上，可以减少造成行间郁闭。

3）支架或吊秧　秋延后番茄生长前期温度高，湿度大，植株生长旺，茎较细软，坐果后会发生植株倒伏现象，所以要及时支架或吊秧，如图7－4所示。

图7－4　番茄吊秧

（6）保花保果　温度超过35℃时，使用2，4－D等激素处理花蕾，以保证坐果。

（7）适时采收　当外界气温较低时，为防止果实受冻和影响储运，一定要适时采收。单层大棚华北地区11月上旬应全部采收完毕，否则会受冻；长江中下游地区可采收到11月下旬。如果大棚内套小拱棚，并在晚上覆盖草苫保温，可进行活体保鲜，待价出售。

（8）虫病草害安全防治　参照本书“十三、番茄虫病草害安全防治技术”的有关内容进行。

（9）秋延后大棚番茄叶片翻卷的原因与防治技术

1）病症　每年8～9月，保护地内栽培的番茄容易出现叶片翻卷的情况，一般是从下部叶片向上部叶片发展，严重时导致整个植株的叶片出现翻卷，甚至叶片干枯，影响番茄的正常生长和产量的形成。一般生长势越强的植株越容易表现出此类症状。

2）病症诊断　卷叶分生理性卷叶（由气温过高、光照过强、植株叶片出现早衰造成）和病毒性卷叶2种。叶片不同程度地翻卷，从而影响光合效率，使植株代谢失调，坐果率降低，果实畸形，产量锐减。

3）发病原因

摘心和整枝过早。整枝、摘心过早、过重，严重影响根系的生长，导致卷叶。另外，摘心过早容易使腋芽滋生，叶片中的磷酸无处输送，导致叶片老化，发生大量卷缩。摘除侧枝一般要当其长到7厘米以上时进行，如果打杈过早，叶片同化面积减小，植株地上部生长不良，同时影响根系的发育，植株吸水、吸肥能力减弱，进而诱发卷叶。

高温、干旱。进入结果盛期后，遇到高温、干旱天气而不能及时补水，此时叶片面积大，高温和强光使叶片蒸腾作用加强，使植株体内的水分缺乏，导致卷叶。另外，土壤过湿时，会使叶片主脉凸起，使叶片卷曲。植株下部叶片易发生卷缩。在秋延后保护地栽培中，生长中后期易出现这种情况，尤其在通风口处卷缩往往较重。

施肥不当。当土壤中缺乏番茄生长必需的元素时，可使叶片变紫、变黄或卷曲。当土壤中缺乏某些微量元素，如镁、铜、硼、锌、铝时，也会造成卷叶。氮肥施用过多，会引起小叶的翻转、卷曲；严重缺磷、钾以及缺乏钙、硼等微量元素，都会引起叶片僵硬、叶缘卷曲，或者叶片细小、畸形。

病毒病侵染。番茄容易发生病毒病，引起叶片退绿、变小，叶面皱缩。叶片卷缩，多表现在心叶及上部叶片上，在高温、强光照下易发生。

☛激素药害。生长激素使用过多，植株大量积累后，花期使用2,4－D或防落素蘸花时，浓度过大或洒在叶片上，幼嫩叶片就会出现萎缩卷曲。

☛品种。番茄品种间差异较大，一般垂直叶形品种易卷叶，抗病品种不易卷叶。

4）防治方法

☛科学管理。加强肥水管理，增施腐熟的优质农家肥，注意合理施化肥，各种肥料的比例搭配要适当。防止氮肥过量，提供植株生长所需的均衡营养。避免过度干旱，但干旱后不要浇大水，尤其注意在高温的中午不能给番茄浇水，否则会导致地温突然降低，根系不能适应突然的变化，吸水受抑制，引起生理干旱反而加重卷叶。高温时采用遮阳及向植株喷洒清水的方法降温。根据番茄的长势及发育规律，调控温、湿度，尤其在生长中后期要经常保持土壤湿润，棚室内不可过于干燥。使用2,4－D或防落素进行保花保果时浓度不要过大，注意不要将药液洒在叶片上。摘心和侧枝整形要根据植株长势确定，保持合理的叶面积，既要控制旺长，又要防止早衰。

☛选用抗病毒病的品种。及时对蚜虫进行防治，切断传毒途径。发生病毒病时，及时施用植病灵、菌毒清、菌克毒克等防治。

☛喷洒叶面肥。可叶面喷洒甲壳素、丰收素、激抗菌、瑞培乐等，提高番茄的抗性，可明显减少此类情况的发生。

☛养根。整枝不宜过早，一般在叶芽长到3.3厘米时进行。摘心时最上层果的上部应留2～3片叶。同时注意整枝、摘心要在10～16时温度较高、阳光充足时进行，以利伤口的愈合。有条件者可选用杜邦泉程、杀毒矾、雷多米尔、甲基托布津、恶霉灵等药剂（用量按说明书），加入纳米磁能液进行灌根，每棵灌

150～250 毫升药液，进行养根。

8. **储藏增值技巧**

(1)活体储藏保鲜　当温度不适宜番茄生长时，不采收，仍使番茄在植株上挂着不受冻害，称为“活体储藏保鲜”。这种储藏方法不用增添新的设备和场所，只要最低温度不低于5℃，番茄既不变色，又不会遭受冻害。根据市场需要，待价格较高时采收上市。

但注意温度不能太低，如棚内气温长期(20 天)低于5℃，番茄会因受寒害而腐烂。在管理上，每天清晨、下午及夜晚用不透明的覆盖物进行覆盖，上午将不透明覆盖物揭开。华北地区可储藏到元旦上市。

(2)采收储藏与保鲜

1)采收　这是储藏番茄极为重要的一环，在采收前1～2天灌1次水，使番茄充分吸水充实，不致经过储藏而失水。采收宜在清晨温度低时进行。选择无病虫害，色泽新鲜，大小整齐一致，成熟度(绿熟期)适中的番茄，采摘过早会影响产量，过晚又会影响储藏的寿命和质量。作为长期储藏的番茄最好自己采摘，用剪刀剪下，用烙铁将果柄伤口烫焦或涂上凡士林油。采摘和储藏时都应轻拿轻放，避免机械损伤，为防止运输途中的机械伤，用筐装番茄，并在筐内衬垫柔软的包装纸，并注意保温。

2)储藏方法

☛塑料袋储藏。选用塑料食品袋，将刚摘下的的番茄装入塑料袋中，每袋1～1.5 千克，松扎袋口，放在5～8℃环境条件下储藏。

☛气调储藏。利用气调法储藏可以较好地保持番茄的品质。利用这种方法储藏，需要创造一个密闭环境，有塑料袋和硅窗塑料袋，储量大的还可用塑料薄膜焊接成密封帐子。这种储藏方法是利用番茄自身呼吸作用自然降氧的原理进行储藏。装袋不宜装得太满，在袋口部位留有一定空间，轻扎袋口或在袋口放置一段可以连通袋内外的塑料管，以便自行排湿换气。同时在袋内放入适量的仲丁胺熏蒸剂，以便防病，一般可储 30 天左右。利用密封帐子的均是先装篓，然后用帐子将篓罩住，放到气温适宜的环境储藏。

用帐子储藏需采用抽气法快速降氧，密闭帐子前，按储藏番茄重量的 1/20 或者 1/40 放入用高锰酸钾饱和溶液浸透的碎砖块作载体来氧化储藏期间释放出的乙烯，一般 10 千克番茄放载体 0.5 千克，防止番茄表皮变红变软。储前可将番茄喷洒 70% 甲基托布津可湿性粉剂 500 倍液避免番茄腐烂。

☛水缸储藏。番茄储藏用新缸最好，避免用有油腥或腌咸菜和其他气味的缸。用旧缸时，在储藏的前几天用开水和碱面刷洗干净，缸内盛净水 10 ~ 20 厘米深，距水面 5 厘米处放一木料做的“井”字形架，架上再放用苇子、竹片儿或细竹竿编成的圆形箅子，在箅子上码放番茄。番茄入缸后立即用牛皮纸或塑料薄膜封严。天气转冷后要采取保温措施，避免低于 8℃。缸藏法使番茄处于半封闭状态，易于保持较高的温度、湿度，另外，缸内氧气含量下降，二氧化碳含量上升，改变了储藏环境的空气成分，收到气调储藏的效果。一般可储藏 30 ~ 40 天。

☛土窖储藏。塑料大棚秋延后番茄，宜采用此法进行较大数量的储藏。初霜前后，在背阴处沿东西向挖沟，沟宽 1.7 ~ 2 米，深 1.3 米，长度可根据番茄数量的多少而定。挖出的土筑高 1 米、厚 0.7 ~ 1 米的土墙，在南、北、西三面墙上设 40 厘米 ×40 厘米的通气孔，东墙设门。沟顶可放木杆，搭盖 20 ~ 30 厘米厚的玉米秸，上盖 20 厘米厚的土；沟顶留出通气的天窗。在窖内沿窖壁用砖和竹竿搭成架子，可间隔成 3 ~ 4 层。早晨摘番茄入窖，码放在架子上，每层番茄的厚度不超过 20 厘米，以免压伤。入窖初期，白天将天窗、通气孔及门都堵严，日落后打开天窗、通气孔和门，通风降温。随天气转凉，可减少通风时间或通风量，白天适当通风,夜间关闭并加强保温。为避免番茄萎蔫,可于番茄上覆盖湿蒲席或湿麻袋保湿。储藏期间,每隔 10 ~ 15 天检查翻动 1 次,将变红、变软、生病和腐烂的番茄拣出。

☛水窖储藏。该法适于地下水位较高的地区使用。窖的规格一般是宽 3 米、长 5 ~6 米、深 2 米(地面下挖 1 米,地面上筑 1 米),窖顶覆土厚 0.5 米以上。储量为 500 ~1 000 千克,窖顶设通风口两个,每个通风口的大小为长 5 厘米、宽 3 厘米,出入口设在顶部或窖壁北侧。窖底贴四周墙壁挖水沟,水沟与地下水相通,沟深 20 厘米,宽 1 米,中间留人行道,水沟上设木架,架分三层,架略窄于水沟,可直接将番茄纵横码于架上。也可将番茄装筐或装袋置于架上。这种水窖储藏湿度大,温度稳定,储藏 20 ~ 30 天,好果率 80% ~90% 。

另外,地下水位较低的地区,可在水井附近挖窖,结构同上,不同之处是,需每天早、晚顺沟向窖内灌水。

☛其他储藏方法。参照本书“五(七)10”的有关内容进行。

八、日光温室生产

在生产上，常依据番茄开花结果期所处的季节不同，将日光温室番茄栽培分为越冬一大茬、冬春茬和秋冬茬3种类型。

（一）越冬一大茬生产

番茄日光温室越冬一大茬生产，是茄果类蔬菜管理技术简单，最省劳动力，经济效益相对比较稳定的栽培方式。市场的需求量很大，我国淮河以北广大地区，目前有较大的栽培面积。有不少已经初具规模的生产基地。

1. 对设施的要求 越冬一大茬生产，处于严寒季节，要求日光温室具备良好的采光和保温性能。目前,各地适应越冬栽培的日光温室结构很多,像东北的矮后墙长后坡温室,山东的半地下式大跨度温室,河北永年式温室,河南农业大学推广的黄淮改良式温室,西北地区的高后墙温室等。不论采用哪种模式的温室结构,都要结合当地的实际情况和种植品种的要求。如半地下式温室冬季的保温性能虽然很好,在地下水位比较浅的地区,就无法实施。矮后墙、长后坡的温室保温性能也不错,在人多地少的地区,无法弄到大量的玉米秸秆来搭建。一般要求日光温室建造的原则是,保温性能好,采光合理,坚固耐用,能就地取材,投资低廉。

2. **品种选择** 该茬番茄宜选用耐低温、耐弱光、抗病性强、中熟丰产的大果形品种。如进口品种百利、189 番茄、国内外合作育成品种粉果棚冠 F_1、西方佳丽等。

3. **播期确定** 日光温室越冬茬番茄播种时间必须安排合理。播期过早,植株在越冬前生长量过大,虽然前期产量较高,但是,在低温期植株越大,它的耐寒能力相对就越弱,植株容易早衰,到翌年的产量很低,总体效益不会很高。播种期过晚,植株在越冬前很小,虽然翌年产量很容易达到高峰,但是在春节期间,市场需求量最大,价格最好的时期没有产量,会对效益有较大的影响。如何掌握适宜的播种期,是日光温室越冬栽培成败的关键。根据多年来的栽培经验,一般能在春节前开始上市的效果最好。这一段育苗时间需要 40 天,定植后需要 60 ~ 70 天果实才能转色。这样计算郑州地区安排播种时间在 8 月 25 日前后比较合适。其他地区可以参照表 8 - 1 进行。

表 8－1　不同地区大棚越冬茬番茄播种定植收获时间表

地区	育苗形式	播种期(日/月)	定植期(旬/月)	收获期
哈尔滨	露地防雨棚	1/8	上/9	8 个月
长春	露地防雨棚	5/8	上/9	8 个月
沈阳	露地防雨棚	5/8	中/9	8 个月
乌鲁木齐	露地防雨棚	10/8	中/9	8 个月
西宁	露地防雨棚	10/8	中/9	8 个月
兰州	露地防雨棚	15/8	中/9	8 个月
银川	露地防雨棚	15/8	中/9	8 个月
呼和浩特	露地防雨棚	20/8	下/9	8 个月
太原	露地防雨棚	25/8	下/9	8 个月
北京	露地防雨棚	30/8	下/9	6 个月
天津	露地防雨棚	30/8	下/9	6 个月
石家庄	露地防雨棚	30/8	下/9	6 个月
西安	露地防雨棚	30/8	下/9	6 个月
郑州	露地防雨棚	25/8	上/10	6 个月
济南	露地防雨棚	20/8	上/10	6 个月

4. 育苗技术　参照本书“七(三)”的有关技术进行。

5. 施肥整地

(1)*施肥原则*　施肥原则是以有机肥为主,化肥为辅,配方施肥,分层施肥。以地分级以级定产,以产定氮,以氮定磷、钾,以磷、钾肥定微肥。日本资料报道:温室番茄每形成 10 000 千克产量需要从土壤中吸收纯氮 25 千克,五氧化二磷 6 千克,氧化钾 48 千克。

(2)*各地经验施肥方法*　实践认为日光温室越冬一大茬番茄底肥的施用量以每亩施氮 20 千克,五氧化二磷 50 千克、钙镁磷肥各 50 千克,硫酸钾 50 千克、硼酸 1 千克、硫酸锌 1 千克,现阶段北京地区施肥标准为施腐熟鸡粪15 $米^3$/亩、山东省寿光市20 $米^3$/亩左右，并辅以一定数量的化肥。若无鸡粪，可用棉子饼500千克、草粪10 $米^3$ 代替，基本可满足亩产10 000千克番茄对底肥的需求。结合整地全田全耕层均匀施入。实践证明，越冬一大茬番茄，每底施1千克纯鸡粪，就可收获1千克商品番茄。

(3)整地原则　畦面平坦，上虚下实，无明暗土坷垃。深度为35厘米左右。

6. 闷室消毒　在准备工作做完以后，可高温闷室处理，将温室闭严，使其自然升温。晴天的中午，室温可升至60℃，能消灭部分病菌，闷室可结合熏烟消毒进行。一座占地0.5亩的日光温室用硫黄粉750克、75%百菌清200克、80%敌敌畏350克、七成干锯末1千克，混拌制成烟雾剂，每3间温室放一堆，从里到外点燃后，人员迅速离开，48小时后打开底脚、天窗和门进行通风。这样可杀灭潜伏在温室内的大部分病菌和虫体。

7. 定植前的苗床管理　定植前1天先喷药1次，药液为75%百菌清可湿性粉剂600倍液和20%灭扫利乳油2 000倍液的混合液，进行防病灭虫，然后浇水，做到带土、带水、带肥、带药定植。

8. 适时定植，合理密植

(1)壮苗标准　苗龄40～50天，株高20厘米，茎粗0.7厘米，视品种不同有7～12片无病、无破损叶片；80%植株开始现蕾；株形呈长方形；第五节以后节间开始伸长，茎上下粗细一致；叶片肥厚呈手掌形，小叶片较大，叶柄短粗，下部叶茎呈紫绿色。

(2)适时定植　一是时间适时，在9月下旬，这时地温、气温高，定植后缓苗快。二是苗龄适时，凡在8月上旬育苗，管理无误的苗床，到9月下旬均可达到80%苗子现蕾的标准。

(3)合理密植　普通番茄定植密度为每亩2 500株左右。采取宽窄行瓦垄畦定植法，行株距配比为宽行80厘米，窄行50厘米，株距40厘米。彩色番茄定植密度同普通番茄。樱桃番茄定植密度为早熟品种株距 30 厘米,宽行 60 厘米;中晚熟品种株距 35 厘米,宽行 80 厘米,窄行 40 厘米。移栽后立即浇水,并覆盖地膜。

9. **定植后的管理** 在越冬日光温室栽培番茄,经过几天时间的高温密闭番茄缓苗以后,就要进行正常管理。

(1)温度管理 定植后,尽量保持较高的温度,以利缓苗。不超过 30℃不放风。缓苗后白天控制在 20 ~ 25℃,夜间 15℃。进入结果期,白天 25 ~ 30℃,尽量延长 26℃时间,夜间 13 ~ 22℃,尽量延长 18℃的时间,以促使果实快长,减少呼吸消耗,增强光合作用与同化功能。

在 12 月至翌年 1 月,外界温度极低的情况下,应采取一切措施,如加厚保温覆盖物;适当早盖、晚揭草苫;改善光照条件,提高室内温度;室内加设二道幕;临时增设火炉等,来尽量提高温室内的温度。保证室内夜间最低温度不低于 8℃。

进入初春,随着外界气温的升高,逐渐加大通风量。夜间防冻,日间防高温灼伤。

(2)光照与气体管理 番茄对光照强度和光周期都非常敏感。光照强度不足时,光合作用的同化物质不能满足自身的消耗,只长秧子不结果。该茬番茄定植后正处于一年中光照最弱,光照时间最短的季节, 光照时间短时,由于营养不良,减产严重。因此,日光温室的光照管理非常重要,改善光照条件是关键的管理技术措施。

1) 日光温室内墙涂白 用石灰水把温室内北、东、西三侧墙面涂白,把照到墙上的无效光线反射到附近的番茄植株上。

2)张挂反光薄膜 在温室的后立柱上和东、西墙上,张挂镀铝反光薄膜,把部分无效光线反射到植株上。

3)张挂双层薄膜透光保温幕 在温室薄膜下张挂双层透光塑料薄膜,或再设小拱棚。这些措施有利于提高番茄植株的温度环境，能在植株不受冻、冷害的前提下，早揭或晚盖草苫，从而延长了光照时间。

4）及时清扫塑料薄膜　日光温室主要靠透过的太阳光来提高温度。塑料薄膜的透光能力关系到温度的高低，一般新塑料薄膜透光能力只有90%左右。冬季的光强度本来就不高，再加上大风天气多，扬沙天气经常出现，目前绝大部分覆盖的又是草苫子，加上草苫经常脱毛，塑料薄膜的表面污染十分严重。经测试，本来透光率有90%的塑料薄膜，污染后透光率只有58%左右，很难满足番茄对光照的要求，必须定期进行清扫。方法是用一个拖把绑上一个长把，每天在揭开草苫子以后，进行一次清扫。也可以用高压水枪，刷洗一遍。经过清扫或刷洗的塑料薄膜，可增加日光温室内的进光量，减少反射损失。

5）利用无滴塑料薄膜　避免薄膜凝结水滴反射光线，可增加日光温室内的透光率7%～10%。

6）适时揭、盖草苫等不透光覆盖物　进入冬天以后，本来日照的时间就比较短，再加上天冷，很多人为了保温，在早上迟迟不拉草苫，下午很早就把草苫放下来。这种管理方法，会造成番茄出现严重的徒长现象。在太阳升起以后，第一项工作就是先把草苫拉起来。虽然刚拉起来的时候温室温度会有所下降，但是那是短暂的现象，在草苫拉起15分左右就会回升。经过测试，在晴好的天气时，早上太阳出来就拉开草苫的，比晚1个小时拉草苫的温室，14时空间温度要高4℃。下午草苫子要尽量晚盖，一般在能保证第二天早晨的最低温度基数时，覆盖草苫为最合适时间。

适时揭、盖草苫等不透光覆盖物，可有效地延长光照时间。11月上旬加盖草苫后，在勉强能达到番茄生育下限温度范围内，草苫尽量早揭晚盖，最大限度地延长光照时间和提高光照强度；多放风促进室内气体循环，降低室内湿度和尽可能多地补充室内二氧化碳含量,以提高光合强度,增加有机物质积累。当下部每穗果果实长足时,剪去坐果部位的下部叶片,以利下部通风透光,促进果实着色均匀,可减轻或避免病害发生。

7)阴雨天气也要拉开草苫子　遇到阴雨天气,很多人不揭草苫,主观原因是天冷怕散温。据测试,阴天的光照度也在 2 万勒左右,在番茄的光补偿点之上。假若连续阴雨天气,总是不揭草苫,造成光饥饿现象,天气转晴以后,就会出现大量植株死亡。必须强调阴雨天气坚持拉开草苫的要求。

8)久阴猛晴要回苫　我国华北平原以北,在冬春季节的连续阴雨天气时间长,有时会多到 20 天左右,番茄的根系在保温条件好的时候虽然没受冻害或寒害,但是功能基本处于停滞状态,活性很低,天气猛晴以后,棚温急剧升高,植株叶片在高温条件下,蒸腾能力加强,这时的地温没有升起来,根系活性很低。不能吸收和提供上部需要的营养和水分,植株上部就会出现失水现象。遇到天气猛晴的情况以后,早上揭开草苫子,在温室的空气温度上升到 20℃时,植株叶片就会开始萎蔫,这时就要把草苫子放下来,遮住太阳光。过一个多小时后,再把草苫子拉开,叶片再度萎蔫时,再回放草苫子。如此反复进行多次,直至植株在强光下不出现萎蔫后停止回苫。在揭开草苫子叶片萎蔫时,也可以在叶片上喷清水补偿叶片失水现象。

(3)水肥管理　施足底肥和浇透定植水的日光温室,在第一穗果长至桃核大小时开始追肥浇水,浇水要采用膜下暗浇。结合浇水每亩追尿素 15 千克为膨果肥。并每 15 天叶面喷磷酸二氢钾 300 倍液 1 次。以后每坐稳 1 穗果追肥 1 次,追肥种类和数量为,12 月至翌年 3 月,每次每亩追硝酸磷肥 20 千克 + 尿素 10 千克,4 月以后气温、地温升高,植株长势及根系吸肥能力加强,棚室内积累的磷、钾肥,在较高温度下,可转化为速效磷、速效钾肥,因此,只追氮肥,不再追磷、钾肥,一般每亩每次追尿素 15 ~ 20 千克即可。每坐稳1穗果浇水1～2次，进入5月以后，空气蒸发力加强，应视土壤墒情及植株需水状况，加大浇水量，并缩短浇水周期。

10.补施二氧化碳气肥 二氧化碳是番茄进行光合作用制造养分必不可少的主要原料之一，也称之为气肥。冬季低温季节，为了保温，温室内常处于相对密闭状态，日出后随着植株光合作用的增加，温室内二氧化碳被植株消耗，浓度下降很快，在不放风的情况下显著低于露地浓度

1）施用时间 番茄结果期的晴天上午是二氧化碳最佳施用时间。

2）施用方法

☞燃烧法产生二氧化碳。采用天然气、白煤油等，用二氧化碳发生器补施气肥，一般1升煤油（0.82千克）可产生约2.5千克（1.27米^3）的二氧化碳气体，1千克的天燃气可产生3千克的二氧化碳气体。

☞化学反应产生二氧化碳法。目前主要采用碳酸氢铵和硫酸反应产生二氧化碳。占地1亩左右的棚室，均匀悬挂12～15个塑料容器，高度与植株生长点持平。使用前要先将浓硫酸按水∶酸＝3∶1进行稀释；稀释时将预先定好量的浓硫酸沿容器壁慢慢倒入水中，边倒边缓慢搅拌，如图8－1所示。切勿将水往盛硫酸的容器中倾倒，否则非出事故不可。

图8－1 稀释浓硫酸

将已稀释的硫酸分盛于容器中，每天将1天所需的碳酸氢铵在9～12时分2～3次投入。碳酸氢铵的用量可比参考用量略多些。待容器内所盛的

稀硫酸中不再冒气泡时，该反应结束。可将剩余液加水 50 倍稀释作追肥用，或废弃不用。气肥原料用量见表 9－1。

☞液态二氧化碳直接释放法。可采用酿造和酒精工业的副产品液态二氧化碳，经压缩装在钢瓶等容器内，在保护地内直接释放或经管道直接释放。

3）特别提示　二氧化碳施肥关键是在上午。二氧化碳施肥期间切勿放风，防止二氧化碳散逸到室外，这与将温室严密封闭提高室温措施相一致。晴天光照充足要重视二氧化碳施肥，阴天寡照可以不施用。

11. 植株调整　番茄在越冬日光温室栽培，在薄膜覆盖以后，植株相对生长速度较快。要及时打掉下部的老叶和病叶。一是减少老叶的遮光，二是可以减少老叶上存留的病菌染病。三是喷药方便。

1）吊秧　第一果穗开花时进行吊秧防倒。不可插架，以防止架材遮光。吊秧方法是每株番茄用一根乳白色聚氯乙烯绳皮，下头绑在番茄茎基部，上头绑在日光温室原来设计好的架杆上。吊绳既不能使用有颜色绳皮，以防遮光，又不能使用易损害或易老化、含有挥发性有害物质的绳皮，以防幼苗前期受毒害及生长中后期绳断落架，造成不应有的损失。

2）选择晴天打老叶　在打掉老叶时，为了减少番茄植株的伤流，尽快愈合伤口，必须在晴天的下午，植株本身营养回流时段进行。

3）整枝打杈　番茄的每一个叶腋都会萌发侧芽，并且生长速度还比较快，几天后就会和主蔓生长点平齐。要尽早拿掉。侧芽生长的越大，营养浪费就会越多，造成不必要的营养消耗。

4）及时疏果　番茄的一穗花序，正常可以同时坐果 4 个以上，多的可达 10 多个，要想得到均匀大小的果实，必须进行疏果。根据试验，一般一穗番茄的重量在 500 克左右，假如留果 2

个时，每果单重是250克；留果3个，每果单重只有150克；留果4个每果单重只剩100克；如此进行12个重复，其结果规律基本不变。据分析，番茄果实表皮的干物质含量最多，果实数量越多，表皮面积越大。在同等大小面积的情况下，个体数量越多，体积反而越小的道理。市场对番茄的商品要求一般是150克最为抢手，因此，每穗番茄留果3个为好。疏掉多余的果实。有人做过实验认为，疏果不如疏花的营养浪费少，实际上，疏花后的坐果情况很难掌握，一旦出现畸形果、僵果或空洞果实，就无法弥补。

5）特殊管理　主要是发生旺长时，用200毫升/升PBO控旺。植株遇不良气候出现生长衰弱时用赤霉素、爱多收、CPPU、吲哚乙酸促进生长，或用2，4－D抹花，防落花落果，并促进果实快长。

12. 及时采收　番茄在越冬日光温室栽培，由于结果时间早晚不同，成熟不会集中。番茄着色后不采收，它会在植株上进行后熟。后熟对养分的需求虽然很少，但是也会直接影响其他果实的膨大，经过多次试验，着色果实及时采收，和在植株上后熟不采收的产量对比，后者减产17%左右。及时采收这项措施，日光温室一亩可以多卖1 500元以上，值得推广。

（二）冬春茬生产

日光温室冬春茬番茄生产，前期虽处于低温弱光阶段，但生长中后期天气逐渐转暖，光照逐渐充足，产量高，栽培易获成功，也是日光温室番茄生产的主要栽培形式。在栽培技术上，有与“越冬一大茬生产”相同的地方，这里不再介绍。

1. 对设施的要求　番茄日光温室冬春茬生产，温室结构要求要达到采光合理，保温性能优良。操作方便，结实牢固的综合指标。具体要求可参考越冬茬栽培。

2. 品种选择 日光温室冬春茬栽培，由于市场的番茄上市量比较大，一般选择中晚熟的大果高产品种。为了提早上市，可以采用大苗移栽的方法。一般选择品种要根据市场的需求，如当地市场需要大红果实，最好选择大红的硬果品种，如以色列 218 番茄或耐运 2000 等。需要粉红的地区可选择粉果棚冠 F_1、粉果将军、西方佳丽等品种。

3. 适期播种 日光温室的环境条件相对比较好，定植时间早晚不是问题。关键问题是前茬作物的收获时间早晚。早春茬栽培的番茄，最好是采用大苗定植，才能提早上市。一般按日历苗龄计算需要 80 天左右，生理苗龄 8 ~ 12 片叶。

4. 定植前的准备

(1) 及早清理前茬作物 一般早春茬番茄在日光温室栽培，大多是有前茬作物。在生产上应该分清主茬和副茬。如果把番茄作为主茬，副茬作物一定要为主茬让路，保证主茬定植时间。

1) 抓紧时间上市前茬产品 前茬的产品在能上市的情况下，就要及时收获，不能拖延时间。

2) 捡净植株的残留 收获后，要把地面上的残叶、烂株清理干净，防止前茬的病株埋在土里，感染番茄植株。

3) 分批整地 本着清一畦翻一畦地的原则，把时间尽量向前赶。

(2) 棚室消毒 参照"越冬一大茬生产"进行。

应该指出的是，这茬番茄的栽培，大多是为了抢早定植，采用一边清理前茬作物一边整地定植，这种方式不能熏烟消毒，可采用土壤消毒的方法。每亩用 50% 多菌灵可湿性粉剂 1.5 千克 + 10% 吡虫啉可湿性粉剂 0.5 千克混合后在地面撒匀后进行翻地。

(3) 定植前幼苗处理

1) 浇水 番茄苗定植前要浇一次透水，以满足幼苗移栽以后的水分需求。一般用洒水壶浇洒一遍,喷水时要加入0.1%的速效化肥。经过试验,营养钵、育苗盘的苗子由于营养土少,按土块苗使用的0.5%的化肥,往往出现烧根现象。不能麻痹大意造成不应有的损失。

2)喷药　在移栽前苗床喷药是生产操作的惯例。一般用代森锰锌600倍液加入0.5%尿素混合后全株进行喷洒。喷洒时间安排在15~17时,这时的植株整体干燥,吸收速度快,效果好。

3)锻炼　锻炼就是囤苗,也叫蹲苗。目的是控制生长量,增加植株干物质含量,提高植株的抗逆能力。这个过程非常重要。方法是,浇水后白天在加大通风量的情况下,尽量提高苗床温度,并使夜间的温度降到5~8℃,时间要求4~5天。需要注意的是,炼苗一定要在浇足水后进行,防止干锻炼造成回根现象。

5. 整地施肥　参照本书"七(二)"的有关内容进行。

6. 起垄覆膜

1)起垄　起垄前把整地时剩下的肥料集中均匀地撒在埂下,每亩再用70%敌克松可湿性粉剂2千克拌在20千克的细土中撒在垄下。按行距120厘米起垄,垄宽50厘米,高20厘米。把起好的垄用铁耙子趟平,打碎土坷垃。

2)覆膜　起垄以后,铺幅宽80厘米的地膜,准备工作做完以后,等待适时定植。

7. 适时定植　按番茄生长发育对环境条件的要求,最低地温必须稳定在13℃以上。按照生理苗龄要求,定植苗达到现花蕾时就是定植适期。

(1)*定植方法*　参照本书"七(二)"进行。

8. 覆盖地膜定植孔　日光温室早春茬栽培,施肥量大,保护设施密封性好,土壤中的有机肥在分解过程中会产生大量的有害气体,地面上覆盖地膜以后,这些有害气体就会从定植孔集中向外排放。在生产中经常看到,定植后的番茄植株根部靠近地面的叶片边缘出现干边或干的斑点、斑块,都把它误认为是侵染性病害,用大量的农药进行喷洒,以致又造成严重的药害。根据详细的研究,实际不是病害,而是地下有害气体的危害。通过封闭定植孔,这种现象就不会发生。为此笔者提倡封闭定植孔。把定植孔用湿土封严以后,地膜的两边不要压实,让有害气体保持一定的通道,减少直接对植株的熏蒸。这项工作做得越早越好,不要看到叶片出现问题以后再去操作。

9. **定植后管理及其他** 参照本书“七(二)”进行。

(三)秋冬茬栽培

日光温室秋冬茬番茄生产,是利用日光温室的保温效果,不需要采后保鲜,就可以把番茄的鲜果上市时间向后有效地延长到春节以后。比大棚秋延后生产的把握性大,产量高。商品质量好,经济效益可观。由于栽培技术相对简单,目前生产面积也比较大。

1. **对设施的要求** 番茄日光温室秋冬茬生产前期处于高温强光,后期温度逐渐降低,光照变弱,要求温室前期能遮阳防雨,后期采光保温性能好。覆盖薄膜宜选择无色或蓝色醋酸乙烯多功能复合膜或蓝色聚乙烯三层共挤复合膜。

该茬番茄除设施应用、播种采收期与塑料大棚秋延后有所不同外,其他管理大同小异,可参照本书“七(三)”进行,此处仅介绍不同点。

秋冬茬一般7月下旬至8月上旬育苗,9月上中旬定植,10月中旬始收,春节过后拉秧,比塑料大棚秋延后番茄供应期长50~70天。

2. **品种要求** 适于温室秋冬茬栽培的番茄品种应选择苗期耐高温、抗病毒,低温下果实发育良好的中晚熟品种,如粉果棚冠

F_1、粉果将军、沈农大粉、浙粉 202 等。

3. 适期播种　日光温室秋冬茬生产的播种期不太严格，主要是根据茬口安排的收获时间来确定。一般秋冬茬番茄的定植以小苗为好，苗龄只要 30 ~ 40 天。就是在前茬作物结束前 30 ~ 40 天开始育苗即可。

4. 秋冬茬番茄管理抓 5 防

(1) 防早衰

1) 症状表现　茎秆细，生长点瘦小；侧枝少，叶片小且薄，颜色发黄，有时叶片上出现瘤状突起；果实不膨大或膨大慢，极易出现裂果、空果及僵果；果实着色不良，果实小；植株抗性降低。

2) 早衰原因

☛连作障碍。保护地番茄因设施有限，产品效益高，常常连年种植，易造成生长不良，即使大量使用肥料，也难以完全改善，以致生长点萎缩，新生枝叶不能正常伸展，引起番茄早衰。

☛施肥方式不合理。番茄虽然对土壤条件要求不太严格，但片面的增施化肥，常常造成土壤板结，土壤通透性降低，根系生长发育不良，引起番茄早衰。有些菜农为获得高产，一次性肥料施用过多，造成土壤浓度增加，根系生长受阻，因而引起番茄早衰。

☛育苗措施不当。有些菜农常习惯于提前育苗，出现前茬没有收获，番茄苗已经长成，茬口腾出后，形成大龄苗、徒长苗的结果，导致定植后因主根受损，造成番茄对水分及无机盐的吸收受阻，发生植株茎秆中空，甚至出现早衰现象。

☛激素使用不当。幼苗出现徒长后，不少菜农常习惯于采用喷洒多效唑、矮壮素、助壮素等激素的方法控制幼苗徒长。如用药时间过晚，常常形成头重脚轻的植株；用药浓度过大，极易形成老化苗。以上两种情况均易引起植株早衰。

3）安全防治措施

☞轮作。防止因连作引起的早衰最有效的方法是与非茄果类蔬菜实行3年以上的轮作，争取茬茬有变化，年年不相同，保持土壤结构稳定。

☞增施有机肥及菌肥。在保证番茄生长期间所需要的氮、磷、钾的前提下，增施腐熟的有机肥、生物菌肥及微量元素（如铜、铁、锌）。增加土壤有机质，改善土壤的通透性，为番茄根系创造一个良好的生长环境。

☞培育壮苗。根据茬口合理安排育苗时间，春季保护地番茄苗龄一般为60～70天，秋茬一般为30～35天，秋冬茬为40～50天。根据茬口腾出的早晚合理安排育苗时间。在番茄具3片真叶前完成分苗，株行距为10厘米×10厘米。

☞合理控制幼苗徒长。如秋冬茬管理不当，极易造成幼苗徒长。为防止幼苗徒长，最好采取物理方法，如加大育苗床的面积、适当控制浇水、分苗时加大株行距等措施。如采用激素处理，除正确掌握使用浓度外，还应注意使用时间，一般在幼苗2～3片真叶期使用效果最佳。

☞施用白糖。近几年的试验证明，在番茄定植时，在定植穴内加入白糖（每穴10～15克），不仅有利于番茄产生不定根，促进缓苗，防止番茄早衰，而且可改善番茄品质，增强番茄抗性。

（2）防疯秧　番茄疯秧现象，严重影响产量和经济效益，在番茄栽培中应当引起足够重视。

1）番茄疯秧的主要原因

☞由于番茄在日光温室中生长，正赶上严冬日照强度弱、时间短，光合作用产生的物质相对减少，且分配不均匀，相对过多集中于茎、叶生长点上，而供根系生长的能量相对减少，导致根系吸收能力减弱，影响花芽分化，造成营养生长相对过旺，表现出疯秧特征。

☛由于温度管理不当，光合作用、呼吸作用等一系列生化反应受到温度的影响，光合作用相对减弱、呼吸消耗增多，促进了茎、叶生长。尤其在苗期，由于温度管理不当，使花芽分化质量降低，数量减少而表现出疯秧。

☛番茄在定植缓苗后，第一穗果未全部坐住前，由于肥水不当，此期间浇水，易疯秧。

2）疯秧的防治

☛采用张挂反光幕、二氧化碳施肥技术增强光照，提高光能有效利用率，使营养生长和生殖生长趋于合理。提高坐果率。

☛根据番茄生长过程中对肥、水需求的生长特性，加强田间管理，做到合理追肥、适当蹲苗、科学浇水、促控适当。在栽培中，要做到小水定植、轻浇缓苗水。在此基础上，适当控水蹲苗，促进根系发育。当第一穗果有 90% 坐住，结束蹲苗，适当加大肥水，促进果实生长。

☛加强温度管理。白天温度控制在 24～28℃，争取 26℃的时间在 6 小时以上，夜间控制在16～20℃，争取 18℃的时间达到最长，使光合作用和呼吸作用关系趋于合理。科学整枝，调节秧果比，从而达到抑制疯秧，促进丰产的目的。

☛用浓度 10～20 毫克/千克的 2，4－D 抹花或 25～50 毫克/千克防落素蘸花，防止落花、落果，促进结果，抑制疯秧。但也要合理疏果，防治坠秧。绑架时，适当加大捆绑力度，以达到抑制营养生长过旺的目的。

（3）防植株卷叶　番茄出现卷叶，不利叶片进行正常的光合作用，从而影响番茄产量和品质的提高。所以在生产过程中，应及时根据番茄卷叶症状及其并发症状，找出卷叶原因，适时采取防治措施，对减少产量损失，增加经济效益具有重要意义。一般情况下番茄卷叶除与品种特性有关外，可以分为生理性卷叶和病毒性卷叶 2 种，如图 8－2 所示。

图 8－2　番茄卷叶

1）生理性卷叶

☞水分供应不适。在土壤严重缺水或土壤湿度过大，根部被水浸泡等情况下，都能引起卷叶。为防止因水分供应不适引起的卷叶，应为番茄生长发育创造一个旱能浇、涝能排的栽培环境，尤其是进入结果期，必须保持土壤相对湿度在 80%～85%。

☞营养元素缺乏。由于土壤中缺乏磷、钾、硼、钼等营养元素，不能满足番茄正常生长发育需要时，也会使番茄发生卷叶症状。一般土壤缺磷时，植株生长迟缓、纤弱，严重缺磷时，叶小、僵硬，向下弯曲，叶表面呈蓝绿色，叶背面呈紫色，且落叶早。土壤缺钾时，老叶的小叶片枯焦，叶缘卷曲，中脉及最小叶脉退绿。后期退绿和坏死斑发展到幼叶，导致黄化和卷缩，并脱落。

在断定番茄卷叶由缺乏营养元素所引起的原因后，可采用叶面喷施相应肥料的方法予以补救。

☞肥水运筹不当。在番茄早熟栽培中，如果整枝、摘心过重和肥水过剩，会引起全株大部分叶片上卷，甚至卷成筒状。此外，一般大中型果番茄品种在摘心后进入果实膨大期，也会出现叶片向上反卷的现象。防治措施是在栽培管理时，最后一个花序后再留 2～3 片叶，以增加光合作用面积，可减轻卷叶现象的发生。同时，还应实施配方施肥，以提高肥料的有效利用率，促进番茄植株的健壮生长。

☛药害。使用除草剂或 2,4－D 不当。在使用 2,4－D 时严禁浓度过高或滴落在叶片上，以防引起叶片皱缩、黄叶等中毒症状。为防止使用除草剂药害，应根据前茬施药情况、施药时天气情况，进行科学用药。

2）病毒性卷叶　番茄植株感染黄瓜花叶病毒后，植株矮化，顶芽幼叶细长，呈螺旋形下卷，中下部叶片向上卷，尤其是下部叶片常卷成筒状，叶脉呈紫色，叶面灰白。鉴于番茄一旦被病毒感染，药物防治基本无效的实际状况，所以应从下列几个方面进行综合防治。

☛选用抗病性强的杂交品种。

☛用 10% 磷酸三钠溶液浸种 30 分进行种子消毒，以消灭部分病原体。

☛试验证明，适期早播的大龄壮苗，在适时早栽、合理密植的前提下，通过加强肥水管理等措施，均能起到促进植株的生长发育和提高植株的抗病毒病能力。

☛蚜虫、飞虱、蓟马等刺吸式口器害虫是病毒病的传播媒介，从苗期开始就应着手做好防治工作，对减少植株病毒感染有决定性作用。

☛在番茄分苗、定植、打杈摘心及采收过程中，尽量避免机械损伤，减少病原体侵入机会。一旦田间发现重病株后及时拔除，并在地头地边挖坑深埋。

☛应用植病灵进行防治。植病灵是一种新型激素型农药，苗期及初花期按该药说明书配制后喷施，对防治病毒病有较好效果。但喷施时，要做到番茄植株各部位都能均匀着药，不能出现漏喷。一般7～10天喷1次，于16时后进行。

（4）防高温和低温障碍

1）高温障碍

幼苗症状。幼苗症状表现为幼芽烫伤或幼苗灼倒，是育苗期的生理病害，它不同于猝倒病或疫病，一般在无育苗经验的情况下容易发生，并且会误认为猝倒病。病状是幼苗接近地面处变细倒伏、萎蔫、干枯。幼苗灼倒的苗畦，表土往往疏松干燥，覆土厚薄不一，多发生在晚播育苗的阳畦里。播种较晚，天气已暖，中午又不注意通风，畦温和表土地温达45℃以上时，由于土表干松、灼烫，会造成幼苗与土接触的嫩茎部发生高温烫伤而死亡。有些幼芽没出土就被烫死了，如彩图1所示。

整株症状。保护地栽培番茄，常发生高温危害。番茄在遇到30℃的高温时，会使光合强度降低；叶片受害，出现退色或叶缘呈漂白状，后呈黄色。发病轻的仅叶缘呈烧伤状，发病重的波及半叶或整叶，最终萎蔫干枯。至35℃时，开花、结果受到抑制；40℃以上4小时，夜间高于20℃，番茄植株营养状况变坏，就会引起茎叶损伤及果实异常，引起大量花果脱落，被太阳直射的果实有日灼现象。而且持续时间越长，花果脱落越严重。果实成熟时，遇到30℃以上的高温，番茄红素形成减慢；超过35℃，番茄红素则难以形成，表面出现绿、黄、红相间的杂色果。高温干燥时，叶片向上卷曲，果皮变硬，容易产生裂果。

防治方法。当温室和大棚温度超过30℃时就应及时通风、浇水和喷水，防止高温危害。并注意幼苗出土前后的通风锻炼及整株期的遮阳。喷洒0.1%硫酸锌或硫酸铜溶液，可提高植株的抗热性，增强抗裂果、抗日灼的能力。用2,4－D浸花或涂花，可以防止高温落花，促进子房膨大。

2）低温障碍

番茄遇到连续10℃以下的低温，幼苗外观表现为叶片黄化，根毛坏死;内部导致花芽分化不正常,容易产生畸形果。如彩图2所示。温度在5℃以下时,由于花粉死亡而造成大量的落花。同时授粉不良而产生畸形果。如果温度在-1~3℃,番茄植株就会冻死。所以,当有寒流出现时,应加强保暖措施,防止冻害的发生。

(5)防揭苫后植株萎蔫　在冬季日光温室番茄生产中,出现连续数天阴雪或大雾不散,突然天晴导致室内番茄植株萎蔫,轻者影响番茄生长,重者造成植株死亡。

1)受害症状　揭苫后植株顶部叶片出现下垂,严重时像被开水烫过的一样,呈暗褐色水浸状。将植株拔出后,根系明显有发育不良症状,严重的已变褐色,毛细根极少。如果前期植株生长迅速,叶片幼嫩,也会造成叶脉间变为白褐色,出现像发生药害一样的症状,如图8-3所示。

图8-3　植株失水萎蔫后叶边干枯卷缩

2)解决措施

☞注意回苫。天晴后不要急于将草苫拉开,可以隔1个揭 1 个。使用卷帘机的棚室，可以揭苫 1/3，如果发现植株顶部叶片萎蔫，要迅速回苫，如此反复几次，直到植株不再萎蔫为止。也可在萎蔫植株上喷洒清水（最好是温水）缓解萎蔫。不要急于浇水，有的菜农反映，在给番茄浇水后，萎蔫减轻。这种做法虽然补充了植株蒸腾所需要的水分，暂时缓解了萎蔫，但根系很容易受损，使植株抗性降低，在以后的生产管理过程中，更加容易发生萎蔫。正确的做法是：天气转晴后，一切管理以“缓”为主，水分、养分可短期进行叶面补充，以保证温度上升平稳。可用丰收一号 + 磷酸二氢钾 + 农用链霉素 + 白糖溶液做叶面喷施。

☛ 养根壮根。可用强力生根剂灌根，也可以冲施腐殖酸、微生物肥料等养护根系。

☛ 防止冻害发生。低温天气来临前，可向叶面喷施农用链霉素 + 甲壳素 + 磷酸二氢钾溶液。或喷洒红糖发酵液。红糖发酵液的制作方法是：先将红糖 3 千克溶于 5 升清水中，再加入白色酵母 100 克，放入温室或大棚内的容器中，每天搅动 1 次，经 20 天左右，待表面出现一层白沫即成。取红糖发酵液 500 毫升、烧酒 100 毫升、米醋 100 毫升加入清水 50 升搅匀后喷雾。如果植株中上部枝叶变褐，可向叶面补喷清水，不要迅速提升温度，否则危害更加严重。

九、多季作区的秋种冬收与冬种春收生产

广西的百色、玉林、钦州，广东的湛江、茂名和海南的崖县、三亚等华南地区，可在露地进行秋种冬收、冬种春收生产。这两茬番茄作为南菜北运栽培，相对于北方的棚室冬季番茄生产，生产成本较低，有着更大的市场竞争力。这两茬番茄栽培技术基本同本书“五、地膜覆盖生产”，这里只介绍不同之处。

（一）播期确定

1. 秋种冬收 当地晚茬稻采用早熟品种或是杂交水稻制种田时，腾地早，一般在 9 月 15 日前后播种育苗，日历苗龄 30 天左右，秧苗现大蕾时定植，其主要上市供应期在冬季，除供应本地市场外，还运往长江以北各地市场。

2. **冬种春收** 在当地晚茬稻采用中熟，特别是晚熟品种时，番茄的播种期在10月上旬前后，日历苗龄40天左右，11月中旬定植。由于定植后温度逐渐下降，植株生长缓慢，只能等到翌年开春温度回升后，才使番茄的生长速度加快，其主要供应期是在春季。

（二）品种选择

应选择抗寒力强、早熟性好、产量高、品质优、抗逆性能好的品种。对于南菜北运，还需要品种的耐储藏和耐运输特性优良。详见本书“三（二）番茄优良品种介绍”。

（三）整地定植

番茄不耐旱，又不耐涝，必须起垄栽培，以确保遇旱能浇，遇涝能排。前茬作物腾茬后，随时耕翻施肥整地做垄，抢时定植。同时，挖好排水沟，由于该区多雨，如排水不畅，造成田间积水，就会加重枯萎病、疫病的危害程度，因此，要因地制宜，采用高垄、高畦或厢式栽培方式，以利排涝。若田间积水，即使不发生病害，大部分根系也会因缺氧而造成窒息死亡，天晴后，太阳照射叶面，蒸腾加剧，轻者造成植株叶片萎蔫或小面积死亡，重者会出现大片或整田死亡。

最好采用地膜覆盖。

地块长和畦长的要开深30～40厘米的腰沟，田块四周要开环田沟，以利排灌，如图9－1所示。

（四）田间管理

1. **秋种冬收** 在定植后，要抓住前期温度高的有利时机，及

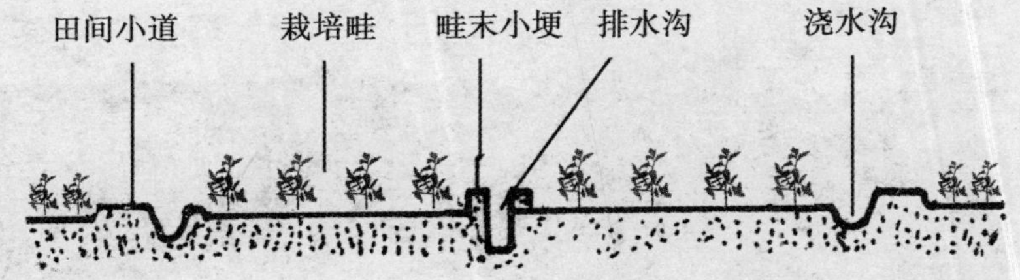

图 9-1　两灌一排示意图

时追肥管理，促进番茄尽快结果。

2. **冬种春收**　定植后温度低，而且需要持续一个较长的时间，等待开春温度回升番茄快速生长后，才进入旺盛结果期。此前，管理上要以保苗为主，确保番茄安全度过低温期。

十、高山番茄栽培

利用高山地区夏季较为凉爽的气候特点，进行高山反季节安全番茄生产，不但可调节 7～9 月平原地区秋淡季的蔬菜供求矛盾，而且良好的经济效益，可使高寒贫困山区的居民尽快脱贫。在高海拔山区生产番茄主要是采用露地栽培方式，一般选择中高海拔（600～1 500 米）山区用作生产安全番茄的基地。目前，山西省壶关县已被国家农业部命名为高山旱地无公害番茄生产基地。

（一）品种选择

高海拔山区入春入夏迟，入秋入冬早，番茄生长、采收期均短，应选耐寒、耐热、耐湿或耐旱、抗病抗逆性强，优质丰产、易坐果、连续结果能力强、采收期长、耐长途运输的中早熟品种。实践证明：粉果将军 F_1、上海 908 等番茄品种较适宜在高山地区旱地种植。

（二）适期播种育苗

应根据海拔差异适期播种。海拔600 米以下的深山区于4 月下旬至5 月上旬播种；海拔 600 ~ 700 米山区于 4 月中下旬播种；海拔 700 米以上的高山区于 3 月下旬至4 月上旬播种。

育苗技术参照本书“四、番茄育苗技术”。

（三）地块选择

高海拔山区安全番茄栽培应选择地势高燥，避风向阳，排灌方便，土层深厚（30 厘米以上）、土质疏松肥沃、交通方便，地下水位在 0.6 米以下，3 ~ 4 年未种过茄科作物的地块，中海拔山区若要栽培番茄宜选择阴坡地、半阴坡地种植番茄。

（四）整地施肥做畦

1. **整地施肥**　最好冬前进行整地。栽植高山番茄一般采取一次性施肥法（俗称“一炮轰”），在生长期不追肥，但对保肥差或易脱肥的田块，应结合降雨追施速效肥料。

冬前深翻土地 20 ~ 30 厘米，每亩施入有机肥 2 500 ~ 3 000 千克，过磷酸钙 50 ~ 100 千克，饼肥 75 ~ 150 千克，或施入氮磷钾三元素复合肥 60 千克，钙镁磷肥 50 ~ 60 千克，黏性过重的土壤还要施入生石灰 200 千克。

2. **做畦**　北方高山地区由于降水少，必须在定植前做畦待墒，待春季定植前降水后及时进行地膜覆盖保墒。

南方高山区降水量大，可采用高畦双垄栽培，畦宽80 ~ 90 厘米，沟宽30～40 厘米，沟深 20～30 厘米，畦面做成龟背形，进行地膜覆盖栽培防雨，如图 10－1 所示。

图 10－1　南方地区做龟背畦覆盖

北方易旱区做成宽 0.8 米、高 25～30 厘米、畦沟宽 40 厘米的凹畦栽植，如图 10－2 所示。

图 10－2　北方地区做凹畦覆盖

（五）定植

于5月底至6月初将番茄定植到大田。高山气温低，植株生长慢，不易徒长，可适当密植，中早熟品种可按株距25～30厘米的密度栽植，每亩栽苗4 400～3 700株；中熟品种，定植的株距适当放大，株距40厘米，每亩栽苗3 000株左右。边移栽边浇定根水，定植孔四周的地膜用细土封严压实。

（六）田间管理

高山番茄田间管理的重点：一是促苗早发、及早搭好丰产架子；二是促使营养生长与生殖生长协调发展；三是保花保果、多结果、结大果、结好果、延长结果期。

移栽后10～15天，追施1次提苗肥，每亩施腐熟人粪尿700千克，或尿素7.5千克。

为了促使番茄早发棵、多结果，遇降水后，结合中耕除草保墒，亩追施尿素10～15千克，不要随意加大施用量，以免引起疯长，番茄在封行前每亩埋施尿素20千克、三元素复合肥15千克，钙镁磷肥15千克、生物钾肥和锌肥各1千克。结合培土，深埋行间。并在番茄第三花序开花坐果后，叶面喷施3～4次0.2%磷酸二氢钾和硼砂，以保证高山番茄安全、优质、高产。

南方地区要及时做好田间的排灌工作。浇水应在晴天的中午进行，1次灌透，余水立即排干，尽量保持畦面见干见湿。浇水深度以沟深的1/3～1/2为宜。浇水切忌用山间的冷泉水，否则将造成大量植株枯死。

北方地区有条件者，可在番茄第一花序坐果后用麦秸、玉米秆等杂草覆盖田间，保持土壤墒情，防止地表水蒸散，降低地面温度。

（七）合理采收

高山番茄一般在大暑至立秋开始采收第一批果实，这样可以及时填补早番茄市场的空白，获得良好的经济效益。以后应注意选择果实充分膨大、果色刚开始转色的果实进行采收，增强果实耐储运性能，以获得较好的经济效益。

十一、植株在不同环境条件下的形态表现与看苗管理技术

在番茄植株生长发育的过程中,出现形态异常(人为或自然因素)在所难免。可以通过观察植株的形态,分析出现异常形态的原因,及时采取正确的处理方法,是番茄生产获得高产高效的保证。

(一)苗期

1. 壮苗 苗龄 34 ~ 50 天,株高 20 厘米,茎粗 0.7 厘米,视品种不同有 7 ~ 12 片无病、无破损叶片;95% 植株开始现蕾;株形呈长方形;第五节以后节间开始伸长,茎上下粗细一致;叶片肥厚呈手掌形,中上部叶色绿,小叶片较大,叶柄短粗,下部叶片呈黑绿色,茎秆呈紫绿色。

2. **旺苗** 如果定植前秧苗茎细高,柔弱,下细上粗,节间长,叶柄又长又粗,叶片窄而薄,心叶黄绿色,株形呈倒三角形(上位叶幅宽,下位叶幅渐窄),为徒长苗。主要是由于氮肥多、光照不足、高温多湿,特别是夜温高所造成的。若株形呈正方形,是夜温低、土壤缺水或施肥过多引起的;第一片真叶距子叶距离过长,是出苗后高温,特别是夜温高所致。

3. **弱苗** 如果定植前秧苗茎上细下粗,有一定程度硬化,少弹性,节间短,叶小又无光泽,叶色暗绿,植株矮小,为老化苗。主要是由于夜温长时间偏低、缺肥、干旱等原因造成。第一至第二片真叶过小,是温度、水分不适宜,长势弱,造成第一花序推迟,花数减少。

4. **出苗障碍**

(1)土壤板结 播种后床土表面干硬结皮,称为土壤板结。板结阻碍了土壤内外的空气流通,使土壤中氧气缺乏,种子发芽和幼根生长过程中的呼吸作用不畅,从而妨碍了种子的发芽和幼根的生长。此外,土表板结后,幼苗被板结层压住,不能顺利钻出土面,致使幼苗茎细弯曲,子叶发黄,成为畸形苗。

1)引起土面发生板结的原因

☛ 由于育苗土壤质地过于黏重,腐殖质含量少,土壤结构不良。

☛ 浇水不当。播种前打足底水,播种后至出苗前不浇水是防止土壤板结的有效措施之一。如果床土太干非浇水不可时,切忌大水漫灌,可用细孔喷壶洒水,洒水时从苗床的一端开始,顺序向另一端洒过去,1 次浇足,不要多次来回重复浇,这是因为较干的土粒受水冲击时不易破碎,如果土粒已潮湿再受水冲击,就易破碎，破坏土粒结构，造成板结。

2）防止办法　在配制育苗营养土时，应根据土壤质地情况，可添入足量腐熟的牛粪等能明显使土质疏松的有机肥，或增加腐殖质含量高的有机肥比例，可有效防止土壤板结。

（2）出苗迟且少　催芽的种子播种后 4 天未出苗或很少出苗，超过 4 天后才开始出苗的现象属于迟迟不出苗现象。

1）原因

☛苗床温度偏低。当苗床温度低于 15℃时，种子出苗缓慢，出苗期延长；温度低于 10℃时番茄种子几乎停止发芽。

☛播种太浅或太深。番茄种子的适宜覆土厚度为 0.5～1 厘米，覆土层少于 0.5 厘米时，种子易落干，种芽因吸水不足而延缓出苗。播种过深时，因番茄种子较小，种芽顶土力较弱，而出土所需时间相对加长。

☛底水不足。特别在高温期播种，如果播种前浇水不足，种子会因供水不足出苗缓慢。

☛畦面板结。播种后防雨措施不当，苗床进水导致畦面板结。一方面引起土壤氧气不足，导致种胚生长缓慢，延迟发芽；另一方面表土变硬，番茄种子顶土阻力增大，出苗时间相对延长。

☛种子质量较差。一般陈种子、发霉或受潮种子比正常种子发芽出苗时间长。

2）防止办法

☛应采用苗床增温措施，提高地温，使土壤温度达到番茄种子正常发芽的适宜温度 20～30℃。

☛其他的查明原因，对症解决。

（3）出苗不齐　播种后出苗的时间差异太大，即为出苗不齐。

1）原因

☛新、陈种子混播。陈种子的发芽力较新种子弱，出苗晚。如果新、陈种子混播，就会出现出苗不整齐的现象。

☞播种深浅不一致。播种浅的种子往往先出苗，播种深的种子则出苗较晚。播种深浅差异越大，种子出苗时间差异也越大。

☞苗畦内环境不一致。因浇水保温等原因造成苗畦内土壤湿度不均，温度不一致。温度较高，湿度适宜的地方，种子出苗比较快，出苗早；而温度偏低、水分不足的地方则出苗较慢。

☞种子成熟度不一致。充分成熟的种子发芽力较强，出苗快，出苗早；而未充分成熟的种子则发芽力弱，出苗慢，出苗所需时间长。

2）防止办法　查明原因，因症施法。

（4）戴帽出土　番茄苗带着种皮出土叫子叶戴帽出土，表现为子叶被种皮夹住，难以伸展，严重妨碍光合作用，影响番茄苗正常生长。

1）原因　床土湿度不够或播种后覆土太薄。成熟度差的种子发芽势弱，也是造成戴帽的原因之一。

2）防止办法　播种时要灌足底水，保持床土湿润。播种后覆土厚度以1厘米为宜，覆土要均匀，覆土后及时盖膜。幼苗顶土并即将钻出地面时，如果天晴，可在中午前后喷一些水，若遇阴雨，可在床面撒一层湿润细土。要选择健壮饱满的种子。

5. 沤根和烧根

（1）沤根　沤根在育苗技术粗放、气候条件不良时容易发生。发生沤根的幼苗，根部不发生新根，原有根皮发黄，逐渐变成锈色而腐烂。沤根初期，幼苗叶片变薄，阳光照射后随着温度的升高，蒸发量的增加，萎蔫程度逐渐加重，很容易拔掉。

1）原因　沤根多发生在幼苗发育的前期，沤根与气候条件有密切关系。幼苗生长的前期，若遇连续阴雨或降雪天气，床温很低，床土湿度高，再加上光照不足、通气排湿不及时，氧气供应减少，幼苗的生理活性降低，根系活动能力减弱，是引起沤根的主要原因。

2)防止办法　防治沤根主要应从苗床管理上着手，首先选择地势高燥、排水良好、背风向阳的地段作育苗床地。床土中增施有机肥料，提高磷肥比例。出苗后既要注意在连续阴雨天气搞好通风换气，撒草木灰降低床内湿度，用双层塑料膜覆盖，夜间加盖草苫保温。在条件许可的地方，还可采用电热线加温育苗，或喷施土壤增温剂，提高床温，加速根系发育，促进幼苗健壮生长。

(2)烧根　多发生在幼苗出土期和出土后的一段时间。

1)发生原因　烧根的发生既与床土肥料的种类、性质、多少有关，也与床土水分和播种后覆土厚度有关。苗床培养土中如果施肥过多，尤其是氮肥过多，肥料浓度很高，幼苗根系发育不良，就会产生一种生理干旱性烧根现象。床土中若施用未腐熟的有机肥料，经过浇水和覆盖塑料薄膜以后，地温显著增高，促进有机肥料的发酵腐熟，在发酵腐熟过程中，产生大量的热量，使根际地温剧增，导致烧根。如若床土施肥不均，床面整理不平，浇水不匀，或用灰粪覆盖种子，使床土极度碱化，也会造成烧根。另外，播种后覆土太薄，种子发芽生根之后，床内温度高，表土干燥，也易形成烧根或烧芽。

2)防止办法　苗床施用充分腐熟的有机肥，氮肥施用不能过量，灰肥适当少施，施入床内后要同床土拌和均匀，整平畦面，使床土虚实一致，灌足底水。播种后保证覆土厚度适宜，从而消除烧根的土壤因素。出苗后若发生烧根现象，要选择晴天中午及时浇灌清水，稀释土壤溶液，随后覆盖细土，封闭苗床，中午实行苗床遮阳，促使发生新根。

6. 徒长苗和僵化苗

(1)徒长苗　徒长是苗期常见的生长发育失常现象。徒长苗素质不好，易遭病菌侵染，又缺乏抗御自然灾害的能力，同时延缓发育，使花芽分化及开花期后延，花的素质也不好，容易造成落蕾、落花、落果。定植到大田后缓苗现象严重，返苗慢，最终导致减产。徒长苗的特征是，幼苗节间拉长，棱条变得不明显，茎色黄绿，叶片质地松软，叶片变薄，色泽黄绿，根系细弱。

1）原因　晴天苗床通风不及时，床温偏高，湿度过大，播种密度和定苗密度过大，氮肥施用过多，阴雨天过多，光照不足容易形成徒长苗。

2）防止办法　依据幼苗各个生育阶段要求的适宜温度及时做好通风工作，尤其是晴天中午更要注意。苗床温度过大时，除加强通风排湿外，在育苗初期可采取撒细干土的措施。及时做好间苗定苗工作，避免幼苗拥挤。在光照不足的情况下，应适当延长揭膜见光时间。如有徒长现象，可用烯效唑 200 倍液进行叶面喷雾，一般苗期喷雾 2 次即可有效防止。

（2）僵化苗　僵化苗又叫小老苗，是苗床土壤管理不良和苗床结构不合理造成的一种生理病害。幼苗生长发育很慢，苗株瘦弱，叶片黄小，茎秆细硬，并显紫色，虽然苗龄不大，但看起来好像发老的苗子一样，故又叫“小老苗”。

1）原因　苗床土壤施肥不足，肥力太低，尤其是氮肥缺乏；土壤干旱以及土壤质地黏重等不良栽培因素是形成僵化苗的主要原因。另外，透气性好，但保水保肥很差的土壤，如沙土地育苗，更容易形成小老苗。若育苗床上的拱棚高度太低，也易形成小老苗。

2）防止办法　预防僵化苗，首先选择保水保肥力好的壤质土作为育苗场地。在配制床土时，既要施足腐熟的有机肥料，还要施足幼苗发育所需的氮、磷营养，尤其是氮素肥料更为重要。其次应当灌足底水，及时灌好苗期水，使床内土壤水分保持适宜幼苗生长的状态。

7. 烧苗　烧苗现象发生快，受害重，几个小时就可造成番茄苗整床死亡，给生产带来很大损失，有时不得不更改种植计划。烧苗之初，幼苗变软、弯曲，进而整株叶片萎蔫，幼茎下垂，随着高温时间的延长，根系受害，整株死亡。

（1）原因　烧苗多发生在气温多变的春季育苗中期，前期气温低，后期白天全揭膜，一般不易发生烧苗。在晴天中午若不及时揭膜通风，温度会迅速上升，当床温达40℃以上时，容易产生烧苗现象。另外，烧苗还与苗床湿度有关，苗床湿度大烧苗轻，湿度小烧苗重。

（2）防止办法　经常注意天气预报，晴天及时适量做好苗床通风管理工作，使床温白天保持在20～24℃，若刚发生了烧苗现象，要及时进行苗床遮阳，待高温过后床温降到适温时开始逐渐通风。太阳西下时揭除遮阳覆盖物。据笔者试验，在烧苗出现时，立即浇水，最为有效。浇水时不能揭膜，应从苗床一端开口进水，待床温下降之后或次日再行正常通风。

8. **闪苗**　闪苗发生于整个幼苗覆盖生长期，缺乏育苗经验的容易发生此种现象。揭膜之后，幼苗很快产生萎蔫现象，继而叶缘上卷，叶片局部或全部变为白枯，但茎部尚好，严重时也会造成幼苗整株干枯死亡，由于"闪苗"现象在揭膜通风后不久即可发生，好似一闪即伤一样，所以叫"闪苗"，如图11－1所示。

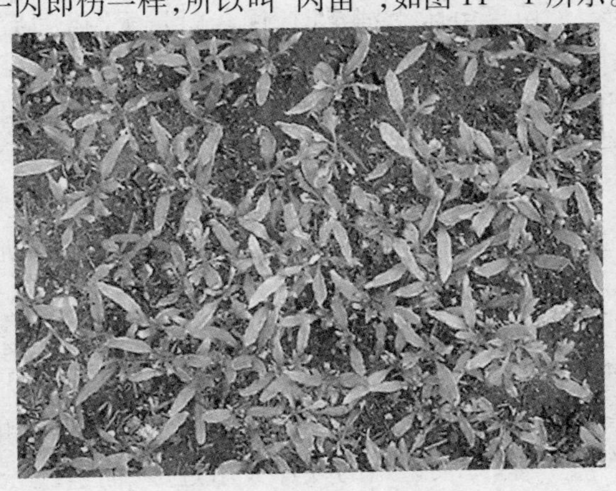

图11－1　闪苗

（1）原因　当苗床内外温差较大，床温超过40℃以上时，猛然大量通风，由于空气流动加速，叶面蒸发量剧增，失水形成，再者冷风进床，幼苗在较高的温度下突然遇冷，也会很快产生叶片萎蔫现象，进而干枯。冷风闪苗，称"冷闪"。

（2）防止办法　防止闪苗，首先要注意及时通风，当床温上升到25℃时，应当及时通风。其次要正确掌握通风量，随着气温的升高由小渐大，通风口由少到多，通风量的大小应使苗床温度保持在幼苗生长适宜范围以内为准。最后还要准确选择通风口，通风口要开在背风一面。

9. 死苗

（1）原因　发生死苗的原因较多，一般有以下几个方面：

1）病害死苗　由于播种前苗床土、营养土未消毒或消毒不彻底，出苗后没有及时喷药，以及苗床温、湿度管理不当等，引起猝倒病、立枯病发生。

2）虫害死苗　苗床内蛴螬、蝼蛄、蚯蚓等地下害虫大量发生时，造成危害，引起死苗。

3）药害死苗　苗床土消毒时，用药量过大，播种后床土过干及出苗后喷药浓度过高，易造成药害死苗。

4）肥害死苗　苗床土拌入未腐熟的有机肥或施用的化肥掺拌不匀引起烧根死苗。

5）冻害死苗　在寒流、低温来临时，未及时采取防寒措施，导致秧苗受冻死亡，或分苗时机不当，分苗床地温过低，幼苗分到苗床后迟迟不能扎根而造成死苗。

6）风干死苗　未经通风锻炼的秧苗，长期处在湿度较大的空间，苗床通风时，冷空气直接对流，或突然揭膜放风，以及覆盖物被大风吹开，均会导致苗床内外冷热空气变换过猛过频，空气温度、湿度骤然下降，致使柔嫩的叶片失水过多，而引起萎蔫。如果萎蔫过久，叶片不能复原，则最后变成绿色干枯，此现象称为风干。

7)起苗不当造成死苗　分苗时1次起苗过多，一时分苗不及时使幼苗失水过多，分苗后不易恢复而死苗；幼苗在分苗前发育不好，根系少；分苗过晚，造成伤根、吸收能力衰弱而死苗。

(2)预防措施

1)病害造成的死苗　在配制营养土时要对营养土和育苗器具做彻底的消毒。按1米^{2}苗床用50%多菌灵8～10克或绿亨一号1克，与适量干细土混匀撒于畦面，翻土拌匀后播种。配制营养土时，1米^{3}营养土中加入50%多菌灵可湿性粉剂80～100克或绿亨一号5克，充分混匀后填装营养钵；幼苗75%出土后，喷施50%多菌灵可湿性粉剂500倍液杀菌防病，以后7～10天喷1次。适时通风换气，防止苗床内湿度、温度过高诱发病害。

2)虫害引起的死苗　可用1.8%爱福丁乳剂1 000倍液浇灌苗床土面，防治蛴螬；用80%敌敌畏乳油100倍液，或50%辛硫磷乳油50倍液拌碾碎炒香的豆饼、麦麸等制毒饵，撒于苗床周围可杀蝼蛄；用50%辛硫磷乳油1 000倍液，或48%乐斯本乳油2 000倍液浇灌苗床土面，可有效控制蚯蚓危害。

3)药害引起的死苗　在苗床土消毒时用药量不要过大；药剂处理后的苗床，要保持一定的湿度，但每次浇水量不宜过多，避免苗床湿度过大；一旦发生沤根，要及时通风排湿，促进水分蒸发；阴雨天可在苗床上撒施干细土或草木灰吸湿。

4)肥害引起的死苗　有机肥要充分发酵腐熟，并与床土拌和均匀。分苗时要将土压实、整平，营养钵要浇透。

5)冻害引起的死苗　在育苗期间，要注意天气变化，在寒流、低温来临时，及时增加覆盖物，并尽量保持干燥，防止被雨、雪淋湿，降低保温效果。有条件的可采取临时加温措施，采用人工控温育苗，如电热线温床育苗、分苗；合理增加光照，促进光合作用和养分积累，适当控制浇水，合理增施磷、钾肥等；提高苗床地温，保证秧苗对温度的要求，提高抗寒能力。

6）风吹引起的死苗　在苗床通风时，要在避风的一侧开通风口，通风量应由小到大，使秧苗有一个适应过程。大风天气，注意压严覆盖物，防止被风吹开。

7）起苗不当造成的死苗　在起苗时不要过多伤根，多带些宿土，随分随起，一次起苗不要过多；起出的苗用湿布包好，以防失水过多；起苗后还要挑出根少、断折、感病以及畸形的幼苗；分苗宜小不宜大，有利于提高成活率。一般第一次分苗在 2 叶 1 心时选择晴天进行，如大棚光线强、温度高时，可在大棚内的小棚上面隔一段距离放一块草苫或顶部覆盖遮阳网遮光，以防止阳光直射刚刚分完的苗，造成失水—萎蔫—死苗。

10. **畸形苗**　番茄喜温、喜光、耐肥、不耐旱。如果外部生长环境控制不好，极易产生植株畸形，严重影响番茄的产量和质量。因此，预防和防治畸形苗的产生具有重要意义。番茄畸形苗主要表现有：

（1）红叶苗　症状就是新叶及根部呈现暗紫红色，如不尽快矫治，将影响生产，严重的产生僵苗。原因是育苗期长期低温，使光合产物运不到新叶与根部，呈暗紫红色。

防治措施是在夜间保温或调整育苗钵的位置。

（2）露骨苗　症状是茎节处较粗，节间处茎较细，严重的会形成僵苗。原因主要是水肥不足，节间生长缓慢。

防治方法是施用速效肥，以氮为主，磷、钾肥合施，可辅以叶面喷水。

（3）露花苗　是营养生长过弱，叶片小，第一至第二花序开花时，叶片遮盖不住，多发生于早熟品种。原因是早期用激素处理过早。由于营养体过小，结果负担过重，生殖生长点占优势，营养物质集中输送到幼果中，新叶形成缺乏必要的物质，使主茎顶端生长停滞，出现开花到顶现象。

防治措施是果断疏果，施用水肥促进营养生长。如果辅以薄膜拱棚覆盖、地膜覆盖提高地温和气温更好。

（4）莴苣苗　症状是主茎异常肥大似莴苣，叶柄向下扭曲。原因主要是定植后，水肥特别是氮肥过多。防治措施是首先用激素处理，花蕾喷施 30～40 毫克/千克番茄灵促使坐果，使营养物质运输到果实中，加强生殖生长。同时，适当控制氮肥，增施磷、钾肥。

（二）结果期

1. 整株诊断

（1）壮苗　在温、光、水、肥、气等环境条件都适合番茄的生长发育时，打顶前植株开花位置距顶端 20 厘米左右，开花的花序以上还有现蕾花序，从顶部向下看呈等边三角形，叶身大，叶脉清晰，叶先端较尖，花梗节突起。

（2）旺苗　如果茎粗，节间长，开花花序位置低多因肥多、水多、日照不足、夜温高等造成，容易出现畸形果、空洞果。轻微的徒长，也易造成果实生长慢。果小、叶片浓绿、叶片小，是土壤干燥或地温低，或移植时伤根重的表现，容易导致花序节位下降，花数增加，质量降低。

（3）弱苗　开花节位上移，距顶端近，茎细，植株顶端呈水平型，表明顶端伸长受抑制，多因夜温低，土壤干燥、缺肥或结果过多造成，容易落果。

2. 花器诊断

（1）正常株　正常株同一花序内开花整齐，花器官大小中等，花瓣黄色，子房大小适中，如图 11－2 所示。

（2）旺长株　徒长植株，花序内开花不整齐，往往花器官及子房特别大，花瓣浓黄色，如图 11－3 所示。

（3）老化弱株　老化植株开花延迟，花器官小，花瓣浅黄色，子房小，如图 11－4 所示。

(4)低温障碍　花瓣数多、柱头粗扁的花，是在 8℃以下低温形成的，以后必然发育成畸形果，应及早疏除，如图 11－5 所示。

3. **其他**　番茄结果期间植株与果实的其他异常形态诊断与防治，详见本书“十三(四)”的内容。

图 11－2　番茄正常植株的花　　**11－3　番茄旺长株的花**

图 11－4　番茄弱株的花　　**11－5　低温弱光条件下的花**

十二、遭遇灾害性天气前后的防治策略

番茄栽培中除受病虫草的危害外，还会遇到霜冻、干旱、大风、水涝和冰雹等灾害。这些自然灾害不以人们的意志为转移，但随着社会的发展和人类抗拒灾害能力的提高，采取积极主动措施，可以预防和减轻危害程度。

（一）露地番茄自然灾害发生前后的预防与补救

1. 霜冻 番茄露地定植，各地根据当地气候条件和多年积累的经验，加上天气预报，一般都在终霜期过后，地温稳定通过15℃时进行。如河南郑州一般在4月20日前后，地膜覆盖栽培则可提前3～5天。但也有特殊情况，一般每隔10年左右，会有一年在平均终霜期过后偶尔出现霜冻现象。轻霜冻时间短暂，一般对锻炼好的强壮幼苗不会造成大的危害；但超过3个小时以上的0℃低温，危害极大。应根据天气预报和积累的宝贵经验，做好防霜冻准备，一般有以下几种方法：

（1）覆盖法　将地膜、薄无纺布（40克/米^2）、棚膜、厚无纺布（50克/米^2）轻轻贴苗畦盖上，在两端畦埂上用泥、泥块或砖等较重物压上。地膜、薄无纺布可防御0℃低温，棚膜、厚无纺布覆盖，一般－1.5～－1℃低温可安全避过，－2℃以下低温，个别贴紧薄膜处嫩叶会受冻害，但不会有大的冻伤。

（2）灌水法　霜冻来临之前灌1次水。通过灌水，一方面增加土壤湿度，增大土壤热容量和比热值，使夜间土温下降缓和，另一方面利用灌水后，菜田空气中水汽凝结于植物体上，放出凝结潜热，抵消植物体的热损失，从而缓和植株体温的下降。此外，在夜间形成霜冻时，如空气中的相对湿度增加，由于植株的蒸腾作用减小，因而植物体的热量损失减少，从而起到保温的作用。实践证明，灌水后一般能躲过0℃的霜冻危害，特别是灌井水效果更好。

（3）熏烟法　霜冻来临时点燃草堆（麦秸、玉米秆、锯末、杂草等，少加水）生烟，草堆应放在上风口，面积大的多点燃几堆，面积小的少燃几堆，以番茄田上空温度均能回升为原则。烟雾不但能使水汽凝结，放出部分热量，而且还能隔离冷空气远离地面，一般0℃霜冻也可以躲过。

（4）补救　万一大的寒流来临，造成冻害发生，使番茄秧苗全部冻死，有后备秧苗可重新定植，也可改种其他蔬菜。轻度冻害可加强管理，及时中耕、追肥、灌水，一般可以较快恢复。

2. 旱害

（1）运水点浇　有些地方旱地种番茄，定植后较长时间不下雨或水浇地灌溉机械出现了故障一时维修不好,应从别的地方运水点穴浇灌。

(2)中耕保墒　由于中耕能切断或减弱土层的毛细管联系,使下层土壤水分向上输送减少,对土表蒸发的水分供应减弱,表土变干后,蒸发耗热减少,因而表层温度增高,土壤水分降低,而下层则温度降低、湿度增大,有保墒效应。

3. 涝害　番茄一般积水 10 小时左右即会逐渐死亡。防涝的方法除采用小高畦或小高垄栽培外,也要在下水头挖沟排除积水。一般平畦栽培要做到"两灌一排",即两段地块之间,从两头灌水,中间挖一条深 60 厘米以上的排水沟。暴雨时将畦端田埂掘开,让水流入排水沟内,再通过大排水沟排出,万一无排水设施,也应立即用人工排出或用抽水机排水。

4. 雹灾　华北地区春季和秋季栽培的番茄,在5 ~8 月都可能会遭遇冰雹的危害,严重时会将植株打碎造成绝产,其危害大体有 2 种类型。

(1)春季栽培番茄遇到的雹灾　一般轻度雹灾前半期影响较小;中度雹灾叶片大部被打碎,大部分生长点被打断,有的只剩叶柄和侧芽。天晴后应先粗中耕 1 次,土壤干爽后再细锄几次,然后再每亩追施 8 ~10 千克尿素,灌小水,促使侧芽尽快萌发生长,并继续多次中耕,加强管理,一般可获得较好的收成。

(2)秋季栽培番茄遇到的雹灾　如果前半期遇到轻度或中度雹灾,可加强管理,争取有较好的收成。如结果后半期遇到中度雹灾,就只有改种速生菜,因为以后气温逐渐降低,管理的成效不显著。

(3)特别提示　番茄受了轻的雹灾,一定要加强管理,以促使植株早发快长。遇到大的严重雹灾,要抢时间改种,避免遭受大损失。

（二）保护地番茄自然灾害发生前后的预防与补救

1. **大风天气** 冬季或早春遇到 8 级以上的大风天气时，白天揭草苫后棚膜易出现烂膜现象，夜间常把草苫吹乱，使薄膜暴露，造成作物冻害。

应经常收听天气预报并及早采取防范措施。如拉紧压膜线、夜间固定草苫、白天及时放下草苫并压紧等。

2. **暴风雪天气** 外界气温不是很低时，白天可卷起草苫，以免草苫湿透影响保温，同时也应及时清除棚膜上积雪。外界气温下降急剧时，白天不能揭起草苫，应随时清除草苫上的积雪，以免大雪压塌前屋面，或积雪融化，浸湿草苫，导致草苫结冰，影响保温效果。

3. **强降温天气** 强降温天气常可使外界气温急剧下降到 -10℃以下，此时揭开草苫易导致室内温度急剧下降。

晴天的情况下，白天可于中午短时揭开草苫见光升温。

连续阴天后再遇强降温，易使室内温度下降，造成冻害，此时应采取人工临时加热增温措施防冻害。如加扣小拱棚，外加草苫，棚面草苫外加盖纸被等保温覆盖物。

离前沿底角 20 ~ 30 厘米处点燃蜡烛（1 米 1 支）可防急骤降温导致的冻害。

4. **连续阴天天气** 连续阴天，室内热量得不到很好补充，热蓄量减少，棚内总体温度偏低，常处于番茄生长适宜温度的下限或偏低，影响番茄光合作用及其正常生育。

一般情况下，阴天的散射光仍能使棚温上升 5 ~ 7℃，且有时的光强也在番茄的光补偿点以上，因此连阴天也要及时揭开草苫见光。主要是抓住中午短暂的温度较高的时段揭开草苫，或随揭随放，让番茄在短时间内见光。常用措施有：①采取提前扣棚，使墙体、地面尽量储热。②增施有机肥，靠微生物旺盛分解有机物而增温。③后墙内侧张挂反光幕。④人工临时加温或补光等措施。⑤在阴雨天到来时，尽量多采果，以利低温条件下植株的营养生长。

上述各项措施均可减轻或避免连续阴天对番茄的影响，各地可因地制宜、因时制宜地采用。若能将上述多项措施结合运用，效果更好。

5. 久阴骤晴天气 冬春季节，由于受到灾害天气的影响，常连续几天不能揭草苫，天气转晴后揭草苫常出现植株萎蔫情况，严重时不能恢复而枯死。因此，遇久阴骤晴天气，棚室上覆盖的草苫，不可一次揭完，应先隔 1～2 条揭 1 条，待棚室内地温缓慢回升，番茄植株根系具吸收功能时，再全部揭完。

此时应注意观察，发现萎蔫及时回苫，直至叶片完全恢复为止。严重时可进行叶面喷水，或用葡萄糖液加农用链霉素进行叶面喷雾。

选用耐寒、耐弱光品种，培育壮苗，嫁接换根等，均能增强植株抗性，减轻或避免灾害性天气给香茄造成的影响。

6. 冰雹灾害天气 夏秋季节的冰雹灾害，易把前屋面砸成很多孔洞。

应经常收听天气预报，在降雹前，及时盖草苫，或在棚膜上面 20～30 厘米处覆盖遮阳网，以防冰雹砸烂棚室、塑料薄膜，影响番茄生产。

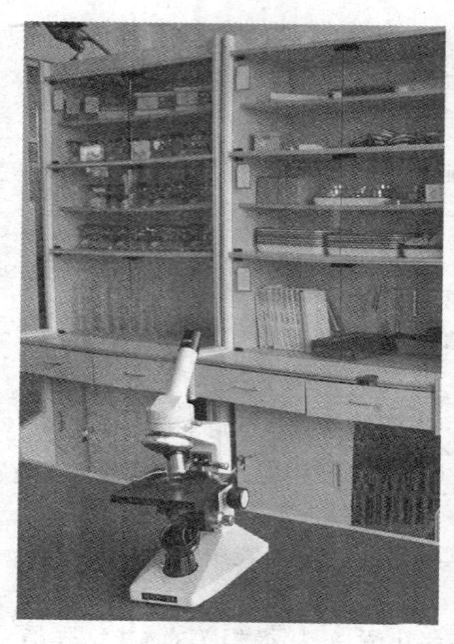

十三、番茄虫病草害安全防治技术

防治虫、病、草、鼠害，首先做到科学诊断，然后采取农业防治、物理防治、生物防治、生态防治、化学防治等综合防治技术，改进化学防治技术，选用高效低毒农药和新型药械，少用水剂，多用烟剂和粉尘剂等。注意药的残留期。

（一）合理使用农药

番茄生产用药支出（农药、人工费、器械费）占生产总支出的比例很大，给菜农带来不小的负担。药打了，钱花了，力出了，罪受了，药效怎么样？有没有副作用？因此，科学合理用药与安全高效生产关系较大，应总结这方面的经验教训，克服盲目用药现象。

1. 当前用药误区 调查发现，当前菜农用药存在如下误区：

一是看邻居或有技术的人家打药了，自己就跟着打药。

二是定期打药，如 7～10 天打 1 次药。不管农药持效期长短和田间番茄植株长势、长相如何。

三是按常规打药，不管病虫害情况，每年照例按时打同一种药。

四是请当地售药的经销商开药方，自己没主见，不能主动选药。

五是发现一株菜苗或一个枝叶上有了病虫害，就认为全田都有了病虫害，不分青红皂白开始全田打药。

六是不按防治指标打药。

七是不按经济阈值打药。

八是一遇晴天就打药，所谓打保险药。

九是认为化学农药管用，不善于运用生物、物理、农业和生态防治方法进行综合防治，形成依靠用化学农药的坏习惯。

2. 科学用药方法

(1)学会病虫害测报 每种病虫害都有其发生条件、生活规律、防治时机，通过对某种病虫害的田间调查、观察、饲养或培养，可以确定其大发生时期或防治关键期。如番茄的苗期是猝倒病、立枯病的发生期，番茄叶霉病、灰霉病在高湿、低温、阴天通风不良的条件下发生重，疫病在高温、高湿条件下发生重。在不同时期有针对性地施药，药效可显著提高。

(2)按防治指标打药 病、虫危害到什么程度开始打药效果最好，应以农业部门或农技人员发布的病虫害防治指标为准。

(3)挑治 在生产上，常有个别植株或个别枝叶病虫害局部危害，或因漏打农药造成局部危害，造成的损失并不太大。出现这种情况，可通过细致的田间调查，详细记清病虫害发生严重的行、株号，只对个别植株、个别枝叶进行喷药，这就是“挑治”。这样做省工、省药，而且有利于天敌的繁衍，保持田间的生态平衡。如果把局部危害当全田危害来打药，既浪费了人工、农药，污染了环境，又杀伤了天敌，得不偿失。

(4)减少不必要的用药　有些药属于可用可不用的药，如在育苗或整地前，一些从未种过蔬菜的新建棚室，就没有必要进行土壤和棚室处理。此外，有些菜农喜欢把几种效果相近、性质相同的农药混合对在一起，觉得放心。其实，目前市售杀虫、杀菌剂大部分都是厂家复配剂型，看似一种药，实质是多种药的复配药，更有一药多名现象。另外，多种农药混合常有减效作用，所以，不应这样用药。

(5)轮换用药　如果一年连续多次使用某种农药，极易使病虫害产生抗性，打药的浓度加大，投资成本提高。据统计，我国日光温室产区，白粉虱对有机磷农药的抗性已提高5～10倍。因此，轮换使用杀虫机制不同的农药，可以有效地延缓和抑制病虫害产生抗药性，尤其是易产生抗药性的蚜虫类、螨类，更要注意经常更换农药品种。

(6)选择抗病品种　不同品种，对某种病虫害有不同的反应和抗性，这是由其遗传性所决定的。具体来说，番茄品种间对病虫害的抗性有强弱之分，有免疫、高抗、中抗和低抗之别。选用抗病品种可收到省投资、少污染、保护天敌等一举多得的效果。

(7)不宜随意提高药液浓度　部分菜农认为，打农药时，如果按农药标签上规定浓度打不管用，应该提高浓度。经调查农药使用情况发现，3 000 倍液与 2 500 倍液或 2 000 倍液的防治效果无显著差异。任何一种杀虫、杀菌剂都有其规定使用浓度，该浓度是由权威部门指定的植保专家经多年、多点试验后才确定下来的比较经济可靠的使用浓度。在多数情况下，超浓度用药，其防治效果不一定随浓度提高而增加，相反，会带来一些副作用——产生药害和影响天敌。从最终防治效果来说，如果一种农药能杀死50%的害虫，同时，又不伤天敌时，其防效要比能杀死99%的害虫，但杀害了天敌的农药要好得多。有时感到用药效果不好，不一定都是由于浓度低，而多半是因打药质量不高所造成的。

（8）调整用药期　有些菜农仅凭经验，定期打药，打安全药、保险药，这是对资金、劳力的浪费，既增加了对环境的污染，也不利于天敌的繁衍。应在益虫、害虫比例低，或病虫害种群数量达到经济受害水平时，才选择用药。

（9）合理混用农药　农药混用，不但有利于防治同时发生的多种病虫，而且可防止病虫产生抗性。哪些农药能混用，哪些农药不能混用，可通过阅读产品说明书确定。在叶霉病、疫病、白粉虱同时发生时，可将能混用的选择性的杀菌、杀虫剂混配使用，既降低投资，又减少用工，还可收到一喷多防的效果。切记混配农药时，一要考虑到对目标害虫的效果，二要考虑对人畜、番茄及环境的安全。在混配时，决不能把作用机制和防治对象相同的药剂混用，更不能把多种农药或有机合成农药与强碱农药随意混合，避免产生药害和减效。

（10）采用选择性农药　属于生理选择性强的农药，药剂有保护天敌、减轻对环境污染的良好作用，经常在生产无公害番茄时使用。这些农药有：①昆虫生长调节剂。②微生物农药。③选择性杀螨剂。④选择性杀蚜、杀蚧剂。⑤人工合成的性外激素。⑥植物源杀虫、杀螨、杀菌剂。⑦人工合成的抗生素类农药。⑧弱毒疫苗。⑨动物源农药。

（11）改进施药方式　棚室内用药要改喷雾式为喷粉尘剂，点燃烟雾剂、结合浇水进行灌根施药等方式，以改善设施内环境条件，控制病害的发生与流行。

（二）主要害虫的危害特点与防治

1. 蛴螬

（1）危害特点　蛴螬是金龟子的幼虫，主要在未腐熟的粪中产生，特别是生鸡粪中数量更多。蛴螬是杂食性害虫，能危害多种作物的幼苗。幼虫主要取食幼苗的地下部分，直接咬断根、茎，使全株死亡。

（2）防治技术

1）农业防治　秋后冬前深翻土地，进行冻垡杀灭越冬幼虫及蛹，可明显降低翌年的虫量。注意施用充分腐熟的有机肥，不施生粪。在有机肥中还可喷施辛硫磷（1 米^{3}粪肥用50%辛硫磷乳油50毫升）等杀虫农药。

2）物理防治　可用黑光灯诱杀成虫。

3）化学防治　发现有幼虫危害时可用48%毒死蜱乳油1 000倍液，20%氯氰菊酯乳油1 000倍液灌根，或制成毒土撒在畦内。

2. 小地老虎

（1）危害特点　小地老虎是一种杂食性害虫，可危害多种蔬菜幼苗。幼虫3龄前大多在叶背和叶心里昼夜取食而不入土，3龄后白天潜伏在浅土中，夜出活动取食。苗小时齐地面咬断嫩茎，拖入穴中。5～6龄进入暴食期，占总取食量的95%。成虫昼伏夜出，尤以黄昏后活动最盛，并交配产卵。成虫对灯光和糖醋液有趋性，3龄后的幼虫有假死性和互相残杀的特性，老熟幼虫潜入土内筑室化蛹。

（2）防治技术

1）农业防治　早春铲除田园杂草，减少产卵场所和食料来源，春耕多耙，消灭土面上的卵粒，秋冬深翻烤土冻土，破坏其越冬场所。

2）物理防治　利用成虫的趋光性、趋化性开展诱杀。推广应用频振式诱蛾杀虫灯。春季利用糖醋液诱杀成虫，按糖∶醋∶酒∶水＝6∶3∶1∶10的比例，再加入少量敌百虫配成诱液，将诱液放进盆内，傍晚时置入田间，盆离地面约1米，第二天上午收回。

3）化学防治

☞制毒土。一般在3龄幼虫以前用药，选用90%敌百虫晶体，每亩地用50～100克加水1千克溶化后，加入10千克细土，制成毒土拌匀后撒在植株周围。

☞喷雾。21%灭杀毙乳油800倍液，20%菊马乳油1 000倍液，2.5%溴氰菊酯乳油3 000倍液，虫龄较大时，可用21%灭杀毙乳油或48%乐斯本乳油1 000倍液灌根。

3. 茶黄螨

(1)危害特点　成螨和幼螨集中在寄主的幼嫩部位（幼芽、嫩叶、花、幼果）吸食汁液。被害叶片增厚僵直，变小或变窄，叶背呈黄褐色或灰褐色，有油渍状光泽，叶缘向背面卷曲。幼茎被害变黄褐色，扭曲成轮枝状。花蕾受害畸形，重者不能开花坐果。受害严重的番茄植株矮小丛生，落掉叶、花、果后形成秃尖，果实不能长大，凹凸不光滑，肉质发硬。华北地区大棚生产一般在5月中下旬开始发生，6月中旬至9月中下旬为盛发期，露地危害高峰期在8～9月，越夏恋秋栽培番茄较易受害。

(2)防治技术

1）农业防治　搞好冬季大棚内茶黄螨的防治工作，铲除田间和棚内杂草，蔬菜采收后及时清除枯枝落叶集中烧毁，减少越冬虫源。

2）化学防治　在发生初期，用1.8%爱福丁乳油3 000倍液，73%克螨特乳油2 000倍液，55%尼索朗乳油2 000倍液，10%联苯菊酯乳油3 000倍液，15%扫螨净可湿性粉剂3 000倍液，喷在植株上部的嫩叶背面、嫩茎、花器和嫩果上。药剂应轮换使用，每隔10天喷施1次，连续喷施3次。

4. **烟青虫**

（1）危害特点　烟青虫危害番茄，以幼虫蛀食花蕾和果实为主，也可食嫩茎、叶和芽。蛀果危害时，虫粪残留于果皮内使果实失去商品价值，田间湿度大时，果实容易腐烂脱落造成减产。

（2）防治技术

1）农业防治　露地冬耕冬灌，将土中的蛹杀死。早春在番茄田边靠西北方向种 1 行早玉米，待棚膜揭除后，其成虫飞往玉米植株上产卵，然后清除卵粒、减少虫量。实行轮作。推广利用早熟品种，避开危害时期。加强田间管理，及时清洁田园，在盛卵期结合整枝打杈，摘除带卵叶片，减少卵量，摘除虫果，压低虫口基数。

2）物理防治

☛杨、柳树枝诱蛾法。剪取 0.6 米长带叶杨、柳树枝条，每 10 根一小把绑在一根木棍上，插在田间（稍高于番茄顶部），每亩 10 把，每 5 ~ 10 天更换 1 次，一般从 4 月上中旬开始，连续15 ~ 20 天。每天早晨露水未干时，用塑料袋套在把上捕杀成虫。

☛黑光灯诱蛾法。从 4 月上中旬田间始见蛾时，每 50 亩安装一盏黑光灯（220 伏、40 瓦），灯下放一塑料盆，盆内盛洗衣粉水，于傍晚点灯至翌日清晨，可杀死大量飞蛾。

☛电子灭蛾灯诱杀成虫。即在无遮挡的菜地里，竖立一根木桩（深埋固定，以免被大风刮动摇摆），在木桩上安装灯具，每 100 亩一盏灯（220 伏、15 瓦），灯底部高出植株顶部 0.2 米以上，注意安全，严防触电漏电。若电网上布满害虫残体，停电后清除，一季生产结束后，妥善保管好灯具。大部分趋光性害虫，可在其产卵前诱杀。

3）生物防治

☛以虫治虫。保护好天敌，利用赤眼蜂、长蝽、花蝽、草蛉及蜘蛛等捕食烟青虫。

☛使用生物农药。在烟青虫产卵高峰期,喷施生物农药如 Bt 乳剂、复方 Bt 乳剂、杀螟杆菌等 500 ~ 800 倍液,生物复合病毒杀虫剂Ⅰ型 1 000 ~ 1 500 倍液,1.8% 爱福丁乳油 3 000 倍液或 0.3% 印楝素乳油 1 000 倍液,对低龄幼虫有较好防治效果。生物农药施用要求在阴天或傍晚光照弱时,不能与杀菌剂或内吸性有机磷杀虫剂混用,使用过该药的药械要认真冲洗干净;当田间虫口密度大时,可适当加入少量的除虫菊类农药,以便尽快消灭害虫,减轻危害。

4)化学防治　在准确测报的基础上,重点抓好花蕾至幼果期的防治。根据防治指标(有虫株率 2%),在 1 ~ 2 龄幼虫期及时用药,即幼虫还未蛀入果内危害的时期施药防治,将幼虫杀死在蛀果前。可选用 2.5% 溴氰菊酯乳油 2 000 倍液,2.5% 氯氟氰菊酯乳油 2 000 倍液,4.5% 高效氯氰菊酯乳油 1 500 倍液,5% 卡死克乳油 2 000 倍液,5% 甲基阿维盐乳剂 2 500 倍液,35% 农梦特乳油 2 000倍液,10% 菊马乳油 1 500 倍液,48% 乐斯本乳油 1 500 倍液,21% 灭杀毙乳油 4 000 倍液等,于傍晚喷施,每季每种药只可用 2 次,轮换用药,减缓害虫产生抗药性。在番茄第一次采收前 10 天停止使用化学农药。此后如需防治,只能使用生物制剂。

5. 斜纹夜蛾

(1)危害特点　斜纹夜蛾是一种食性很杂的暴食性害虫。初孵幼虫群集危害,2 龄后逐渐分散取食叶肉,4 龄后进入暴食期,5 ~ 6 龄幼虫占总食量的 90%。幼虫咬食叶片,花、花蕾及果实,食叶成孔洞或缺刻,严重时可将全田作物吃成光秆。

(2)防治技术

1)物理防治

☛诱杀成虫。利用成虫的趋光性、趋化性进行诱杀。采用黑光灯、频振式灯诱蛾,也可用糖醋液或胡萝卜、甘薯、豆饼等发酵液,加少许红糖与敌百虫进行诱杀。

☛人工捕杀。利用成虫产卵成块，初孵幼虫群集危害的特点，结合田间管理，进行人工摘卵和消灭集中危害的幼虫。

2）生物防治　在幼虫初孵期用复合病毒杀虫剂虫瘟1号1 500倍液喷雾，效果较好。

3）化学防治　在幼虫3龄前群集危害和点片发生阶段，可结合田间管理进行区域防治，不必全田施药。幼虫4龄以后因昼伏夜出危害，施药宜在傍晚前后进行。可选用5%抑太保乳油3 000倍液，7.5%虫霸乳油3 000倍液，5%卡死克乳油2 000倍液，20%菊马乳油2 000倍液，40%氰戊菊酯5 000倍液，2.5%天王星乳油3 000倍液，48%乐斯本乳油1 000倍液，每隔7～10天喷施1次，连用2～3次。

6. 蚜虫

（1）*危害症状*　蚜虫又称腻虫，危害时常群集在叶片背面和嫩茎上，刺吸番茄汁液，造成植株营养不良。幼嫩叶被害时，常皱缩卷曲。受害轻时产生退绿斑点，叶片发黄，重者叶片卷缩变形枯萎。蚜虫危害时还排出大量的蜜露污染叶片和果实，引起煤污病菌寄生，影响光合作用。蚜虫还可传播病毒病。

（2）*防治技术*

1）农业防治　木槿、石榴及菜田附近的枯草是蚜虫的主要越冬寄主，在秋、冬季节及春季要彻底清除菜田附近杂草，或在早春对木槿、石榴等寄主喷药防治。

2）物理防治

☛黄板诱蚜。可用涂有10号机油等黏液＋杀虫剂的黄板来诱杀蚜虫。黄板大小一般为16～20厘米^2，插于或悬挂于番茄行间并与番茄持平。

☛银灰膜避蚜。银灰色对蚜虫有较强的驱避性，可在田间挂银灰色塑料条或用银灰色地膜覆盖番茄，在番茄播后立即搭0.5米高的拱棚，每隔0.3米纵横各拉一条银灰色塑料薄膜，覆盖

18 天左右。

☞洗衣粉灭蚜。洗衣粉中的十二烷基苯磺酸钠对蚜虫等有较强的触杀作用。可用洗衣粉配成 400～500 倍液灭蚜，每亩用洗衣粉液 60～80 千克，连喷 2～3 次。

3）生物防治

☞植物灭蚜。将烟草磨成细粉，加入少量石灰粉，撒施；或用水将野蒿浸泡 24 小时，过滤后喷洒；或将蓖麻叶粉碎后撒施，或与水按 1∶2浸泡，煮 10 分后过滤喷洒；或将桃叶于水中浸泡 24 小时，加入少量生石灰，过滤后喷洒。

☞植物驱蚜。韭菜所挥发的气味对蚜虫有驱避作用，将番茄与韭菜搭配种植可驱避蚜虫。

☞保护天敌。蚜虫的天敌有七星瓢虫、草蛉、食蚜蝇等，应注意保护它们并加以利用。

4）化学防治　用 25% 噻虫嗪水分散粒剂 3 000 倍液，10% 吡虫啉可湿性粉剂 1 000～2 000 倍液，2.5% 溴氰菊酯乳油 2 000～3 000 倍液，5% 快杀死乳油 3 000 倍液喷雾。

7. 白粉虱

（1）危害特点　白粉虱又名小白蛾。白粉虱在全国各地均有危害，特别是在保护地较多的地区终年危害。危害时主要群集在叶片的背面，以刺吸式口器吮吸番茄的汁液，被害叶片退绿、变黄、植株生长势衰弱，成虫和若虫分泌的蜜露，堆积在叶片和果实上，易发生煤污病，影响光合作用和降低果实的商品性。

（2）防治技术

1）物理防治　利用白粉虱的趋黄性，可在栽培地设置 16 厘米×20 厘米的橙黄色板，在板上涂上杀虫剂＋10 号机油（加入少量黄油）。每亩设 30～40 块，诱杀成虫效果较好。黄板设置高度与植株高度相平。隔 7～10 天再涂 1 次机油。

2）生物防治　在温室和大棚等保护设施内，可人工释放丽蚜小蜂、中华草蛉等天敌防治白粉虱。

3)化学防治

☛叶面喷雾。用25%吡蚜酮可湿性粉剂2 500倍液,10%吡虫啉乳油2 000倍液,10%联苯菊酯乳油3 000倍液,2.5%溴氰菊酯乳油3 000倍液,20%氰戊菊酯乳油2 000倍液喷洒,7天喷施1次,连喷3~4次,不同药剂应交替使用,以免害虫产生抗药性。喷药要在早晨或傍晚时进行,此时白粉虱的迁飞能力较差。喷时要先喷叶正面再喷背面,使惊飞的白粉虱落到叶表面时也能触到药液而死。

☛熏烟。温室或大棚等在傍晚密闭,用80%敌敌畏乳油每亩250克掺锯末2千克熏烟,用1%溴氰菊酯、2.5%氰戊菊酯乳油剂用背负式机动发烟剂施放烟剂,用20%灭蚜烟剂熏烟,防治效果较好。

8.美洲斑潜蝇

(1)*危害特点*　幼虫钻叶危害,在叶片上形成由细变宽蛇形弯曲的隧道,开始为白色,以后变成铁锈色,有的在白色隧道内还带有湿黑色细线。幼虫多时,在短时间内叶面就被钻花干死。

(2)*防治技术*

1)加强检疫　加强植物检疫,防止从有虫区调幼苗或将蔬菜带到无虫区,对无虫区进行保护。

2)农业防治

☛清洁田园。及时清除各种残茬或杂草,特别是已经发生虫害的地块。日常田间管理时,一旦发现叶片受害立即摘除,并深埋。

☛土壤消毒。保护地可结合换茬进行土壤和设施消毒。如在夏季可进行高温闷棚消毒。

3)物理防治　利用成虫具有趋黄性,可用黄板涂机油进行诱杀。

4）化学防治　宜选择兼具内吸和触杀作用的杀虫剂，如20%绿菜宝乳油2 000倍液，2.5%保得乳油2 000倍液，1.8%爱福丁乳剂2 000倍液喷雾，并交替轮换使用农药。根据美洲斑潜蝇的习性，喷药应在早晨或傍晚进行。

（三）番茄病害安全防治技术

1.番茄早疫病　早疫病菌对温、湿度要求不严，在1～45℃条件下均可生长，适宜温度为26～28℃，空气相对湿度在80%以上分生孢子就能产生与萌发。病害在结果初期开始发病，盛果期进入发病高峰。发病与植株营养关系密切，植株衰弱和叶片光合产物少、糖分下降，最易感病；保护地栽培比露地栽培发病重，早熟品种易发病。此外，番茄连作、密度过大、浇水过多、基肥不足、低洼积水、结果过多等造成环境高湿、植株生长衰弱的，均有利于该病暴发流行。

（1）发病症状　该病在幼苗期、成株期均可危害。幼苗期在茎基部产生褐色环状病斑，表现立枯病状。成株期茎、叶、果实都可发病。叶部发病多从下部叶片开始，逐渐向上发展，起初叶片上出现水渍状褐色小点，扩大后形成圆形或不规则形病斑，病斑为褐色至黑褐色，边缘多具浅绿色或黄色晕环，中部具有突起的同心轮纹，如彩图3所示。潮湿时，病斑上产生黑色霉状物；发病严重时，病斑可相互连接，造成叶枯。叶柄受害，出现椭圆形轮纹斑，深褐色至黑色。茎部多在分枝处发病，病斑稍下陷，灰褐色，椭圆形，轮纹不明显。果实上发病多在果蒂附近，产生圆形或椭圆形直径1～2厘米略微凹陷的病斑，病斑呈现褐色或黑色，具同心轮纹，上面布满黑色霉状物。

（2）防治措施

1）选择品种　种植抗（耐）病品种。

2）轮作与土壤处理　与非茄科作物轮作2年以上。在不能轮作的情况下,用石灰氮等处理土壤也能减轻病害的发生。

3)种子处理　应从健康植株上采收种子,若种子带菌,可用52℃热水浸泡30分,晾干后催芽播种。

4)搞好田园卫生　拉秧后及时清除田间的落叶、落果等病残体和发病植株,结合耕翻,搞好田园卫生。

5)加强田间管理　采用高畦栽种,浇水后一定要通风,降低定植田的湿度;合理密植,施足基肥,增施磷、钾肥;培育壮苗,减轻发病。初期发病应摘除病叶,减少发病的侵染来源。

6)药剂防治　发现病株要立即选用1%科佳乳剂1 000~1 500倍液,75%百菌清可湿性粉剂600倍液,一帆常绿可湿性粉剂700~1 000倍液,50%疫霉净可湿性粉剂500~800倍液,64%杀毒矾可湿性粉剂400倍液喷雾防治。为了防止病菌产生抗药性,药剂应轮换使用。

2. **番茄晚疫病**　晚疫病是一种由真菌引起的严重危害番茄生长的病害。该病只危害番茄和马铃薯。发病严重的田块,植株可在数日内死亡,造成大量减产甚至绝收。在低温、阴雨、露水大、雾大等气候条件下,有利于该病的发生。

(1)发病症状　番茄晚疫病可危害番茄苗、叶、茎和果实,以叶和青果受害为重。幼苗染病,病斑由叶片向主茎蔓延,使茎变细,并且呈黑褐色,致使全株萎蔫或折倒,湿度大时病部表面产生白霉。叶片染病,多从植株下部叶尖或叶缘开始发病,初为暗色水渍状不规则病斑,扩大后转为褐色。高湿时,叶背病健交界处长出白霉。茎上病斑呈黑褐色腐败状,导致植株萎蔫。果实染病主要发生在青果上,病斑初呈油渍状暗绿色,后变成暗褐色至棕褐色,稍凹陷,边缘明显,云纹不规则,果实一般不变软,湿度大时长少量白霉,迅速腐烂,如彩图4所示。

(2)防治措施

1)农业防治　选用抗病品种;合理密植,加强田间管理;与非茄科作物实行3年以上轮作。

2)药剂防治　在番茄发病初期开始喷洒10%科佳悬浮剂1 000~1 500倍液,40%杜邦福星乳油8 000倍液,68.75%杜邦易保颗粒剂1 500倍液,75%猛杀生干悬浮剂600倍液,52.2%抑快净可湿性颗粒剂3 000倍液,可达到良好的防治效果。也可用上述药剂掺上泥土混成泥浆涂抹病茎。

3.番茄斑枯病　番茄斑枯病俗称白星病、鱼目斑病,连续阴雨天,光照不足,空气潮湿,植株徒长,基肥不足,生长势衰弱等,均有利于斑枯病的发生和危害。

(1)*发病症状*　番茄各生育期、地上部分的各部位都能出现症状,但以开花结果期的叶部发病最重。叶片发病先在叶背面产生水渍状小病斑,很快正反两面都相继出现许多病斑,直径为1.5~4.5毫米,呈圆形或近圆形;中央灰白色,稍凹陷,边缘深褐色,其上生有黑色小粒点。病斑多时相互接近汇成大枯斑,或病斑组织脱落而形成穿孔。一般植株下部叶片先发病,并自下而上蔓延,严重时中下部叶片枯黄脱落,仅上部留存少数叶片。茎和果实上的病斑都是褐色,稍凹陷,上生小黑粒点;但茎部病斑呈椭圆形,果实病斑呈圆形。

(2)*防治方法*

1)种子处理　播前用50℃热水浸种25分,沥水后催芽播种或晾干备用。

2)苗床或定植田合理轮作　育苗床连用不能超过5年,最好采用新苗床。番茄田应间隔3~4年与非茄科蔬菜轮作。

3)加强栽培管理　栽培管理包括降低地面湿度、均衡施肥、增施磷、钾肥,防止施用未腐熟的农家肥;采取高畦栽培,合理密植,搞好栽培地通风透光,促进植株生长,提高抗病力;拉秧时清除残株败叶;铲除田间杂草。

4)药剂防治　发病初期及时选喷75%百菌清可湿性粉剂

600 倍液,50%多菌灵可湿性粉剂 500 倍液,50%甲基托布津可湿性粉剂 800 倍液,58%甲霜灵锰锌可湿性粉剂 500 倍液,60%杀毒矾可湿性粉剂 500 倍液或 27%高脂膜乳剂 80 ~ 100 倍液等,每隔 7 ~ 8 天喷 1 次药,连喷 2 ~ 3 次。

4. 番茄灰霉病　灰霉病是保护地栽培番茄最主要的病害之一,湿度对此病流行的影响较温度大,如棚内低温高湿、通风不良发病重。

(1)发病症状　番茄叶片受害一般先从叶尖开始,病斑呈 V 形,灰褐色,有轮纹,病斑逐渐扩大,并引起叶片枯死,表面生有少量灰霉。果实染病,初期果皮变白、软腐,后期产生大量灰色霉层,呈水腐状,失水后果实僵化,如彩图 5 所示。

(2)防治方法

1)摘除花瓣　花瓣和柱头是番茄灰霉病菌最初侵染的部位,随病情逐渐发展到幼果,发病的花瓣落到叶片上,常引起叶片发病。因此,在番茄坐果后应及时摘除残留的花瓣和柱头。以阻断灰霉病病菌的初侵染点。

2)高温闷棚　通过温、湿度调控,创造一个有利于番茄生长而不利于灰霉病发生的生态环境。8 ~ 10 时把棚温提到 31 ~ 33℃,达到 34℃时通风,温度降至 25℃以下开始关风口,20℃时关严通风口。夜间保持 13 ~ 15℃。在晴天上午浇水,浇水后立即闭棚提温至 33℃以上时闷棚 1 小时后通风排湿。

3)带药喷花　蘸花会加速灰霉病的传播,可采用 10 ~ 25 毫克/千克防落素液进行喷花处理,并在其中加入速克灵或施佳乐 50 倍液。当番茄一个花穗上开有 2 ~ 3 朵花时,喷花 1 次;有 50%左右的花朵开放时再喷 1 次。

4)浇水前施药　浇水后容易引起病害大发生,烂果严重,因此要先喷药,第二天才能浇水。喷药的重点是花和幼果。

5)带药移栽　幼苗移栽后的缓苗期,植株的抵抗力下降,病菌容易侵染危害,因此,要在幼苗移栽前1天先施用药剂,增强植株的抵抗力。

6)交替施用新型农药　连年施用50%速克灵、50%扑海因等进口农药,已产生抗药性,应尽量交替使用新型农药,如28%灰霉克、50%灭霉威、特立克等。

7)喷粉尘剂　可选用10%灭克、5%百菌清、10%杀霉灵或10%灰霉灵每次亩用药1千克,于傍晚喷洒,不但可防治病害,而且可避免喷雾给棚室造成的湿度加大。

8)烟雾施药　遇连续阴雨(雪)天气,可选用10%速克灵或45%百菌清烟剂进行熏烟,每亩每次熏250克,于傍晚进行。

5.番茄菌核病　早春低温,不适宜番茄生长,棚室湿度大,棚膜漏水,排水不良,通风降湿差等均易发病。

(1)发病症状　地上部叶、茎、果均发病。叶片多从叶缘开始,水浸状,淡绿色,潮湿时长出白霉,后期全叶呈灰褐色枯死。茎部发病,多从病叶叶柄延伸所致,初呈淡褐色水渍状病斑。稍凹陷,扩大后为灰白色,湿度大时病部表面生出白色棉絮状菌丝体,皮层腐烂,后期在茎部表面和茎内髓部产生黑色菌核。病茎干后表皮易破裂。果实发病主要危害未成熟果实,由果柄开始,逐渐扩展至整个果实,病部初呈水渍状,淡褐色,在病部表面生有白色棉絮状菌丝及黑色菌核,病果软腐,如彩图6所示。

(2)防治方法

1)精选种子　育苗前清除混在种子中的菌核。

2)控制棚室湿度　注意通风。

3)喷洒杀菌剂　发病初期立即选用40%菌核净可湿性粉剂800~1 500倍液,50%速克灵可湿性粉剂1 500倍液,50%扑海因可湿性粉剂800倍液喷雾防治。植株茎的基部和地面上应喷洒药液。隔7~8天喷1次,连续喷3~4次。也可用速克灵烟剂在开花前熏烟,每次熏400克/亩。

6. 番茄叶霉病 遇上连续阴雨天，棚室内光照弱，湿度大，通风不及时，植株过密、生长过旺，管理跟不上，多年连作等均可诱发叶霉病发生。

（1）*发病症状* 叶片受害，先在叶背面出现圆形或不规则形淡黄绿色病斑，后在病斑上长出灰色至黑褐色的霉层。霉斑多时布满叶背并相互融合。被害叶片正面随着背面病斑的扩大，而逐渐退绿变黄，直至整张叶片枯黄，严重时正面也长霉斑。叶片发病顺序由下至上，叶片出现卷曲死亡；嫩茎受害，嫩茎上有棱形黄褐斑，并有黑霉；花部受病菌侵染会出现落花；果实受害，病果表面产生黑色近圆形凹陷硬斑，不能食用，如彩图 7 所示。

（2）*防治方法*

1）种子处理 选用优质无病种子，在无病床土上育苗，播种前，将种子放入 50～55℃热水中浸种 30 分，可减少病害发生。

2）合理轮作，避免连作 与非茄科蔬菜如大葱、大蒜、瓜类、豆类等进行 3 年以上轮作。

3）棚室消毒 对发病重的棚室，定植前进行消毒处理，每亩棚室用硫黄粉 1～1.5 千克、锯末 2～2.5 千克混匀，分放多处点燃后密闭熏蒸 48 小时。

4）加强田间管理 在生长过程中，及时吊绳、打杈、摘心，后期打底叶、病叶，防止枝叶过密通风不良。注意控制棚室的温、湿度，适当控制浇水，加强通风。及时清洗棚膜，增强透光率。

5）合理施肥 避免偏施氮肥，增施磷、钾肥，以提高植株抗病能力。

6）及时喷药防治 常用药剂有 10% BO－10 水剂 150 倍液，75% 百菌清可湿性粉剂 600 倍液，50% 多菌灵可湿性粉剂 800 倍液；常用粉尘剂有 10% 敌托粉尘剂或 5% 百菌清粉尘剂，每次亩用量为 1 千克，7～8 天喷 1 次。

7. 番茄灰叶斑病 连续阴雨天，日照少，土壤和空气湿度大，叶面长时间有水是发病的重要原因；肥力不足，尤其是缺钾肥，氮肥过多，植株生长势弱、抵抗力差也是发病的原因之一。从田间观察来看，同一感病品种若增施钾肥，注意前期蹲苗，叶片肥厚、老壮、叶色浓绿则不易感病。在适宜条件下，此病传播极快，从发病至全株叶片感染只需2～3天。

(1)发病症状　番茄灰叶斑病主要危害叶片、叶柄、花梗、花萼和花瓣，以危害叶片为重，果实少见。发病初期在叶片上产生圆形或不规则形的灰褐色斑点，然后病斑沿着叶脉逐渐扩展呈不规则形，到发病中期叶柄、花柄、花萼、花瓣轻度感染，病斑凹陷、变薄，最后叶片破裂、穿孔，直至全叶干枯、脱落。

(2)防治方法

1)农业防治

选用抗病品种。播前用相当于种子量0.3%～0.4%的50%多菌灵或50%福美双拌种。选用叶色浓绿、叶片肥厚、节间短的壮苗。

高垄大小行距定植。大行距80～90厘米，小行距50～60厘米，畦高30厘米以上，亩定植1 500～1 800株，保证田间通风透光，降低田间湿度。

施足基肥，增施钾肥，以提高植株对灰叶斑病的抗病性。亩施腐熟有机肥3 000～5 000千克、三元素复合肥50～75千克、过磷酸钙30千克作基肥。在植株开花后，每隔7天叶面喷施1次0.2%～0.4%磷酸二氢钾液，连喷4～5次后改为每10～15天喷施1次。在第一花穗坐果后加强根部追肥，每亩每次施尿素5千克+磷酸二氢钾10千克，15～20天追施1次。

及时整枝打杈，保证田间通风。对已发病的植株，可加入0.2%～0.4%磷酸二氢钾液一起喷施，这样可促进感病植株叶片迅速转绿。及时清除病残体，将收获后的残留植株清出棚外集中烧毁。

2）药剂防治　感病前可用75%百菌清可湿性粉剂800倍+代森锰锌可湿性粉剂600倍+硫悬浮剂800～1 000倍混合液喷雾，57.6%氢氧化铜1 000倍液，20%噻菌铜500倍液喷雾预防。发病后可选择以下配方交替使用：①用10%苯醚甲环唑（世高）干悬浮剂1 500倍+硫悬浮剂800～1 000倍+70%甲基托布津可湿性粉剂600倍混合液喷雾。②用爱苗3 000倍液+硫悬浮剂800～1 000倍液+70%代森锰锌600倍液混合液喷雾。因爱苗具有抑制生长的作用，在病情控制后就不要再施用。③用阿米西达干悬浮剂1 500倍液喷雾。以上药剂每隔7～10天喷1次，病情严重时可缩短至3～4天喷1次，共喷2～3次。喷雾时注意叶片正反面均须喷到。

8. 番茄青枯病

（1）发病原因

1）连作致病　栽培种类单一，由于保护地条件的限制加上长期连作，未能进行合理轮作，致使土壤中的病菌连续繁殖积累，数量增加，连作时间越长，发病率越高，病情越重。据调查，连作3年以上，番茄青枯病发病率达30%以上。

2）种子带菌　带菌种子和带有病残体的有机肥，是无病区的初侵染源。播种前种子、营养土等未进行处理，或消毒药剂不对路，均为病害的发生带来有利条件，使病菌从幼苗的根部或茎基部皮孔和伤口侵入，在维管束内繁殖蔓延，引起萎蔫。

3）操作措施不当　采用平畦栽培，不利于田间积水的排除。灌溉采取大水漫灌或浇水次数偏多，导致土壤含水量高，湿度过大，透气性差，为病害的发生创造了条件。

4）盲目施肥　过多施用氮素化肥，忽视钾肥、微肥及农家肥的施用，造成植株徒长。土壤次生盐渍化，植株根系长期处于不良的土壤环境中，抗病能力下降，感病概率增加。

(2)防治方法

1)调整种植结构,合理轮作倒茬　番茄栽培应避免与瓜类、茄果类蔬菜连作,可与十字花科的甘蓝、大白菜,百合科的大葱、大蒜等蔬菜实行3年以上的轮作。

2)培育无病壮苗　1千克种子用绿亨1号10~15克与50%福美双可湿性粉剂3~4克或绿亨3号8~10克拌种。拌种可干拌,也可湿拌,拌后随即播种,不要闷种。对苗床土壤进行严格消毒。1米^{2}用绿亨1号1克对水3 000倍,在播种前或播种后均匀喷洒于苗床内,或按上述用药量对过筛细土15~20千克,将1/3撒在苗床内,余下的2/3播种后盖土。采用营养钵育苗,减少移栽时的伤根,防止病菌从伤口侵入,培育无病壮苗。

3)实行高垄栽培,坚持科学浇水　认真平整土地,采用深沟高垄栽培,既有利于排灌,又可以增强土壤的透气性。浇水时要采取小水浇灌或隔行浇,不能大水漫灌。

4)平衡施肥,加强田间管理　多施用充分腐熟的农家肥,适量增施磷、钾肥料,合理配施锌、硼等微量元素,控制氮肥用量,使植株稳健生长,提高自身的抗病力。在番茄生长期间,注意观察生长状况,发现病株及时拔除,集中销毁,并对病穴及周围植株进行灌药处理,防止土壤中的病菌蔓延危害。

5)药剂防治　发病前和发病初期及早用康地蕾得可湿性粉剂1 000倍液,绿亨1号3 000倍液进行喷雾或灌根,7~10天施药1次,连续施药2~3次,可有效地控制病害发生。

9.番茄细菌性髓部坏死病　该病主要危害番茄茎和分枝,叶、果也可被害。被害株多在青果期表现症状。此病可在保护地或露地番茄上发生,保护地发病早于露地。病菌多从整枝伤口处侵入发病,并通过雨水、农事操作等传播蔓延。发病症状表现多在番茄青果期。一般4~6月遇夜间低温或高温天气容易发病。连作地、排水不良、氮肥过量的地块发病重。

（1）症状　初病期植株上中部叶片开始失水萎蔫，部分复叶的少数小叶片边缘退绿。与此同时，茎部长出凸起的不定根，尚无明显的病变，以后在长出凸起的不定根的上、下方出现褐色至黑褐色斑块，长度逐渐扩展至5～10厘米，病斑表皮质硬。纵剖病茎，可见髓部发生病变，病变部分超过茎外表变褐的长度，呈褐色至黑褐色；茎外表褐变处的髓部先坏死、干缩中空，并逐渐向茎上、下延伸。病株从表现萎蔫至全株枯死，约需20天。分枝、花器、果穗被害症状与茎部相似。小叶多在叶尖、叶缘处发病，初呈暗绿色失水状，渐向小叶内扩展并黄枯。樱桃番茄果实多从果柄开始变褐，终至全果褐腐，果皮质硬，挂于枝上。湿度大时，从病茎伤口或叶柄脱落处溢出黄褐色菌脓；病部坏死斑不形成溃疡症状，病果上无鸟眼斑，以此区别于溃疡病；病茎髓部坏死处无恶臭味，以此区别于软腐病；叶片无斑点，以此区别于细菌性斑疹病。

（2）防治方法

1）农业防治　在发病地块避免连作，可与非茄科蔬菜轮作2～3年，施用经充分腐熟的有机肥，不偏施、过量施用氮肥，增施磷、钾肥；避免在阴雨天气整枝打杈。发现病株及时拔除清出田外深埋或烧毁。

2）药剂防治　田间出现发病中心株时即开始施药防治。可选用72%农用链霉素可溶性粉剂3 000～4 000倍液，新植霉素4 000倍液，77%可杀得干悬浮剂500倍液，50%琥珀胶肥酸铜可湿性粉剂500倍液，14%络氨铜水剂300倍液喷雾防治，每隔10天左右喷1次，连续喷2～3次。

10. 番茄细菌性斑点病　又称番茄细菌性叶斑病、斑疹病，是一种细菌性病害。主要危害番茄叶、茎、花、叶柄和果实。近年来该病发生呈上升趋势。病菌可在番茄植株、种子、病残体、土壤和杂草上越冬，在干燥的种子上可存活20年，可随种子远距离传播。如用带菌种子播种，幼苗即可发病，幼苗发病后传入棚室，并通过浇水、昆虫、农事操作传播，造成流行。在温度为25℃以下、空气相对湿度为80%以上的条件下，有利于该病的发生，因此对冬春季保护地番茄往往造成严重的危害。

(1)发病症状　叶片染病，产生深褐色至黑色不规则斑点，直径2～4毫米，斑点周围有或无黄色晕圈。叶柄和茎秆症状与叶部症状相似，产生黑色斑点，但病斑周围无黄色晕圈。病斑易连成斑块，严重时可使一段茎部变黑。该病危害花蕾时，在萼片上形成许多黑点，连片时，使萼片干枯，不能正常开花。幼嫩果实初期的小斑点稍隆起，果实近成熟时病斑周围往往仍保持较长时间的绿色。病斑附近果肉略凹陷。病斑周围黑色，中间色浅并有轻微凹陷。细菌性斑点病症状与番茄细菌性疮痂病的症状相似，应注意区分。

(2)防治方法

1)精选并处理种子　选用抗病品种。热水(56℃)浸种30分。

2)轮作　与非茄科蔬菜实行3年以上的轮作。

3)科学管理　在灌溉、整枝、打杈、采收等农事操作中要注意避免病害的传播。

4)药剂防治　选用77%可杀得干悬浮剂400～500倍液，14%络氨铜水剂300倍液，0.3%～0.5%氢氧化铜或新植霉素3 000倍液进行防治，每隔10天喷1次，连喷3～4次。

11.番茄病毒病　番茄病毒病又称毒素病，是番茄的主要病害之一。常见的有花叶病、蕨叶病、条斑病等，如彩图8所示。

(1)发病症状

1)花叶型　病原为烟草花叶病毒(TMV)，发生最为普遍，常见症状有2种：一种是叶片上呈现出黄绿色相间或绿色深浅不匀的斑驳，植株生长发育正常，叶片不变小，畸形较轻，对产量影响不大；另一种是叶片有明显的花叶疱斑，新叶变小，叶片细长狭窄或扭曲畸形,植株较弱,果实少而小,着色不均匀,病株花芽分化能力弱,落花落蕾严重。烟草花叶病毒在多种植物上越冬,种子带毒为初侵染源。主要通过汁液接触传染,只要寄主有伤口,即可侵入。此外,土壤中的病残体、田间越冬寄主残体、烤晒后的烟叶与烟丝均可成为该病的初侵染源。

2)蕨叶型　病原为黄瓜花叶病毒(CMV),症状表现为全株黄绿色,叶背明显紫色,植株细弱矮缩,新生叶片狭小,叶肉组织退化严重的叶片变为纤细线状;大部叶片边缘向上卷起,严重的呈卷筒状,腋芽长出的侧枝均生蕨叶形小叶,节间缩短,呈簇状,菜农称之为“鸡爪叶”或“鸡爪疯”。黄瓜花叶病毒病主要由蚜虫侵染,汁液也可传染,冬季病毒多在宿根杂草上越冬,靠春季蚜虫迁飞传毒。

3)条斑型　病原为烟草花叶病毒和黄瓜花叶病毒复合侵染,植株上部叶片初显花叶或变黄绿色,随后在茎秆上、中部初生暗绿色短条斑,后变为黑褐色油渍状坏死条斑,逐渐蔓延,导致病株萎蔫枯死,果实畸形,果面散布不规则的褐色下陷的油渍状斑块。果实僵硬,失去食用价值。

4)卷叶型　病原为烟草卷叶病毒(TLCV),病株顶部叶片生长受到抑制,叶片向上卷曲,叶质硬脆,叶背面叶脉呈紫色,严重时叶片变小,缩顶。

番茄病毒病发病轻重,与环境条件关系密切,一般高温干旱天气有利于病毒病发生。施用过量氮肥,植株组织生长柔嫩或土壤瘠薄、板结、黏重以及排水不良等发病重。毒原种类在1年里往往有周期性的变化,春夏季烟草花叶病毒病比例较大,而秋季以黄瓜花叶病毒病为主。

(3)防治方法

1)合理轮作　实行3年以上轮作,尽量避免与茄科作物连作。

2）选用抗病、耐病品种　番茄病毒病病原多，且有株系分化，在田间常常混合发生，大部分品种只抗部分病毒病，目前尚无高抗病毒病品种。日光温室栽培可选用抗 TY1 号、粉果棚冠 F_1 等品种。

3）种子消毒　播种前种子先用清水浸 5 小时，再用 10% 磷酸三钠溶液浸 20 分，或先用肥皂水搓洗后，再用 0.1% 高锰酸钾溶液浸种 10 ~ 15 分，然后用清水洗净。也可将种子在 70℃ 干热条件下处理 2 ~3 天，再进行催芽或直播。

4）清除病苗　出苗后，定期清理苗床，对叶色不正、生长不良、叶片扭曲的幼苗及时拔除；对只有个别叶片发病的病株，及时剪掉病叶。此项工作在定植前要进行 3 ~4 次。在清理过程中还要注意手或工具不要触及正常秧苗，以避免传染。

5）农事操作应先健株后病株　番茄定植后仍会不断地出现病株，其表现为花叶、小叶、线叶、卷叶、矮化等。农事操作诸如掐尖、绑蔓、打杈、打底叶、采果等，均采取先健株后病株的做法，以避免手或工具的传毒。有条件的，还可以采用完成 1 行植株农事活动后，即用肥皂水或 10% 磷酸三钠水溶液洗手及农具。

6）及时防治传毒害虫　苗期采用银灰色塑料薄膜或防虫网覆盖，驱避或阻隔蚜虫、白粉虱等传毒害虫。定植后即沿大棚四周骨架平拉银灰色塑料条，以间隔 10 厘米左右为宜。生产上随时调查棚内蚜虫发生的情况，一旦发生，及时防治，减少蚜虫传毒机会。

7）栽培防病　适时播种，培育壮苗。定植前蹲苗 1 周左右，挑选健壮无病苗移植。有机肥要充分腐熟，适当增施磷、钾肥。采取半高垄栽培，适时适量供水。果实挂红时适当早采收，以协调番茄生殖生长与营养生长间的矛盾，增强植株抗病性。达到防病增产的目的。

8）生物防治

☛采用弱毒疫苗 N14 防治烟草花叶病毒侵染引起的病毒

病，具有一定的免疫性保护作用。其具体用法是：在番茄1～2片真叶分苗时，洗净根部泥土，将根浸入N14的100倍液中30分，也可用手蘸取N14的100倍液在子叶上轻轻涂抹一下，进行涂抹接种。还可用7～9根9号缝衣针绑在筷子头上蘸取N14的100倍液轻刺叶片接种；也可将N14用水稀释50倍液，按1米^{2}4千克压力，在番茄具2～3片真叶时喷雾接种；还可以用N14的100倍液加入0.5克经400～600筛目筛过的金刚砂，摇匀后用高压枪喷射接种。

☛用卫星病毒S52防治黄瓜花叶病毒侵染引起的病毒病，使用方法同弱毒疫苗N14。如果将S52与N14等量混合使用，防治效果更佳。

9）发病初期喷药控制　在发病初期（5～6叶期）用3.85%病毒必克500倍液进行叶面喷雾，每隔7天喷1次，连续喷3次，防效可达75%～80%。也可用1.5%植病灵800倍液或20%病毒A500倍液喷雾，使用方法同前，防效可达70%左右。还可用5%菌毒清水剂400倍液或高锰酸钾1 000倍液喷雾防治。此外，喷施50～100毫克/千克增产灵溶液，用1%过磷酸钙做根外追肥，均可提高耐病性。

12.番茄烂果

（1）绵腐病引起烂果

1）症状　绵腐病又叫褐色腐败病，在夏秋季节暴雨过后易发生，主要侵害未成熟的果实。首先在果顶或果肩部出现表面光滑的淡褐色斑，有时长有少量白霉，后逐渐形成同心轮纹状斑，形如牛眼，渐变为深褐色，皮下果肉也变褐，后期整个果实腐烂脱落。

2）防治方法　及时摘除病果，带出田外深埋或焚烧；注意整枝，改善田间通风透光条件；发病初期，及时喷洒75%百菌清可湿性粉剂600～800倍液，70%代森锰锌可湿性粉剂400～600倍液，7～10天喷1次，连喷3～4次。

(2)软腐病引起的烂果

1)症状　软腐病多发生在青果上,发病后果皮保持完整,但内部果肉迅速腐烂,并有恶臭味,易脱落;干燥后形成白色僵果。

2)防治方法　早整枝、打杈,避免阴雨天气或露水未干前整枝;及时防治蛀果害虫,减少虫伤;发病前或发病初期,及时用150~200毫克/千克农用链霉素溶液或70%敌克松可湿性粉剂1 000倍液喷雾防治。

(3)炭疽病引起烂果

1)症状　炭疽病主要侵害未成熟的果实,病部初生水渍状透明小斑点,扩大后呈褐色,略凹陷,具同心轮纹,其上密生黑点,并分泌淡红色黏状物,最后整个病果腐烂或脱落。

2)防治方法　做好种子消毒工作;实行轮作;适时采收健果,及时摘除病果;发病前或发病初期,及时选用70%代森锰锌可湿性粉剂400~600倍液,75%百菌清可湿性粉剂600~800倍液,50%多菌灵可湿性粉剂800倍液或80%炭疽福美可湿性粉剂800倍液喷雾防治。

(4)镰刀菌果腐病引起的烂果

1)症状　镰刀菌果腐病主要危害成熟果实,病部初呈淡色,后变褐色,无明显边缘,扩展后遍及整个果实;湿度大时,病部密生略带红色的棉絮状菌丝体,最后导致果实腐烂。

2)防治方法　及时摘除病果,并集中处理;防止健果与地面接触;果实着色前喷洒50%百菌通可湿性粉剂500倍液或70%甲基硫菌灵悬浮剂800倍液。

(5)丝核菌果腐病引起的烂果

1)症状　丝核菌果腐病只危害成熟果,病部初呈淡色水渍状,后扩展成暗色略凹陷的斑块,表面产生褐色蛛丝状霉层,后期病斑中心开裂,果实腐烂。

2)防治方法　防止田间积水;果实成熟后及时采收;发病前

或发病初期喷洒5%井冈霉素水剂1 500倍液或1:1:200的波尔多液。

(6)实腐病引起的烂果

1)症状　多在青果上发生。果实表皮常带有黑褐色圆形病斑,略凹陷,用手摸患病部位较紧硬,不软化腐烂,病果往往不脱落。

2)防治　每亩用50%甲基托布津150克加水75千克喷雾防治。

(7)脐腐病与筋腐病引起的烂果　病状与防治参见番茄脐腐病、筋腐病的防治。

13.**番茄盛果期死棵**　番茄盛果期死棵损失很大,是菜农十分头痛的问题。经调查分析,除青枯病外,番茄盛果期死棵的主要原因还有番茄疫霉根腐病、番茄茎基腐病、番茄枯萎病以及番茄细菌性髓部坏死病等病害。各病害造成的死棵症状特点及防治措施如下。

(1)疫霉根腐病

1)症状　发病初期茎基或根部产生褐斑,逐渐扩大后凹陷,严重时病斑绕茎基部或根部一周,致顶部茎叶萎蔫,进而全株萎蔫。拔出病株可见细根腐烂,粗根褐变。剖开病根茎,可见从根茎部向上有一段维管束发生褐变,最后根茎腐烂,不长新根,植株枯萎而死。

该病多由于管理失误造成,如定植后地温低,土壤湿度过高,且持续时间长,或遇连阴天不能及时通风,形成高温、高湿条件,尤其是大水漫灌后都会导致该病的发生和流行。

2)防治方法　可选用50%卉友可湿性粉剂3 000~5 000倍液,64%杀毒矾可湿性粉剂500倍液,60%琥乙膦铝可湿性粉剂500倍液,72.2%普力克水剂800倍液,于发病初期喷洒茎基部,并适当喷洒地面。

(2) 茎基腐病　真菌性病害。

1) 症状　仅危害茎基部。发病初期茎基部皮层生有淡褐色及黑褐色斑点，能绕茎基部一圈，致皮层腐烂，后期病部表面常形成黑褐色大小不一的菌核，以此有别于早疫病。剖开病茎基部，可见木质部变为暗褐色。病株叶片变黄、萎蔫，后期叶片为黄褐色并枯死，且残留在枝上不脱落。拔出病株，根系并不腐烂，如彩图9所示。

2) 防治方法　发病后可在茎基部施用噁霉灵加萘乙酸药土，在病株基部覆堆，把病部埋上，促其在病斑上方长出不定根，可延缓寿命，争取产量。

(3) 枯萎病

1) 症状　发病初期，中下部叶片在中午前后萎蔫，而早晚可恢复，以后萎蔫加重，叶片自下而上变黄，根软腐导致枯死。茎基部近地面处呈水渍状，高湿时会产生粉红色或蓝绿色霉状物。剖开病基部，可见维管束变褐。本病病程进展较慢，一般15~30天才枯死，无乳白色黏液流出，有别于番茄青枯病。

2) 防治方法　发病初期可喷洒78%科博可湿性粉剂600倍液，50%混杀硫悬浮剂500倍液，每隔10天左右1次。

(4) 番茄溃疡病

1) 症状　成株染病，病菌在韧皮部及髓部迅速扩展，初期下部叶片凋萎或卷缩呈缺水状，一侧或部分小叶凋萎；茎内部变褐，并向上下发展，后期产生长短不一的空腔，最后下陷或开裂，茎略变粗，生出许多不定根。湿度大时菌脓从病茎或叶柄中溢出或附在其上，形成白色污状物，最后全株枯死，上部顶叶呈青枯状，果实上形成独特的"鸟眼斑"。

2) 防治方法　发病初期，用15%赛博可湿性粉剂800~1 000倍液喷雾，9~12天喷1次。

（四）番茄非侵染性病害的发生与防治技术

1. 番茄12种常见营养元素缺乏症的诊断与防治技术

（1）缺氮症

1）症状　植株矮小，茎细长，叶淡绿色，小而瘦长，上部叶更小。下部叶片先失绿黄化，并逐渐向上部扩展。黄化从叶脉开始，而后扩展到全叶，严重时下部叶片全部黄化，茎秆发紫，花芽变黄而脱落，植株未老先衰。果实膨大慢，坐果率低。

2）发生原因　在前茬施用有机肥和氮肥少造成土壤中氮素含量低；施用作物秸秆或未腐熟的有机肥太多；沙土、沙壤土的阳离子代换量小等情况下容易发生缺氮症。氮肥施用不足或施用不均匀、灌水过量等也是造成缺氮的主要因素。

3）诊断　在一般栽培条件下，番茄明显缺氮的情况不多，要注意下部叶片颜色的变化情况，以便尽早发现缺氮症。有时其他原因也能产生类似缺氮症状。如下部叶片色深，上部茎较细、叶小，可能是阴天的关系；尽管茎细叶小，但叶片不黄化，叶呈紫红色，可能是缺磷症；下部叶的叶脉、叶缘为绿色，黄化仅限于叶脉上，可能是缺镁症；整株在中午出现萎蔫、黄化现象，可能是土壤传染性病害，而不是缺氮症。

4）防治方法　施用氮肥，温度低时施用硝态氮化肥效果好；施入腐熟堆肥及有机肥。叶面喷施氮素化肥，每亩每次追施尿素7～8千克对水浇施。也可用0.5%尿素或志信叶丰1 000倍液进行叶面喷肥，7～10天喷1次，连续喷2～3次。

（2）缺磷症

1）症状　番茄缺磷初期茎细小，严重时叶片僵硬，并向后卷曲。叶正面呈蓝绿色，背面和叶脉呈紫色。老叶逐渐变黄，并产生不规则紫褐色枯斑。幼苗缺磷时，下部叶变绿紫色，并逐渐向上部叶扩展。结果期缺磷时，果实小、成熟晚、产量低。

2）发生原因　土壤中磷含量低，磷肥施用量少；低温影响磷的吸收。

3）诊断　番茄生育初期往往容易发生缺磷，在地温较低、根系吸收磷素能力较弱的时候容易缺磷；中期至后期可能是因土壤磷素不足或土壤酸化，磷素的有效性低引起的土壤供磷不足使番茄缺磷；移栽时如果伤根严重时容易缺磷。有时药害能产生类似缺磷的症状，要注意区分。

4）防治方法　缺磷土壤要补施磷肥。在育苗时要注意施足磷肥，每100千克营养土加过磷酸钙3～4千克，在定植时每亩施用磷酸二铵20～30千克，腐熟厩肥3 000～4 000千克，对发生酸化的土壤，每亩施用石灰30～40千克，并结合整地均匀地把石灰耙入耕层。定植后要保持地温不低于15℃。叶面喷施志信花丰1 000倍液，7天1次，连续2～3天。

（3）缺钾症

1）症状　生育初期根系发育不良，植株生长受阻，中部和上部的叶片叶缘黄化，以后向叶肉扩展，最后褐变、枯死，并扩展到其他部位的叶片，严重时下部叶枯死脱落。茎较细弱木质化，不再增粗。果实成熟不均匀，果形不规整，果实中空，与正常果实相比变软，缺乏应有的酸度，果味变差。

2）发生原因　土壤中钾含量低，特别是沙土往往容易缺钾。在番茄生育盛期，果实发育需钾多，此时如果钾的供应不充足就容易发生；当使用碱性肥料较多时，影响植株对钾的吸收，也易发生缺钾；日照不足，温度低时易发生，地温低时番茄对钾吸收减弱，容易发生钾素缺乏；含有钾的有机物及钾肥施用量少，容易造成缺钾症状。

3）诊断　钾肥用量不足的土壤，钾素的供应量满足不了吸收量时，容易出现缺钾症状。番茄生育初期除土壤极度缺钾外，一般不发生缺钾症，但在果实膨大期则容易出现缺钾症。如果植株只在中部叶片发生叶缘黄化褐变，可能是缺镁。如果上部叶叶缘黄化褐变，可能是缺铁或缺钙。

4）防治方法　首先应多施有机肥，在化肥施用上，应保证钾肥的用量不低于氮肥用量的1/2。提倡分次施用，尤其是在沙土地上要充足供应钾肥，特别在生育中后期更不能缺少钾肥；保护地冬春季栽培时，日照不足，地温低时往往容易发生缺钾，要注意增施钾肥。

(4）缺钙症

1）症状　番茄缺钙初期叶正面除叶缘为浅绿色外，其余部分均呈深绿色，叶背呈紫色。叶小、硬化，叶面褶皱。后期幼芽变小、黄化；距生长点近的幼叶周围变为褐色，有部分枯死或萎缩，叶尖和叶缘枯萎，叶柄向后弯曲死亡，生长点停止生长至坏死。这时老叶的小叶脉间失绿，并出现坏死斑点，叶片很快坏死。果脐处变黑，形成脐腐；在生长后期发生缺钙时，茎叶健全，仅有脐腐果发生；在第一穗果附近出现的脐腐果比其他果实着色早。根系发育不良并呈褐色。

2）发生原因　当土壤中钙不足时易发生；虽然土壤中钙多但土壤盐类浓度高时也会发生缺钙的生理障害；施用氮肥过多时容易发生；土壤干燥时易出现缺钙症状；当施用钾肥过多时会出现缺钙情况；空气相对湿度低，连续高温时容易发生缺钙症。

3）诊断　缺钙植株生长点停止生长，下部叶正常，上部叶异常，叶全部硬化。如果在生育后期缺钙，茎、叶健全，仅有脐腐果发生。脐腐果比其他果实着色早。如果植株出现类似缺钙症，但叶柄部分有木栓状龟裂，这种情况可能是缺硼。如果生长点附近的叶片黄化，但叶脉不黄化，呈花叶状，这种情况可能是病毒病。如果脐腐果生有霉菌，则可能为灰霉病，而不是缺钙症。

4）防治方法　在沙性较大的土壤上每茬都应多施有机肥，如果土壤出现酸化现象，应施用一定量的石灰，避免一次性大量施用铵态氮肥。并要适当灌溉，保证土壤水分适宜，使钙处于容易被吸收的状态；土壤诊断为缺钙时，要充足供应钙肥；实行深耕，多浇水；叶面喷洒志信高钙或番茄钙 1 000 倍液，每隔5 ~ 7 天喷 1 次，共喷 2 ~ 3 次。

（5）缺镁症

1）症状　番茄缺镁时植株中下部叶片从主脉附近开始变黄失绿，在果实膨大盛期靠果实近的叶先发生；叶脉间有模糊的黄化现象出现，慢慢地扩展到上部叶；生育后期老叶只有主脉保持绿色，其他部分黄化，而小叶周围常有一窄条绿边。初期植株体形和叶片体积均正常，叶柄不弯曲。后期严重时，老叶死亡，全株黄化。果实无特别症状。

2）发生原因　低温影响了根对镁的吸收；土壤中镁含量虽然多，但由于施钾过多影响了番茄对镁的吸收时也易发生；当植株对镁的需要量大而根不能满足需要时也会发生。

3）诊断　缺镁症状一般是从下部叶开始发生，在果实膨大盛期靠近果实的叶先发生。叶片黄化先从叶中部开始，以后扩展到整株叶片。但有时叶缘仍为绿色。诊断时需要注意的是：如果黄化从叶缘开始，则可能是缺钾。如果叶脉间黄化斑不规则，后期长霉，可能是叶霉病。长期低温，光线不足，也可出现黄化叶，而不是缺镁。

4）防治方法　提高地温，在番茄果实膨大期保持地温在 15℃以上；增施有机肥；测定土壤，如土壤中镁不足时要补充镁肥；如果发现第一穗果附近叶片出现缺镁症状时，可用志信高镁 1 000 倍液，5 ~ 7 天喷洒茎叶 1 次，共喷 2 ~ 3 次。

（6）缺硫症

1）症状　整个植株生长基本无异常，只是中上部叶的颜色比下部颜色淡，严重时中上部叶变成淡黄色；硫在植株体内移动性差，缺硫症状往往发生在上部叶；缺硫植株下部叶生长正常。

2）发生原因　塑料大棚、日光温室等保护地栽培长期连续用无硫酸根肥料时易发生。

3）防治方法　施用硫酸铵、过磷酸钙和含硫肥料。

（7）缺硼症

1）症状　新叶停止生长，幼苗顶部的第一花序或第二花序上出现封顶，植株呈萎缩状态；茎弯曲，茎内侧有褐色木栓状龟裂；果实表皮木栓化，且有褐色侵蚀斑；大田植株是从同节位的叶片开始发病，其前端急剧变细，停止伸长，叶色变成浓绿色。小叶失绿呈黄色或枯黄色，叶片细小，向内卷曲，畸形。叶柄上形成不定芽，茎、叶柄和小叶叶柄很脆弱，易使叶片突然脱落。根生长不良，并呈褐色。果实畸形。

2）发生原因　土壤酸化，硼素被淋失掉，或石灰施用过量都易引起硼的缺乏；土壤干燥，有机肥施用量少容易发生缺硼；施用钾肥过量容易发生缺硼。

3）诊断　生长点变黑，停止生长，在叶柄的周围看到不定芽，茎木栓化，有可能是缺硼。但在地温低于5℃的条件下也可出现顶端停止生长现象。另外，番茄病毒病也表现顶端缩叶和停止生长，应注意二者之间的区别。番茄在摘心的情况下，也能造成同化物质输送不良，并产生不定芽，也不要混淆。

4）防治方法　增施有机肥，提高土壤肥力，注意不要过多地施用石灰肥料和钾肥。提前基施含硼的肥料。及时浇水，防止土壤干燥，预防土壤缺硼。在沙土上建设的保护地，应注意施用硼肥，每亩用硼砂0.5～1.0千克，与有机肥充分混合后施用。发现番茄缺硼症状时，叶面喷施21%志信高硼1 000倍液，5～7天1次，连续2～3次。

（8）缺铁症

1）症状　新叶叶片退绿黄化，但叶脉包括小分枝的叶脉仍为绿色。在腋芽上也长出叶脉间黄化的叶。

2）发生原因　土壤含磷多、土壤呈碱性时易发生缺铁；如磷肥用量太多，将影响对铁的吸收，容易发生缺铁；当土壤过干、过湿、低温时，根的活力受到影响会发生缺铁；铜、锰太多时，容易与铁产生拮抗作用，从而出现缺铁症状。

3）防治方法　当 pH6.5～6.7 时，要禁止使用碱性肥料而改用生理酸性肥料。当土壤中磷过多时可采用深耕、客土等方法降低其含量。如果缺铁症状已经出现，可用 0.5%～0.1% 硫酸亚铁水溶液或 100 毫克/千克柠檬酸铁水溶液喷雾防治，5～7 天喷 1 次，共喷 2～3 次。

（9）缺锌症

1）症状　从中部叶开始退色，与健康叶比较，叶脉清晰可见；随着叶脉间逐渐退色，叶缘由黄化变成黑色斑点或变紫；因叶缘枯死，叶片向外侧稍卷曲；缺锌严重，生长点附近的节间缩短。

2）发生原因　光照过强易发生缺锌；若吸收磷过多，植株即使吸收了锌，也表现缺锌症状；土壤 pH 高，即使土壤中有足够的锌，但其不溶解，也不能被番茄所吸收利用。

3）防治方法　不要过量施用磷肥，缺锌土壤每亩施用硫酸锌 1.5 千克。植株出现缺锌症状时，可用 25% 志信高锌 1 000 倍液喷洒叶面，5～7 天 1 次，连续 2～3 次。

（10）缺铜症

1）症状　节间变短，全株呈丛生枝；初期幼叶变小，老叶脉间失绿。严重缺铜时，叶片呈褐色，叶片枯萎，幼叶失绿。

2）发生原因　碱性土壤易缺铜。

3）防治方法　增施酸性肥料。植株出现缺铜症状时，0.3% 硫酸铜水溶液叶面喷雾。

（11）缺锰症

1）症状　植株幼叶叶脉间失绿呈浅黄色斑纹，严重时叶片均呈黄白色，植株蔓变短、细弱，花芽常呈黄色。

2)发生原因　碱性土壤容易缺锰。检测土壤 pH,出现症状的植株根际土壤呈碱性,有可能缺锰。土壤有机质含量低也易缺锰。如肥料一次施用量过多,土壤盐类浓度过高时,将影响锰的吸收,就会发生缺锰症。

3)防治方法　增施有机肥;科学施用化肥,勿使肥料在土壤中造成高浓度。植株出现缺锰症状时,叶面喷施 0.2% 硫酸锰水溶液。

(12)缺钼症

1)症状　植株生长势差,幼叶退绿;叶缘和叶脉间的叶肉呈黄色斑状,叶缘向内部卷曲,叶尖萎缩,常造成植株开花不结果。

2)发生原因　酸性土壤易缺钼。

3)防治方法　改良土壤,防止土壤酸化。植株出现缺钼症状时,叶面喷施 0.05% ~0.1% 钼酸铵水溶液,间隔 7 ~ 10 天再喷 1 ~2 次。

2. 番茄 6 种常见营养元素过剩症的诊断与防治技术

(1)氮过剩

1)症状　番茄氮素过剩时,植株长势过旺,呈倒三角形,节间长,茎上出现褐色斑点;叶片呈墨绿色而且大,下部叶片有明显的卷叶现象,叶脉间有部分黄化。根系变褐色。果实发育不正常,常有脐腐病果发生。

2)发生原因　氮肥或有机肥施用量过大。

3)防治方法　控制追肥;降低夜温,防止长势过旺;当脐腐果较多时要增加浇水量。

(2)磷过剩

1)危害　磷过剩不但影响对微量元素和镁的吸收利用,而且对番茄体内的硝酸同化作用也产生不利影响。

2)防治措施　土壤中磷素富集是土壤熟化程度的重要标志,往往熟化程度越高的老菜田,土壤中磷素的富集量也越高。应当通过控制磷肥的用量，防止土壤中磷素的过剩。同时，通过调节土壤环境，提高土壤中磷的有效性，促进番茄根系对磷素的吸收，改善番茄生长发育状况。

(3)钾过剩

1)症状　番茄钾素过剩时，叶片颜色变深，叶缘上卷；叶的中脉凸起，叶片高低不平；叶脉间有部分失绿；叶全部轻度硬化。

2)发生原因　钾过剩在露地栽培发生少，保护地栽培的发生较多；连年大量施用家畜粪尿易发生；施用钾肥多时也会发生。

3)防治方法　发生钾过剩症状后要增加灌水，以降低土壤中钾的浓度。农家肥施用量较大时，要注意减少钾肥的施用量。

(4)硼过剩

1)症状　番茄植株在硼过多时，叶片初期和正常叶片一样，后来顶部叶片卷曲，老叶和小叶的叶脉灼伤卷缩，后期下部叶缘变白，下陷干燥，叶脉间出现不规则的白斑，斑点发展，有时形成褐色同心圆。卷曲的小叶变干呈纸状，最后脱落。症状逐渐从老叶向幼叶发展。

2)发生原因　硼肥施用量过大，或用含硼废水灌溉。

3)防治方法　由于番茄需硼适量和过多之间的差异较小，要严格控制硼肥施用量，以免施用过量造成毒害。用硼肥作基肥，亩用量为0.25～0.5千克，施用时避免与种子直接接触。一般3～5年施用1次即可。在沙质土壤中，用量应适当减少。如果土壤有效硼含量过多或由于施用硼肥不当而引起对作物毒害时，适当施用石灰可以减轻毒害。此外，可加大灌水量使硼素流失。不用含硼废水灌溉番茄田。

(5)锰过剩

1)症状　番茄植株锰过剩时稍有徒长现象，生长受抑制，顶部叶片细小，小叶叶脉间组织失绿。老叶叶脉间发生许多黑褐色的小斑点，后期中肋及叶脉死亡，老叶首先脱落。上部叶与缺铁症状一样。

2）发生原因　土壤酸化、黏重，浇水过多和土壤通气不良；使用过量未腐熟的有机肥时，容易使锰的有效性增大而发生锰中毒。过多施用含锰的农药也会发生锰过剩。

3）防治方法　适量施用锰肥，酸性土壤出现锰中毒可用石灰进行改良、化解；土壤黏重可用掺沙的办法改良；注意控制浇水量；防止过量施用化肥和未腐熟的有机肥。在还原性强的土壤中，要加强排水，使土壤变成氧化状态。

（6）锌过剩

1）症状　番茄植株当锌过多时，生长矮小，有徒长现象，幼叶极小，叶脉失绿，叶背变紫；老叶则激烈地向下弯曲，以后叶片变黄脱落。

2）防治措施　锌过剩应调节土壤的酸碱度，土壤酸性时易产生锌过剩。适当地调整适合于植物生长的酸碱度尤为重要。每公顷施用石灰 800 千克，配成石灰乳状态流入畦的中央。另外，磷的施用可抑制锌的吸收，可适当增加磷的施用量。

3. 番茄嫩茎穿孔病的发生原因与防治

（1）发病症状　主要发生在番茄生长点以下 8 ~ 12 厘米处的幼嫩茎部和果实。嫩茎受害初为针刺状小孔，并且茎部逐渐由圆形变为扁圆状，继而由针孔处开裂并不断变大，最后形成蚕豆粒大小的穿孔状，下部至茎与上部生长点仅靠两边表皮的极少部分组织相连。穿孔部位表皮开裂，韧皮部外露。受害株初穿孔部位的嫩茎横截面输导组织及髓变黄，继而发黑呈木栓化。植株受害后，开始生长点部位生长缓慢，开花延迟，严重时植株上部变黄发干而死亡，形成秃顶植株，如彩图 10 所示。

果实受害后，果面上有孔洞，从外面可看到果肉内胶状物质，果实失去商品和食用价值。

（2）病因及发病条件　属生理性病害，主要是由植株缺钙和硼引起，或因环境条件不良使植株在生育盛期对钙和硼的吸收受阻而引起体内元素失衡产生；其次为花芽分化阶段遇有低温、日照不足，尤其是夜间温度低，造成花芽发育不良，易形成穿孔果。部分樱桃番茄品种在育苗阶段花芽分化期遇有连续 3 ~4 天夜温低于 8℃或昼温低于 16℃持续 5 ~7 天的条件，极易发生嫩茎或果实穿孔病。此外，在保护地栽培期间遇有连续 3 ~5 天的阴雨低温天气与骤晴天交替进行时，也易发生嫩茎穿孔病。

(3)防治技术

1)增施有机肥和钙、硼肥　首先，定植前应多施腐熟有机肥，其中以施鸡粪为好；其次，每亩随整地施入硅、钙肥 60 千克、硼砂 1 ~1.5 千克，可有效补充营养并预防发病。

2)采用高畦双高垄栽培　整地时做成高 15 ~20 厘米的小高畦，中间开沟将两边培成高垄并覆盖地膜增加受光面积，以利于提高夜间地温。

3)加强田间管理　番茄植株在遭受不良环境如低地温及低气温较长时间时，容易形成土壤中钙、硼、铁等元素的移动缓慢和吸收困难，较易发生此病。应注意加强保温管理，严寒时期晚揭早盖草苫，使最低气温不低于 10℃，地温不低于 14℃。同时在定植后随喷药每隔 7 ~10 天喷 1 次含硼、钙的叶面肥进行补肥。对于已发病植株，及早用钙硼钙1 000倍液喷雾，重点喷中上部茎叶，每隔 7 ~10 天喷 1 次，共喷 2 ~3 次，可有效控制嫩茎或果穿孔病的加重和扩展。

4. 番茄 2,4 - D 药害的发生原因与防治

近年来，番茄 2,4 - D 药害导致的畸形果数量越来越多，严重影响了番茄的产量和品质。2,4 - D 是一种植物生长调节剂，可以有效地防止番茄因温度及光照不适宜番茄生长发育而引起的落花。但如果施用过量，或附近施用 2,4 - D 造成飘移危害，或施用含有 2,4 - D 的农药化肥等，番茄就会产生 2,4 - D 药害。

（1）发生症状　受害番茄叶片或生长点向下弯曲，新生叶不能正常展开，且叶多、细长，叶缘扭曲成畸形，茎蔓凸起，颜色变浅，果实畸形。如彩图 11 所示。

（2）防治方法

1）适时处理　开花当天用 2,4 – D 抹花，在刚开花或半开花时抹花最好。未开花时不能处理，否则，将抑制其生长而形成僵果；开过的花也不能处理，否则，易形成裂果。若气温低，花数少，应每隔 2 ~ 3 天抹 1 次；盛花期每天或隔 1 天抹花 1 次。

2）浓度要适当　若 2,4 – D 使用浓度过低时保花效果不明显，浓度过高易导致僵果和畸形果。2,4 – D 在番茄上的使用浓度一般为 10 ~ 20 毫克/千克，应根据棚内温度、湿度的变化配制对应浓度。温度低、湿度大则加大浓度。冬春季温度低时，浓度为 15 ~ 20 毫克/千克；温度高、湿度小则降低浓度为 10 ~ 15 毫克/千克。抹花前可先做小片试验，再做大面积处理。

3）注意用药方法

☛ 采用浸蘸法做 2,4 – D 处理，浸花的浓度应比涂花的浓度（10 ~ 20 毫克/千克）稍低。浸蘸法是把基本开放的花序（已开放 3 ~ 4 朵花）放入盛有药液的容器中，浸没花柄后，立即取出，并将留在花上的多余药液在容器口刮掉，以防止发生畸形果或裂果。

☛ 防止重复抹花。每朵花只可处理 1 次，如重复处理易造成浓度过高，从而导致僵果和畸形果。在配制药液时，加入少量红色广告色做标记，即可避免重复抹花。

☛ 避免在炎热中午抹花。在强光、高温下，番茄植株耐药力弱，药剂活性增强，易产生药害。一般在 10 时前、16 时后抹花最好。

☛ 2,4 – D 是一种对双子叶植物有效的除草剂，在操作时，严禁喷洒，要避免触碰嫩茎叶和生长点，以免发生药害，使叶片皱缩变小。如果棚室内花的数量很多,可改用25～40毫克/千克防落素溶液喷花。

4)加强肥水管理　2,4－D是一种植物生长调节剂,而非营养物质,因此必须结合肥水管理,以保障充分供给果实生长发育所需的养分。必要时,可喷洒植物增产调节剂或叶面肥,以利于植株尽快恢复正常生长。

5.番茄激素中毒与番茄蕨叶病毒的区别　保护地内栽培的番茄为了防止落花、落果,促进早熟,经常使用植物生长调节剂,如2,4－D和番茄灵等。如果使用方法不当,就容易产生危害。其症状为叶片下弯,发硬,小叶不舒展,叶脉扭曲畸形。果实药害表现为果实畸形,脐部产生乳头状凸起。2,4－D浓度达到一定程度时,在番茄的茎叶上会产生明显的肿瘤。要防止生长激素的危害,就应该掌握其合理的使用方法。

(1)发生时间　激素中毒是一渐进症状,常表现叶片向上卷曲僵硬,纹理(叶脉)较粗重、发硬。而蕨叶病毒叶片不是渐进式。得病后即表现出来,叶片卷曲,细如针、丝。激素中毒往往在保护地中表现弱株叶片卷曲突出,点花越多,卷曲越重。病毒病则表现不出点花越多卷曲越重的特征。秋延迟番茄定植越早,气温越高,激素中毒的可能性越大,为防止植株徒长,菜农往往在苗期使用过矮壮素、助壮素、矮丰灵或多效唑,植株体内已经积累了很多激素,一旦做点花处理,中毒症状马上表现出来。

(2)发生部位　激素中毒表现在叶片皱缩卷曲时,其颜色不变或更绿。而染病毒病的一般叶片颜色比正常株要淡。

6.番茄发生畸形花的原因与防治

(1)主要症状　畸形花又称为“鬼花”,表现多种多样,有的畸形花表现为2～4个雌蕊,具有多个柱头。有的畸形花雌蕊更多,且排列成扁柱状或带状,这种现象通常称为雌蕊“带化”。如畸形花不及时摘除,往往会结出畸形果。

(2)发生原因　主要是花芽分化期间夜温过低所致。花芽分化，尤其第一花穗分化时如夜温低于15℃，容易形成畸形花。苗床管理不当，出现连续数天的35℃高温，而且水分不足，使秧苗萎蔫，其生长锥的花芽不健全，也易出现畸形花。此外，土壤干湿不当，氮肥过足，以及有害气体等影响花芽的正常分化，也会形成畸形花。

(3)防止措施

1)环境调控　在花芽分化期苗床白天温度应控制在24～25℃，夜间在15～17℃。在生长期间保证光照充足，湿度适宜，避免土壤过干或过湿。

2)抑制植株徒长　不应采取降低夜温的办法抑制幼苗徒长，这样会产生大量畸形花。应采用“少控温”、“多控水”的办法进行抑制。

3)科学施肥　确保苗床氮肥充足，但不可过多；磷、钾肥及钙、硼等中微量元素肥料要适量。

7. 番茄筋腐病的发生原因与防治　番茄筋腐病又叫条腐病、条斑病，是一种发生比较普遍的生理病害，尤其是保护地番茄，发病率较高，是保护地番茄生产中亟待解决的问题。

(1)主要症状

筋腐病的症状有2种类型：一种是褐色筋腐病，又叫褐变型筋腐病；一种是白变型筋腐病。褐色筋腐病的病症主要是在果面上出现局部变褐，凹凸不平，果肉僵硬，甚至有坏死的病斑，切开果实，可以看到果皮内的维管束出现变褐坏死，有时果肉也出现褐色坏死症状。有的果实发病较轻，外形上看不出明显的绿色或淡绿色斑，伴有果肉变硬，果实中常呈空腔，商品价值大幅度降低。褐色筋腐病大多发生于果实的背光面，通常下位花序果实发病多于上位花序。白变型筋腐病多发生于果皮部的组织上，病部有蜡样的光泽，质硬，果肉似糠心状，与褐变型筋腐病一样，病部着色不良。

(2)发病原因　目前一般认为褐色筋腐病是多种环境条件不良,如光照不足,低温、多湿,空气不流通,二氧化碳不足,高夜温,缺钾,氮素过剩(如施肥过多),以及病毒病等病害所产生的毒素等均与褐色筋腐病的发生有关。哪一个单独因素都很难导致发病,发病是上述各种因素综合作用的结果。至于白变型筋腐病则一般认为是烟草花叶病毒感染所致。

褐色筋腐病多发生于低温弱光的冬季及春季栽培期间。番茄生长繁茂更有利于该病发生。该病的发生与土壤水分关系密切。灌水多或地下水位上升的土壤中因氧气供应不足而发生较多。施肥量大,特别是铵态氮肥施用过多,或者钾肥不足或钾的吸收受抑制时,发病较多。施用未腐熟农家肥,密植,小苗定植,强摘心等,都很容易发病。同时,发病与品种有关。白变型筋腐病和烟草花叶病毒的感染关系密切,且品种间抗病力差异很大。一般不具备抗烟草花叶病毒基因的感病性品种易发生白变型筋腐病,具有抗烟草花叶病毒基因的品种,抗病性强,基本上不发生白变型筋腐。

(3)防治方法

1)品种　选择不易发生番茄筋腐病的品种。

2)加强管理　在栽培期间要避免日照不足、多肥,土壤供氧不足等现象。尽量增强光照,稍稀植,氮素施肥量,特别是铵态氮的施用量要适当,不可盲目多施。同时做到不缺钾肥。设施内白天温度应保持在23～28℃,28℃以上应通风降温排湿。6～9月保护设施上应覆盖遮阳网降低温度。秋冬季节夜间温度为13～17℃时,可在草苫上覆盖塑料薄膜,增加保温能力。在秋冬季节的连阴天,即使保护设施内气温降低也应拉开草苫见光,以促进生长,减轻筋腐危害。水分管理要保持土壤含水量适宜。在低洼地上的温室大棚要注意排水,实行高垄(畦)栽培,即使是排水良好的温室大棚，一次灌水过多，也会引起褐变型筋腐病的发生，所以灌水量不宜过多。已出现上述病状的可以喷多元素微肥。番茄专用肥是腐殖酸型复合喷淋肥中的一种，它除具有普通肥料的特性外，还添加了一种能使番茄个大、光滑、均匀的微量元素铜，除高含氮、磷、钾外，微量元素较全，又含水溶性腐殖酸和多种植物营养素，无毒、无害、无污染。将它用于喷施，吸收率高，土壤不板结，具有“促芽、促根、促叶、保果、增实、提质、抗病、早熟”等作用。及时治虫也是栽培中的关键环节，白变型筋腐病与昆虫传播烟草花叶病毒有关，在整个生长期内要选用2.5%阿克泰2 500倍液，40%百威特6 000倍液，10%一遍净2 000倍液，40%粉虱绝6 000倍液及时杀灭蚜虫、飞虱等传播媒介进行同时用病毒A 500倍液或1.5%植病灵1 500倍液喷雾防治。

8. 番茄脐腐病的发生原因与防治 脐腐病又叫顶腐病、蒂腐病、黑膏药等，是由于水分失调，或因施肥不当引起土壤中钙的缺少，造成果顶部位缺钙，使得组织坏死的一种生理性病害。

(1) 主要症状 该病的症状在番茄如乒乓球大小至鸡蛋大小的幼果期即开始发生。果实脐部先形成暗绿色水渍状斑，接着有黑褐色小点，果顶变成黑褐色，后逐渐变成黑色，严重时病斑扩展至半个果面，果肉组织干腐，组织破坏凹陷。因腐生菌寄生而形成黑色霉状物。接近成熟期的青果易发生此现象。幼果发病后，果实增大而病斑不增大，受害果实提早变色成熟，脐腐果的发生处于果实绿熟阶段。脐腐病的发生部位并不仅仅局限在脐部，有时也在脐部外侧发生。番茄脐腐病只危害果实，并且多发生在果实迅速膨大期，如彩图12所示。

(2) 发生原因 主要原因是土壤干旱，植株果实部位缺钙。因为钙在植物体内是不容易移动的，土壤干旱时根不能从土壤中吸收钙。或因土壤中氮含量多，营养生长旺盛，果实不能及时得到钙。高温干旱或低温高湿时此病发生较多。

(3) 防治方法

1) 补钙　土壤缺钙时,每亩用硅、钙肥或碳酸钙50～100千克均匀撒施于地面并翻入耕层中。在番茄坐果期,每隔10～15天喷1次20%番茄钙1 000倍液,要喷到果穗及上部叶。

2) 平衡施肥　避免施用氮肥过多,特别是速效氮肥不要一次施用过量。

3) 适时浇水　防止土壤时干时湿,特别是不要使土壤过分干旱。

4) 注意调节土壤的酸碱度　防止土壤呈酸性,导致根系吸收钙困难(可用少量石灰加以调节)。

9. 番茄出现网纹果的原因与防治

(1) 主要症状　所谓网纹果就是番茄在果实膨大期透过果实的表皮可以看到网状的维管束,接近着色期更为严重,到了收获期网纹仍不消失。

(2) 发生原因　网纹果多出现在气温较高的夏秋季节。土壤氮素多,地温较高,土壤黏重,且水分多,土壤中肥料易于分解,植株对养分吸收急剧增加,果实迅速膨大,最易形成网纹果。土壤干旱,根系不能很好地吸收磷、钾肥,或磷、钾肥在体内移动困难,代谢紊乱,也易形成网纹果。

(3) 防治措施　选用生长势强的品种。控制氮肥的施用量,若土壤肥沃就不要施用过多的易分解的鸡粪等有机肥。在气温升高时,保护地内应加强通风,防止气温和地温急剧上升。适时浇水,避免土壤长时间干旱或土壤忽干忽湿。叶面喷施磷酸二氢钾或爱多收水剂。

10. 番茄木栓化硬皮果的原因与防治

(1) 主要症状　植株中上部容易出现木栓化硬皮果。病果小且果形不正,表面产生块状木栓化褐色斑,严重时斑块连接成大片,并产生深浅不等的龟裂。病部果皮变硬。如彩图13所示。

（2）主要原因　因植株缺硼引发木栓化硬皮果。土壤酸化，硼被大量淋失，或使用过量石灰都容易引发硼缺乏。土壤干旱，有机肥施用少，也容易导致缺硼。钾肥使用过量，可抑制对硼的吸收。在高温情况下植株生长加快，因硼在植株体内移动性差，硼往往不能及时、充分分配到急需部位，也可造成局部缺硼。

（3）防治措施

1）施用硼肥　在基肥中适当增施含硼肥料。出现缺硼症状时，用21%志信高硼1 000倍液喷洒叶面，每隔7～10天喷1次，连喷2～3次。也可每亩随水冲施志信大地硼0.2千克。

2）增施有机肥料　有机肥中营养元素较为齐全，含硼较多，可补充一定量的硼素。

3）改良土壤　保护地要防止土壤酸化或碱化。一旦土壤出现酸碱化，要加以改良，以调整到中性或稍偏酸性为好。

4）科学浇水　合理浇水，保证植株水分的供应。防止土壤干旱或过湿，否则会影响根系对硼的吸收。

11. 番茄斑点和裂痕症的原因与防治

（1）发生原因

1）浇水不当　番茄在生长过程中，果实膨大期需水分最多。进入成熟期，需水分相对减少。有的菜农为了追求高产，一个劲地浇水，认为越到成熟期，越应多浇水，从而造成棚室内湿度大，不利于果实成熟，容易出现病害。

2）过多地喷洒农药　保护地内湿度过大容易引起细菌滋生，出现病害。一般的灭菌方法是用喷雾器喷洒农药，喷洒次数过多，也会造成保护地内湿度过大。

3）不恰当地施肥　番茄进入成熟期，对肥料和水的需要量已减少，部分菜农习惯以水带肥（依靠浇水把肥料冲入保护地内），追肥后又连续浇水。由于植株不能吸收这么多水分，造成保护地内湿度增大。

4）不能适时放风排湿　当保护地内湿度过大时，应当做好放风排湿工作。但有的菜农为了在光照不好的情况下保持保护地内温度，而不注意降低保护地内湿度。因此，要使番茄果在成熟期不产生裂痕和斑点，必须合理浇水、施肥，以降低保护地内的湿度。

（2）防治方法

1）施足底肥　在移栽前，以人、畜肥为主。每亩施底肥不少于6 000～7 500千克。这样可适当减少番茄生长期追肥的次数。

2）合理追肥　追肥应在果实成熟期前，因为这时番茄果实迅速膨大，对肥料的需要量大，追肥要尽量使用氮肥。要采取多种方法施肥（如喷洒叶面肥等），减少用水冲的次数，尽量不造成保护地内湿度过大。

3）适时浇水　果实膨大期应当多浇几次水（春季10～15天浇水1次，秋季20～25天浇水1次）。但是，果实成熟期应少浇水，需要浇水时，也尽量不采用大水漫灌的形式，使土壤湿润即可。

4）定时放风排湿　保持保护地内适当的温、湿度，白天为20～25℃，夜间为15～18℃；空气相对湿度为50%～65%。

5）采用多种方法施用农药　尽量避免果实成熟期采用单一的喷洒用药法，以防人为地增大保护地内湿度，可采用烟熏等多种科学的用药方式。

12. 番茄裂果的原因与防治

裂果是一种生理病害。果实发生裂纹以后，容易在裂纹处感染晚疫病，或被细菌侵染而腐烂，大幅度降低番茄的品质。

（1）主要症状　番茄裂果多发生在果实成熟期，是一种常见的生理病害。主要有环状裂果、放射状裂果、顶裂果和细碎纹裂果4种。同心环状纹裂是以果柄为中心，在附近的果面上发生同心环状断续的微细裂纹，重时呈环状开裂。不论是哪一种裂果，果实表面失去弹性，不能抵抗果实内部强大的膨压而产生裂果。如彩图 14 所示。

1）环状裂果　环状裂果的果实表面以果蒂为中心呈环状裂沟。果实出现裂果后不耐储运，商品性降低，还易感染杂菌，造成烂果。放射状裂果果蒂附近发生放射状裂痕，果肩部同心状龟裂。

2）顶裂果　顶裂果一般在花柱痕迹的中心处开裂，有时胚胎组织及种子随果皮外翻、裸露，受害果实难看，严重时失去商品价值。

3）细碎纹裂果　细碎纹裂果果实表面出现密集的细小的木栓化纹裂，纹裂宽 0.5～1 毫米，长 3～10 毫米，通常以果蒂为圆心，呈同心圆状排列，也有的纹裂呈不规则形，随机排列。

4）放射状纹裂　是以果柄为中心，向果肩部延伸，呈放射状开裂。

（2）发生原因　裂果虽与品种有关，一般果皮薄、果实扁圆形、大果型品种易裂果，但主要原因是水分失调。特别是在高温强光、干旱的情况下，果柄附近的果面产生木栓层，而果实内部细胞中糖分浓度提高，膨压升高，细胞吸水能力增强，这时如浇水过多或降水过多，果实内部细胞大量吸水膨大，就会将木栓化的果皮胀破开裂。在有露水或供水不均匀的情况下，果面潮湿，老化的果皮木栓层吸水膨胀，会形成细小的裂纹。产生顶裂果的直接原因是在番茄开花时，对花器供钙不足造成的。当番茄吸收钙较少时，其体内的草酸不能形成草酸钙，而使草酸呈游离状态，从而对心叶、花芽产生损害，进而导致顶裂果的产生。有时土壤中钙的含量虽然不少，但是土壤中同时又存在大量的镁、钾离子，从而阻碍了植株对钙离子的吸收。在夜温过低，土壤干旱，施肥过多等情况下，也会阻碍植株对钙的吸收。

（3）防治措施

1）选择品种　选择种植不易裂果的品种。

2)科学整地施肥　深翻土,多施有机肥,氮、钾肥不可过多施用;促进根系生长,采取高畦深栽,缓解水分急剧变化对植株产生的不良影响。

3)科学浇水　避免土壤忽干忽湿,特别要防止土壤久旱后过湿,果实生长盛期土壤湿度保持在80%左右。

4)果穗套袋　有条件的可将整个果穗套袋保护,对防止环状裂果非常有效。

5)补充钙肥和硼肥　可叶面追施21%志信高钙1 000倍液,或钙硼钙1 000倍液,增强番茄果面抗裂性。

6)保护地要及时通风,降低空气湿度,缩短果面结露时间。

13.番茄成熟果实着色不良的原因与防治

(1)大红番茄果实成熟时呈黄褐色的原因与防治

1)主要症状　果实成熟时呈黄褐色或茶褐色,表面发乌,光泽度差,商品性明显降低。

2)发生原因　番茄着色是由于叶绿素分解形成番茄红素的缘故,光照不足只能使果实着色缓慢,而不是着色不好。如果氮肥过多,叶绿素就会增多,分解形成番茄红素的过程就会推迟,使果实着色不好。但在缺少氮、钾肥时,叶绿素分解形成番茄红素的过程也会受到影响,使果实着色不良。温度也是影响着色不良的原因,高温还会导致着色不良,形成黄色果实。

3)防治措施　在合理施用氮、钾肥的同时,设施内要保持适宜的温度。一般在果实膨大前期夜间温度不能低于5~10℃,果实膨大的后期是着色期,温度必须保持在25℃左右。低温期栽培,在适当提高温度的同时,要及时摘除老叶,增加采光。

(2)番茄绿肩果病的发生原因与防治

1)主要症状　有绿肩、污斑,褐心等。绿肩是有些品种的特性,但有些品种在高温、阳光直射下易发生。污斑是果皮组织中出现黄白色或褐色斑块。褐心是果肉部分褐变,木质化。番茄萼片周围的果面呈绿色，主要是缺钾造成的，俗称“绿肩病”。下部叶片出现黄褐色斑，症状从叶尖和叶尖附近开始，叶色加深，灰绿色，少光泽。小叶呈灼烧状，叶缘卷曲。老叶易脱落。果实发育缓慢，成熟不齐，着色不匀，果蒂附近转色慢。

2）发生原因　易在偏施氮肥、番茄植株生长过旺的情况下发生，尤其在氮肥多、钾肥少、缺硼、土壤干燥时发病最为严重。高温直射光使温度升高，影响番茄红素形成，以及与种子密度有关。有污斑处种子密度低。缺钾果实维管束易木质化，缺硼果肩残留绿色。果实肥大盛期果肉水分缺乏，会使果皮呈网目状，果肉硬化，着色不良。

3）防治措施　每亩施钾肥 10 ~ 20 千克，分次施用；叶面喷施志信果丰 1 000 倍液；增施有机肥料；合理轮作；土壤过分干旱时要适当浇水。选择无污斑的品种；增加有机肥料，提高土壤肥力，促进枝叶生长，合理整枝，避免果实受阳光暴晒；果实肥大期加强肥水管理。

14. 番茄发生畸形果的原因与防治

（1）主要症状　主要发生在第一穗果，也有少数发生在第二穗果的个别果实，主要形成各种奇形怪状的多心皮果实。常见的畸形果形状有凹顶、歪扭、桃形、瘤状、扁圆、尖顶、多棱、椭圆、指形果、多室双体果、空心果等，如彩图 15 所示。

（2）发生原因　除和品种的特性、播期过早有关系外，低温、营养不良和激素处理不当，也是畸形果发生的主要原因。花芽分化不正常，形成多心室的子房是导致畸形果出现的根本原因，冬季和早春育苗时，如果从花芽分化开始，连续遇到 7 天左右低于 8℃的夜温，低于 20℃的昼温，则第一个花序的第一个果会发生畸形；如果直至第七片真叶展开，一直处于不良环境，则前 3 穗果都会发生畸形。氮肥过多，根冠比例失调，定植时苗质量不够壮苗标准，营养物质形成少，遇低温、日照不足，使花器及果实不能充分发育。低温、偏氮肥、水肥、光照不足，养分过剩使生殖生长过旺，也能产生畸形果。根据实际生产观察，生长激素的使用浓度与畸形果率有一定的关系。使用激素时，如气温高、使用浓度低，不仅不影响果实形状，而且可提高坐果率；相反，在使用激素时，如气温高，使用浓度也高，尽管坐果率有提高，但畸形果率也提高，使番茄果实失去商品价值。

(3)防止措施　①选择对低温不敏感且商品性好的高产品种。②育苗期白天温度应保持20℃，夜间温度保持在10℃左右，使植株花芽分化、生长发育正常。③加强管理，适当控制肥水，营养要素配合适当，防止偏施氮肥。④适期播种、定植，为植株生长发育创造一个稳定的良好环境。⑤用2,4－D、防落素、番茄灵等激素蘸花，要注意蘸花的时间、温度，并掌握好使用浓度。

15. 番茄果实日灼病的发生原因与防治

(1)主要症状　日灼病又名日伤病、日烧病，主要危害果实。果实向阳面有光泽，似透明的薄质状，后变黄褐色斑块。有的出现皱纹，干缩变硬而凹陷，果肉变成褐色状。当日灼部位受病菌侵染或寄生时，长出黑霉或腐烂。一般天气干旱，土壤缺肥，处在转色期前后的果实，受强烈日光照射，致使向阳果面温度过高而引起灼伤。

(2)防治方法　增施有机肥料，增强土壤保水力。在绑蔓时应把果实隐蔽在叶片间，减弱阳光直射。摘心时，要在最顶层花序上面留2～3片叶子，以利覆盖果实，减少日灼。及时浇水，降低植株体温。阳光过强时，可隔畦覆盖帘子或覆盖遮阳网。喷施0.1%硫酸锌或硫酸铜，以增强番茄抗日灼能力。

16. 番茄僵果的发生原因与防治

(1)主要症状　僵果又叫小豆果，是激素处理后的产物，激素处理后，果柄便不能产生脱落酸，但由于缺乏营养，果实不能充分发育，生长迟缓，尚未充分肥大就开始着色。一般坐果多，气温低，日照差，地温低，养分吸收不良等易诱发僵果的产生。

(2)防治方法　通过提高地温、气温，以促进养分的吸收和体内的代谢，植株长势较弱时，不但不用激素保花，而且还要人工疏花疏果，以防止僵果的发生。

17. 大脐果

(1)主要症状　大脐果也叫大疤果。主要是果实顶部的果脐变形、增大，有时产生一层坚硬黑皮，凹凸不平，黑皮还易胀破，种子向外翻卷露出，尽管其他部分能正常红熟，风味还好，但严重影响果实外观和商品价值。

(2)发病原因　产生大疤果实的原因较复杂，与品种也有很大关系，特别是一些大果型品种的第一花穗第一果实，容易出现畸形花，也叫"鬼花"，表现为花朵增大，柱头粗扁，子房形状不正，多心皮，这种花易形成大脐果。大脐果还与苗期外界条件的影响有关。幼苗2~3片真叶进行花芽分化时，如土壤过干或温度过低，影响花芽形成的质量，易产生畸形子房。

(3)防治方法　苗期要严格控制温度，加强管理，避免干旱和低温。同时对于个别大果型品种的第一花穗中的畸形花要及时摘除。

18. 番茄空心果

(1)主要症状　胎座组织生长不充实，果皮部与胎座种子胶囊部分间隔空隙过大，使种子腔成为空洞。从番茄果实外表看，有棱角，横断面呈多角形。

(2)发生原因　①品种的心室数目少。心室数目少的品种易发生番茄空心果。一般早熟品种心室数目少，中晚熟的大果型品种心室数目多。②受精不良。花粉形成时遇到35℃以上的高温，且持续时间较长，授粉受精不良，会形成空洞果。果实发育中果肉组织的细胞分裂和种子成熟加快，与果实生长不协调，也会形成空洞果。③激素使用不当。用激素蘸花时，激素浓度过太、重复蘸花或蘸花时花蕾幼小均易产生空洞果。④光照不足。由于光合产物减少,向果实内运送的养分供不应求,造成生长不协调,也会形成空洞果。⑤疏于管理,致使盛果期和生长后期肥水不足营养跟不上,碳水化合物积累少,也会出现空洞果。⑥迟开花果。同一花序中迟开花朵形成的果实,如果营养物质供不上,也易形成空洞果。

(3)预防措施　①选用心室多的品种。②合理使用激素。每个花序有2~3朵花开放时喷施激素,防落素浓度为15~25毫克/千克;用番茄灵蘸花时浓度为25~40毫克/千克,2,4-D为10~20毫克/千克,要抹花不要蘸花,不要重复使用;在高温季节应相应地降低浓度。蘸花时,必须是开成喇叭口状的花,浓度要准确,量不宜过多,不要重复蘸花。③施足基肥。采用配方施肥技术,合理分配氮、磷、钾,调节好根、冠比,使植株营养生长与生殖生长协调平衡发展。结果盛期,及时追足肥、浇足水,满足番茄对营养的需要,若有早衰现象应及时进行叶面喷肥。④合理调控光照和温度,创造果实发育的良好环境条件。苗期和结果期温度不宜过高,特别是苗期要防止夜温过高、光照不足;开花期要避免35℃以上的高温对授粉的危害。⑤防止用小苗龄的幼苗定植。小苗定植根旺,吸收力强,氮素营养过剩也易形成空洞果。⑥适时摘心。摘心不宜过早,使植株营养生长和生殖生长协调发展。

19.保护地番茄气害的发生原因与防治

(1)症状

1)氨害　番茄受氨气危害一般先在中位叶出现水浸状斑点,接着变成黄褐色,最后枯死,叶缘部分尤为明显。高浓度氨气还会使番茄叶肉组织崩坏,叶绿素分解,叶脉间出现点块状褐黑色伤斑,与正常组织间界线较为分明,严重时叶片下垂,甚至全株死亡。

2)亚硝酸气害　番茄亚硝酸气害也是中位叶表现最剧烈,症状为叶缘或脉间出现水浸状斑点，迅速失绿呈黄褐色或黄白色，与其周围健全组织界线清楚，严重时全叶除叶脉外均失绿，呈黄褐色或黄白色枯斑，甚至全叶枯死。

(2)发生原因

1)过量施用氮肥　氨气和亚硝酸气两者都是因过多施用氮肥造成的，其中氨气是在保护地中施过量铵态氮肥和尿素，遇高温氮肥就易分解而逸出氨气，特别是中性或偏碱性土壤更易发生。当氨积累达到一定浓度，番茄就会中毒。产生亚硝酸气的原因是：土壤 pH 为 5 左右或更低，土温较低，土壤中氮素过多等。在一般土壤中，铵态氮在硝化细菌的作用下很快转变成硝酸，但当土壤温度较低、$pH < 5$ 时，硝化细菌的活性低于亚硝化细菌的活性，就会导致亚硝酸积累，此时如果土壤中留有相当数量的铵态氮，则不断生成亚硝酸，进而产生一氧化氮，后者在空气中氧化成亚硝酸气。

2)土壤酸碱性　在同样的土壤质地和温度等条件下，中性和碱性条件容易产生氨气危害；而酸性条件则容易产生亚硝酸气危害。

3)土壤质地　质地较黏重的土壤，对离子的吸附能力较强，气体不易产生和逸出；而沙质土则相反，气体容易产生和逸出。因此，沙质土上的保护地番茄要注意防治气害。

4)不同品种的抗性　不同的品种对气害的抗性不一样。

(3)诊断

1)外形诊断　根据上述气害产生的危害症状来判别，特别注意观察气害发生的叶位，以及受害部位和正常部位的界线。

2)检测棚膜露滴的酸碱性　一般棚膜内亚硝酸气形成的露滴呈酸性，氨气形成的露滴呈碱性。因此，可以通过检测棚膜露滴的 pH 来诊断氨气和亚硝酸气的危害。露滴 pH 的检测通常在早晨换气之前用精密 pH 试纸取样进行。根据露滴 pH 的检测结果判断气体的种类及伤害的程度。

(4)防止措施

1)选用适宜的氮肥品种,控制氮肥用量　土壤中氨气和亚硝酸气的逸出主要是土壤中过量氮的积累。因此,选用缓释性肥料和有机肥,控制肥料用量,是防治氨气和亚硝酸气毒害的关键。

2)调节土壤 pH　土壤酸碱度直接影响到氨气和亚硝酸气的逸出,对酸性土应施用石灰和有机肥,以减少氨气的危害。

3)其他矫治方法　一旦遭受气体危害,应及时通风换气,灌水淋洗,驱除积累的有害气体。还可以施用硝化抑制剂,以阻止亚硝酸气的产生。

20. **番茄盐害**　保护地番茄在过量冲施复合肥或长期施肥过多后,会出现大量枯叶和花萼干尖,这是因为长期施肥过多,形成盐害所致。番茄是比较耐盐的作物,它可以在 0.5% 的盐浓度下生存。但据试验,番茄要正常生长,盐浓度不宜超过 0.3%。

在保护地番茄生产中,多数棚的化肥用量偏高。若按每次浇水 20 米^3,施肥 50 千克计算,其浓度为 0.25%;如施肥 75 千克,浓度即达 0.375%,而正常生长的番茄同步吸收水肥的比例仅在 0.2% 左右(这个数值因溶液的变化而变化)。这样,长时间的积累,土壤盐浓度很容易超过 0.3% 或 0.5%。

(1)症状　番茄在受到盐害时,表现为心叶卷曲,嫩叶及花萼部位有干尖现象;根尖及新根变褐色,植株矮化;番茄果肩部有深绿色条纹,与果实其他部位的颜色有明显区别;果实生长缓慢。受危害严重的植株甚至会出现黑根、缺绿、枯叶,最后萎蔫、死亡。不同的品种对盐分的耐受力有差异,如彩图 16 所示。

(2)原因　在棚室内,由于免受雨水的淋溶作用,土壤内矿质元素肥料流失少,而土壤深层的盐分受土壤毛细管的提升作用,随土壤水分上升到土壤表层。这两种作用的结果使表层土壤溶液浓度逐年加大,当达到一定浓度时,就会产生盐害。

(3)防治措施

1)合理施肥　根据番茄对肥料吸收量的多少进行配方施肥。选择施用不带副成分的肥料,如尿素、磷酸二铵、硝酸钾等,尽量少施硫化物和氯化物。注重与有机肥料配合使用。高温期间应控制肥料用量。

2)休闲时撤膜　对于1年覆盖1次棚膜的棚室来说,撤膜的时间越长,防止盐分聚集的效果越好。

3)灌水除盐　渗水良好的棚里,可以加大灌水量,反复进行2~3次,让水带盐渗下。或在休棚时大量灌水。

4)换土　此外,深翻土壤,加强中耕松土,可以切断毛细管,防止表层土壤盐分聚积。增施有机肥或其他疏松物质如稻壳、麦草、锯木屑等,不仅能改善土壤的物理性状,而且对土壤溶液浓度变化能起缓冲作用。换去表土,可以避免或减轻盐类聚积。

(五)番茄草害的安全防治

杂草的生长严重地影响番茄的产量与质量,它们与番茄竞争光照、水分与养分,有些还是作物病虫害的中间寄主,起到帮助病虫蔓延与传播的作用,因此从番茄播种到收获要不断地进行除草,以确保番茄的高产。番茄田杂草的种类很多,有一年生的,也有多年生的,有单子叶的,也有双子叶的,有禾本科的,也有菊科、十字花科的等。

防除杂草的方法很多,有农艺措施除草法(人工拔除或中耕)、机械除草法(耕地深翻等)、生物除草法(利用病原菌使杂草得病而死)以及化学除草法等。这里重点介绍化学除草与农艺措施除草。

1.化学除草　化学除草法,是指用化学药剂来杀灭杂草或抑制杂草种子萌发或杂草生长。这种化学药剂就是我们常说的化学除草剂,也叫除草剂或杀草剂,其具有高效、省工、增产等优点,可以大幅度地提高劳动生产效率，其在大田作物生产上已经普遍使用。近年来，随着农药研发水平的不断提高，一些蔬菜专用的除草剂在生产中开始应用，并且取得了较好的防除效果，获得了较好的经济效益。但是，除草剂的使用具有一定的危险性，由于除草剂的使用不当造成损失的情况在生产中，特别是在蔬菜生产中时有发生，给生产带来了很大的损失。因此，只有科学合理地使用除草剂，才能避免药害的发生，并达到最佳的防除效果。

(1)常用除草剂与配方

配方1　48%氟乐灵乳油每亩100~150毫升。

配方2　48%地乐胺乳油每亩150~300毫升。

配方3　33%除草通乳油每亩150~300毫升。

配方4　70%赛克津可湿性粉剂每亩40~50克或50%甲草嗪可湿性粉剂每亩50~80克。

配方5　10%禾草克乳油每亩50~60毫升。

配方6　35%稳杀得乳油每亩50~75毫升。

配方7　20%拿捕净乳油每亩75~100毫升。

配方8　12.5%盖草能乳油每亩40~60毫升。

配方9　20%豆科威水剂每亩700~1000毫升。

配方10　72%都尔乳油每亩100~150毫升，或48%拉索乳油每亩150~200毫升，或60%丁草胺乳油每亩100~150毫升，或50%乙草胺乳油每亩75~150毫升。

(2)防除适期　配方1)、配方2)、配方3)于番茄秧苗移栽前用喷雾法土壤处理，施药后立即混土3~5厘米。配方4)于番茄秧苗移栽前或定植缓苗后(栽后10天左右)进行土壤处理。配方5)、配方6)、配方7)、配方8)于番茄苗后，禾本科(俗称尖叶、单叶等)杂草3~5叶期喷雾。配方9)可于番茄播后苗前施药。配方10)于番茄秧苗移栽前或定植缓苗后、杂草出苗以前对地面喷雾，苗床于播种覆土后盖膜之前施药。

(3)技术要点　配方1)、配方2)、配方3)主要用于防除禾本科杂草,对部分小粒种阔叶(俗称圆叶、双叶等)杂草也有一定效果。要在移栽(播)前进行土壤处理并混入土中。由于番茄幼芽对氟乐灵等敏感,因此,不宜作播前处理。配方3)也可于播后苗前施药,不必混土,安全高效。配方4)可防除多种阔叶杂草和马唐、狗尾草等部分一年生禾本科杂草,主要对阔叶杂草效果好。为提高对禾本科杂草的效果,并增加安全性,常与都尔、乙草胺、拉索、敌草胺等混用。配方5)、配方6)、配方7)、配方8)对禾本科杂草有特效,对阔叶杂草无效。配方9)可防除多种禾本科杂草和部分阔叶杂草。露地番茄田土表干燥时,施药后要进行浅混土。施药后地面忌积水。番茄出苗后施用,只宜定向喷雾。配方10)防除一年生禾本科杂草效果好,对部分阔叶杂草也有效。

(4)提高除草效果的关键　一是要注意施药适期。酰胺类除草剂对已出土杂草效果差。二是要墒情好。在干旱情况下,施药后浅混土有利于药效的发挥。

(5)关于化学除草　化学除草剂对杂草的杀除作用非常明显,但由于其施用效果受气候因子、土壤条件、施药方法等多方面因素的影响,而番茄本身对除草剂非常敏感,在使用过程中稍有不慎,轻者影响除草效果,重者便会产生药害。药害轻者短时影响番茄生长,严重者导致大幅度减产,甚至会引起绝收。因此尽量不使用化学除草剂。有条件者,可先做小面积试验,待试验成功后再使用。

2. 农艺措施除草　用农艺措施防除杂草,是番茄田杂草综合防除体系中不可缺少的措施之一,在番茄栽培过程中,应该贯穿于每个生产环节。

(1)秋耕　秋耕能有效地接纳冬春雨水,加快土壤熟化过程,提高土壤肥力,并具有消灭杂草的作用。秋耕能使部分土壤表面的杂草种子较长时间埋入地下,使其当年不能发芽或丧失生活能力，如禾本科杂草马唐的种子，埋入土内5厘米深，5个月完全丧失活力；菊科中的三叶鬼针草，埋入土内5厘米深1个月内即丧失活力。多年生杂草地下繁殖部分，经过秋耕可以翻到地上冻死或晒死，秋耕比春耕杂草可减少4.5%。

（2）适当深耕　适当深耕可减少表层土壤杂草种子的萌发率，较好地破坏多年生杂草的地下繁殖部分。耕深20厘米、30厘米和50厘米，1米^{2}有草株数依次为152株、126株和65株，随深度的增加杂草株数减少。因此有条件的地方可适当深耕，配合增施肥料，既除草又增产。

（3）施用腐熟农家肥　农家肥中往往带有很多的杂草种子，如不腐熟运到田间，粪中的杂草种子就会得到传播，蔓延危害。农家肥腐熟后，其中的杂草种子经过高温氨化，大部分丧失了生活力，可减轻危害。

（4）轮作换茬　轮作换茬可以从根本上改变杂草的生态环境，有利于改变杂草群体，减少伴随性杂草种群密度，特别是水旱轮作，对杂草的防除效果非常好。

（5）地面覆盖　利用碎草、麦糠、黑色地膜等覆盖番茄田地面，既有良好的除草效果，又能起到保水增肥作用。特别是用番茄田专用除草地膜覆盖，除草效果可达100%。

（6）中耕或拔除　番茄封垄前进行中耕，封垄后人工拔除。

3. 番茄除草剂危害及安全防除

（1）番茄除草剂危害的症状　番茄发生除草剂危害时，植株顶部的生长点变畸形，生长停止，茎秆、枝条发育受阻，扭曲、畸形，幼叶皱缩，僵小，不再生长；植株下部的根毛锐减，根尖膨大，丧失吸收能力，影响输导作用。危害发生严重时，会造成番茄整株死亡，给生产带来不可估量的损失。

（2）番茄发生除草剂危害的原因

1）除草剂种类选择有误　除草剂的种类很多，按照其作用方式可以分为选择性的除草剂和灭生性的除草剂。选择性的除草剂是指在不同的植物间具有选择性，既能毒害或杀死杂草而又不伤害作物，甚至只毒杀某一种或某类杂草，如禾草克、盖草能、除草通等；而灭生性的除草剂是指对植物缺乏选择性或选择性小，草苗不分，见绿就杀，如百草枯、草甘膦等。此外，选择性的除草剂也不是对所有作物都适用的，有些是针对单子叶作物使用的，如小麦等；有些是针对双子叶作物使用的，如棉花等。特别是在蔬菜生产中，因为很多除草剂的无害试验都是针对大田作物做出的，而对于蔬菜作物的专用除草剂还相对较少。某些选择性的除草剂对于蔬菜作物不但没有选择性，而且会特别敏感，如2,4-D丁酯对禾本科作物是很好的选择性除草剂，但对于番茄而言确有很强烈的毒害作用，番茄植株一旦接触到即可发生严重药害，甚至死亡。

2）除草剂的使用方法和时期有误　除草剂根据使用方法的不同可以分为土壤处理剂与茎叶处理剂。一般在使用过程中，土壤处理剂不能用于茎叶处理；茎叶处理剂要注意用药时间，用药时间不当会造成药害发生。

3）浓度施用有误　每一种除草剂的使用都是有一定的安全浓度的，即使是对某一种作物经过药性试验显示是安全的，也是在一定浓度内是安全的，如果在使用中不按照安全浓度进行使用就很易发生药害。

4）使用环境不当产生药害　使用除草剂时要注意环境因素的影响。影响除草剂药效的环境因素主要有温度、水分、光照、土壤的有机质含量、酸碱度和风力大小等，如果使用时不注意，不仅会降低药效，还会产生药害。

☞温度。温度对除草剂有明显影响，低温或高温使用除草剂均易发生药害，特别是在高温时，作物对除草剂的吸收速度快，降解速度不及吸收速度，极易发生药害。

☛水分。水分对除草剂药效发挥有很大影响，大多数土壤处理的除草剂必须在土壤湿润的条件才能发挥良好的药效。但水层控制不当，也易产生药害。

☛土壤条件。土壤的质地、有机质含量、酸碱度等因子对除草剂的药效都有一定的影响。一般沙性土壤、有机质含量低的土壤吸附除草剂量少，除草剂用量也少；黏重土壤或有机质含量高的土壤吸附除草剂的能力强，用量应适当增加，有机质含量过高的土壤，一般不使用土壤处理的除草剂。土壤酸碱度对除草剂活性有一定影响。一般除草剂当土壤 pH 为 5.5 ~ 7.5 时能较好地发挥作用，酸性（pH <5）或碱性强（pH >8）的土壤，对除草剂影响较大。

☛光照。光照对某些除草剂的影响十分明显。如西马津、敌草隆、扑草净等光合作用抑制剂，需在有光的情况下才能抑制杂草光合作用，发挥除草效果。氟乐灵等施于土表易挥发，见光易分解，使用时应及时与表层土混拌。

☛风。除草剂要在无风或微风时施用，风大喷洒除草剂容易发生雾滴飘移，危害周围敏感作物。

5）施药不均匀　除草剂不论喷雾或撒施，都要力求均匀。施药不均匀，容易产生药害或除草效果不好。

6）施药间隔过短　施用除草剂时，2 次施药的间隔时间不能过短，否则易造成药剂浓度加大，作物分解不及时而产生药害。此外，除草剂与一般杀虫剂农药之间也要掌握适当的间隔期，间隔期太短也会产生药害。

7）不恰当混用　除草剂与防病治虫农药混用，可以提高除草效果，病、虫、草兼治，节省用药，具有省工、省时、省钱等优点。但如果盲目混用，不但无增效作用，反而会使药效降低，造成药害。

8）前茬使用除草剂的影响　有些除草剂在前茬作物上使用后，会在土壤中残留，如果番茄对此药物比较敏感，会产生一定的药害。

9）飘移药害　在有风的情况下对其他作物使用除草剂，除草剂会随风飘移到番茄上，对番茄产生药害。

10）药桶乱用　打过除草剂的药桶，再用来喷洒一般的杀菌、杀虫剂，由于药桶上黏附有除草剂，可对番茄产生药害。

（3）番茄除草剂危害的防治措施

1）选准除草剂

☞根据当地番茄田间易发生的杂草种类选择用药。除草剂的品种很多，不同除草剂品种对作物和杂草的作用是不同的，选择除草剂时一定要仔细阅读产品标签或说明书，保证所选择的除草剂对番茄安全，对番茄田的杂草铲除高效，并尽量做到不对邻近作物产生飘移毒害和对下茬无残毒。

☞根据番茄和杂草的不同生育期选择适当的除草剂。除草剂使用时期可分为播前土壤处理、播后苗前土壤处理和苗后茎叶处理，应根据施药时期选择适当的除草剂。

☞兼顾前后茬作物选择适当的除草剂。在选择除草剂时要根据茬口安排确定，前茬使用的除草剂不能对后茬作物造成影响。

☞使用除草剂应遵循先试验示范、后推广使用的原则。除草剂新品种尽管已获得农业部的登记，也要在当地试验、示范的基础上，取得使用经验后再推广应用。特别是对于番茄，专用的除草剂较少，在没有专用除草剂时，更要做好使用前的试验工作。

2）适时合理用药

☞要根据所选除草剂的特性适时用药。按使用方法，除草剂分为土壤处理剂和茎叶处理剂，土壤处理可分为播前土壤处理、播后苗前土壤处理，出苗后不能使用。

☛根据气候因子确定使用时期。前已叙述，气候因素不但会对除草剂的使用效果产生影响，使用不当，还会产生药害。其中温度和风影响较大。高温时很容易引起药害的发生，在使用时最好避开高温时期施药。为了防止药液的飘移对其他作物造成影响，最好在无风或微风时施药。沙质土壤用药量要少些，土壤过于干旱时不能施药。

3）适量用药

☛严格控制用药剂量。在进行杂草防除时，要严格控制用药剂量，如果使用剂量过大，会产生药害。保护地等设施栽培的土壤温度高、湿度大、药效高，所以用药量应较露地番茄田减少20%～30%，以免番茄发生药害。

☛严格控制用药浓度。在进行杂草防除时，要严格按照除草剂的安全浓度进行施药，如果环境温度较高，土壤较干旱时，要适当降低施药浓度。施药时要有足够的喷液量，一般不使用低容量弥雾机进行喷雾。

☛严格控制用药间隔期和次数。有些除草剂不能多次使用，两次使用之间的间隔期不能过短，要在使用前仔细阅读说明书，掌握药剂的特性。

☛施药要均匀周到。在施药时均匀周到，不但增加防除效果，还可避免药害的发生。

4）使用单独的器械　在喷除草剂时，最好不要和其他农药进行混用，以免降低药效和产生药害；施用除草剂的器械与施用一般农药的器械要区分开，千万不能混用。如果使用一个器械，一定要保证器械清洗干净，无除草剂残留。

5）前、后茬使用除草剂要协调好　前茬作物使用除草剂，要考虑后茬作物的安全性，要选用对后茬作物安全的除草剂。

6）棚室施药后要加强通风　在日光温室或塑料棚中施药后，

要及时进行通风换气，以免药害的产生。

7）发生药害后的防治　使用除草剂一旦产生药害，应积极采取有效措施进行补救，把可能造成的损失降到最低。

☛降低残毒量。

A. 若植株上除草剂残留较多时，可喷水淋洗，减少粘在叶上的药物量。

B. 当田块局部发生药害时，先放水冲洗，后补苗，再增施速效化肥。

C. 若田块残毒严重，地块应暴晒、淋洗后深翻，无影响后再种植，否则再冲灌。可栽种少量敏感作物，观察 10 ~15 天进行鉴别。

☛加强田间管理。药害轻时，及时打顶或摘除受害部分，增施尿素、人粪尿等速效氮肥提苗，并合理灌溉；严重时，翻耕土地，补种或改种。

☛应用植物生长调节剂。喷施碧护 5 000 倍液、细胞分裂素 800 倍液，促进作物生长。

☛喷施液肥。可喷施惠满丰活性液肥 1 000 倍液、丰收一号 800 倍液，既可解毒，又可修复被损害的细胞，起到缓解或解除药害的作用。

4. **特别提示**　番茄一旦产生药害，首先要对其进行科学诊断，分辨药害的类型，分析产生药害的原因，根据药害类型、药害可能发展的趋势，估测药害的严重程度，再采取相应措施，妥善处理。否则，不但不能挽回损失，还会增加损失。

如果番茄药害较轻，为 1 级，仅仅叶片产生暂时性、接触性药害斑，一般不必采取措施，番茄会很快恢复正常生长发育。如果番茄药害比较重，为 2 级或 3 级，叶片出现退绿、皱缩、畸形，生长明显受到抑制，那么就需要采取一些补救措施。如果药害严重，达到了 4 级，生长点死亡，甚至部分植株死亡，一般都会导致大幅度减产，这就要补种或毁种。

对于除草剂药害，目前还没有十分有效的治疗药剂。所谓除草剂解毒剂，大部分用于种子处理或与除草剂同时使用，只具有预防和保护作用，不具备治疗作用。对于一些所谓有治疗药害作用的药剂，多数为化肥加植物生长调节剂或氨基酸，其作用也是促进番茄生长，增强自身恢复生育能力而已。切不可相信一些夸大其词的广告宣传，要以科学的态度去对待。

附　蔬菜田常用农药使用简表

1. 杀菌剂类

产品或制剂名称	其他名称	防治对象、使用剂量和方法	注意事项
30%苯醚甲·丙环乳油	爱苗、世苗、洁苗、宜苗、惠苗、世爱、苯甲·丙环唑	防治苗期立枯病、锈病，用3 000倍液喷洒	对水生生物有毒
70%恶霉灵可湿性粉剂	土菌消、绿亨1号、立枯灵、土传康、百苗、正红	防治猝倒病、立枯病、枯萎病、纹枯病，用2 000倍液喷雾或灌根	其他剂型与含量，请按说明书使用
54.5%恶霉·福可湿性粉剂	绿亨3号	防治枯萎病、根腐病、茎基腐病，用700倍液灌根或喷淋	
20%甲基立枯磷乳油	利克菌、立枯灵	防治立枯病、茎腐病、菌核病，用1 200倍液喷雾	
2.5%咯菌腈悬浮剂	适乐时、种衣剂	防治立枯病、猝倒病、枯萎病、根腐病、纹枯病、蔓枯病、褐斑病，用种子重量0.6%～0.8%拌种，也可用1 000～1 500倍液喷雾	不能与有机溶剂混用
50%甲基硫菌灵悬浮剂	甲基托布津、美邦甲托、白托、依托、邦露、百宁	防治枯萎病、根腐病、褐斑病、炭疽病、白星病、赤斑病，用800倍液茎叶喷雾	其他剂型与含量，请按说明书使用
40%多·硫悬浮剂	天喜、泰佬、菌必清、多菌必克、好光景、硫黄·多菌灵	防治根腐病、白粉病、叶斑病、褐斑病，用500倍液喷雾	①甜瓜对硫敏感，高温时慎用。②其他剂型与含量，请按说明书使用

续表

产品或制剂名称	其他名称	防治对象、使用剂量和方法	注意事项
60% 多菌灵盐酸盐可溶性粉剂	防霉宝	防治根腐病、枯萎病、叶霉病,用600倍液茎叶喷雾	
50% 多菌灵悬浮剂	苯骈咪唑44号、棉萎灵、枯萎立克、统旺、大品、品信	防治枯萎病、根腐病、白粉病、叶斑病,用600倍液喷雾	
12.5% 增效多菌灵可溶液剂	多菌灵水杨酸盐	防治多种蔬菜枯萎病、根腐病,用300倍液喷淋	
50% 多菌灵磺酸盐可溶性粉剂	溶菌灵	防治番茄早疫病、晚疫病、枯萎病、根腐病,用700倍液喷淋	
50% 醚菌酯干悬浮剂	翠贝、百美、品劲	防治白粉病、早疫病、炭疽病、黑斑病、黑星病、叶斑病,用3 000~4 000倍液喷雾	其他剂型与含量,请按说明书使用
25% 溴菌腈可湿性粉剂	环菌清、炭特灵、休菌清	防治炭疽病、叶斑病、黑斑病、斑枯病,用500倍液喷雾	
10% 氰霜唑悬浮剂	氰唑磺菌胺、科佳	防治霜霉病、晚疫病,用2 000~2 500倍液喷雾	
30% 氟菌唑可湿性粉剂	特富灵	防治白粉病,用2 000~2 500倍液茎叶喷雾	
20% 丙硫多菌灵悬浮剂	丙硫咪唑、阿苯达唑、施宝灵	防治蔓枯病、白锈病、霜霉病、腐霉根腐病,用2 500~3 000倍液茎叶喷雾	
72.2% 霜霉威水剂	普力克、扑霉特、扑霉净、霜霉先灭、宝力克、霜疫克星	①防治苗期猝倒病用400倍液喷雾或灌根。②防治霜霉病、疫病,用600倍液喷雾	

续表

产品或制剂名称	其他名称	防治对象、使用剂量和方法	注意事项
20% 二氯异氰尿酸钠可湿性粉剂	优氯特、菌灭克、菜菌清、霜唑、优氯克霉灵	防治霜霉病、早疫病、根腐病、茄子黄萎病、灰霉病，用300～400 倍液喷雾或灌根	
5% 酰胺唑可湿性粉剂	亚胺唑、霉能灵	防治瓜类黑星病、炭疽病、白粉病、锈病，用 1 000 倍液喷雾	
35% 精甲霜灵种子处理乳剂	高效甲霜灵、金阿普隆、金雷（混剂）、金雷多米尔（混剂）	防治大豆霜霉病，用 300 毫升拌 100 千克大豆种子，干拌均匀后播种	
3.5% 咯菌·精甲霜悬浮种衣剂		防治猝倒病、立枯病、根腐病、疫病、苗期霜霉病，每50 千克种子用 200～400 毫升，对水 1～2 升，快速搅拌，使药液拌到种子上	
25% 嘧菌酯悬浮剂	阿米西达、绘绿	①防治黄瓜、西瓜、甜瓜白粉病、黑斑病、炭疽病、蔓枯病、叶斑病，用 100～200 毫克/升或1 000～1 500倍液喷雾。②防治黄瓜、甜瓜、西瓜霜霉病，番茄斑枯病、早疫病、晚疫病、炭疽病用1 000～1 500倍液喷雾	不要与乳油类药剂混用
25% 菌核净悬浮剂	纹枯利、斯佩斯、长胜菌、叶叶通、禾益、科护	防治菌核病、灰霉病，用700 倍液喷洒	对芹菜、豆科、茄科敏感
50% 异菌脲可湿性粉剂	扑海因、大扑因、施疫安、爱因思、依普同、海欣	防治褐斑病、黑斑病、灰霉病，用 1 000 倍液喷雾。也可用种子重量 0.3%～0.4% 拌种防治苗期病害	
50% 福·异菌可湿性粉剂	灭霉灵、利得	防治黑斑病、炭疽病、斑枯病、灰霉病，用 800 倍液茎叶喷雾，也可用 0.3% 拌种	

续表

产品或制剂名称	其他名称	防治对象、使用剂量和方法	注意事项
25%咪鲜胺乳油	扑菌唑、扑霉唑、施保克、扑霉灵、施先克、果鲜宝、百使特、保禾利、使百克	防治瓜类靶斑病（褐斑病）、炭疽病，用1 000倍液喷雾	
50%咪鲜胺锰盐可湿性粉剂	咪鲜胺锰络合物、施保功、使百功	防治瓜类靶斑病（褐斑病）、炭疽病，用1 500倍液喷雾	
40%嘧霉胺悬浮剂	甲基嘧啶胺、二甲嘧啶胺、施佳乐、施灰乐、施美特、灭霉清、灰霉农丰、瓜乐、瓜宝	防治灰霉病，用800～1 200倍液喷雾	
80%代森锰锌可湿性粉剂	大生、喷克、山德生、新万生、大生富、速克净、美生丰收	防治黑斑病、早疫病、斑点病，用600倍液喷雾	
47%春雷·王铜可湿性粉剂	加瑞农	防治瓜类霜霉病、白粉病、细菌角斑病，番茄叶霉病、早疫病、晚疫病、细菌斑点病、疮痂病、根腐病，用600倍液茎叶喷雾	
2%春雷霉素水剂	春日霉素、加收米、旺野、艾雷、宇好、冲胜	①防治番茄叶霉病，用1 000倍液喷雾。②防治瓜类细菌角斑病、香椿褐斑病、炭疽病，用500倍液喷雾	对大豆、茄子敏感
30%壬菌铜微乳剂	优能芬、金莱克	防治白粉病、霜霉病、细菌性角斑病、疫病，用330～410倍液喷雾	
27.12%碱式硫酸铜悬浮剂	铜高尚、绿得保、梨参宝、杀菌特、高绿、绿信、运达	防治霜霉病、早疫病、晚疫病、细菌性角斑病，用500倍液喷雾	

续表

产品或制剂名称	其他名称	防治对象、使用剂量和方法	注意事项
77% 硫酸铜钙可湿性粉剂	多宁	防治疫霉、腐霉根腐病，细菌性角斑病，用 600 倍液茎叶喷雾	
77% 氢氧化铜可湿性粉剂	可杀得、丰护安、冠菌铜、冠菌清、冠菌乐、蓝盾铜、细高	防治姜瘟病、青枯病、根腐病，用 500 倍液喷雾	
15% 三唑酮可湿性粉剂	粉锈宁、百里通、百菌酮、粉锈通、利菌克、大用、扑宁	防治白粉病、锈病、根腐病，用 1 500 倍液喷雾	轮换用药；对瓜类敏感
6% 氯苯嘧啶醇可湿性粉剂	乐必耕	防治叶斑病、炭疽病、白粉病、锈病、褐斑病，用 1 500 ~ 2 000倍液喷雾	
40% 双胍三辛烷基苯磺酸盐可湿性粉剂	双胍辛烷苯基磺酸盐、百可得	防治芦笋茎枯病、炭疽病、蔓枯病、白粉病、灰霉病，用 700 ~ 1 000 倍液茎叶喷雾	
40% 氟硅唑乳油	福星、克菌星、品星、帅星、贵星、增贵、贵美、开富	防治白粉病、锈病、叶霉病、蛇眼病、黑星病、斑枯病，用 5 000 倍液茎叶喷雾	
40% 腈菌唑可湿性粉剂	仙生(混剂)、仙星、特菌灵、信生、冠信、世俊、明亮、天音	防治黑星病、白粉病，用 3 000 ~ 4 000 倍液喷雾	
25% 啶菌恶唑乳油	菌思奇、灰霉净	防治灰霉病、叶霉病，用 900 倍液喷雾	
25% 烯肟菌酯乳油	佳斯奇	防治霜霉病、白粉病，用 900 倍液喷雾	
50% 氟吗·乙铝可湿性粉剂	锐扑	防治霜霉病、疫病、腐霉根腐病，用 600 倍液喷雾	

续表

产品或制剂名称	其他名称	防治对象、使用剂量和方法	注意事项
3%恶霉·甲霜水剂	广枯灵、好日子、育苗清、恶·甲	防治猝倒病、立枯病、枯萎病、根腐病,用600倍液喷雾	
5%烯肟菌胺乳油	高扑	防治白粉病、霜霉病、叶霉病,用药量见说明书	
3%中生菌素可湿性粉剂	农抗751、克菌康、佳爽	①防治白菜软腐病、茄科青枯病,用600倍液喷雾。②防治姜瘟病,用600倍液灌根。③防治瓜类细菌性角斑病、菜豆细菌性疫病、西瓜果斑病,用600~800倍液喷雾	不能同其他杀菌剂混用
1%武夷菌素水剂	农抗BO-10、格润	防治西瓜、甜瓜、酸浆炭疽病、白粉病、霜霉病,芦笋茎枯病,用150倍液喷雾	不能同其他杀菌剂混用
1%申嗪霉素悬浮剂	农乐霉素	防治辣椒根腐病,黄瓜、西瓜、甜瓜枯萎病,甜瓜蔓枯病,用量按产品使用说明书	不能同其他杀菌剂混用
20%吗啉胍·乙铜可湿性粉剂	逼毒、康润1号、毒尽、细菌先锋、封毒、拔毒宝、吗胍·乙酸铜	①防治辣椒疮痂病,兼治病毒病,用500~1 000倍液茎叶喷雾。②防治辣椒、番茄病毒病,用500倍液喷雾	
68%农用硫酸链霉素可溶性粉剂	链霉素	防治瓜类细菌性角斑病、辣椒疮痂病、茄果类青枯病,用3 000倍液喷洒植株或浇灌根部	不能同其他杀菌剂混用
20%噻菌茂可湿性粉剂	青枯灵	防治青枯病,用1 000~1 200倍液喷雾或灌根	不能同其他杀菌剂混用

续表

产品或制剂名称	其他名称	防治对象、使用剂量和方法	注意事项
7.5%菌毒·吗啉胍水剂	克毒灵	防治黄瓜、西瓜、番茄、辣椒病毒病,用500~600倍液喷雾	
31%吗啉胍·三氮唑核苷可溶性粉剂	病毒康	防治西瓜、甜瓜病毒病,用800倍液喷雾	
2%宁南霉素水剂	菌克毒克、翠美、翠通	防治烟草花叶病毒病、白粉病,用300倍液喷雾	不能同其他杀菌剂混用
5%菌毒清水剂	环中菌毒清、病毒宁、菌诺、祥林、止毒、细速、赛手	防治甜椒病毒病,用200~300倍液喷雾	不能同其他杀菌剂混用
0.5%菇类蛋白多糖水剂	抗毒剂1号、抗毒丰、菌毒宁、条枯毙、扫毒	防治玉米、番茄、茄子病毒病,用500倍液茎叶喷雾	宜单独使用
1.5%硫铜·烷基·烷醇水乳剂	防治菜用玉米病毒病,用1 000倍液喷雾		
10%混合脂肪酸水乳剂	83增抗剂	防治西瓜病毒病,用100倍液喷雾	
10%百菌清烟剂	达科宁、桑瓦特、克劳优、顺天星一号、棚百清、好宁	防治灰霉病、菌核病、黑斑病,每100米^{3}空间用药25~40克熏烟	其他剂型与含量,请按说明书使用
10%腐霉利烟剂	二甲菌核利、速克灵、必克灵、胜德灵、克霉宁、棚丰	防治灰霉病、菌核病,每100米^{3}空间用药25~40克熏烟	其他剂型与含量,请按说明书使用

2. 杀虫剂类

产品或制剂名称	其他名称	防治对象、使用剂量和方法	注意事项
10% 吡虫啉可湿性粉剂	咪蚜胺、一遍净、大功臣、蚜虱净、扑虱蚜、康福多、高巧、益达胺	防治叶蝉、蚜虫、粉虱用 1 500 ~ 2 000 倍液喷雾	其他剂型与含量，请按说明书使用
1.8% 阿维菌素乳油	爱比菌素、齐螨素、阿弗菌素、爱福丁、阿巴丁、害极灭、阿维虫清、农哈哈、灭虫丁、肯邦线尊、线消、扫线宝	防治茶黄螨、卷叶螟、大豆天蛾、小菜蛾、菜青虫、斑潜蝇，用 1 500 ~ 2 000 倍液喷雾	对水生生物、家蚕、蜜蜂有毒。其他剂型与含量，请按说明书使用
1% 甲氨基阿维菌素苯甲酸盐乳油	甲氨基阿维菌素苯甲酸盐、埃玛菌素、甲氨基阿维菌素	防治棉铃虫、斜纹夜蛾、甜菜夜蛾、小菜蛾，用 3 000 ~ 4 000 倍液喷雾	对蜜蜂、水生生物有毒
40% 毒死蜱乳油	氯砒硫磷、氯蜱硫磷、乐斯本、杀死虫、蓝珠、白蚁清、乐斯农、真功	防治蚜虫、跳甲、豆野螟、灯蛾，用 900 倍液喷雾	其他剂型与含量，请按说明书使用
40% 辛硫磷乳油	巴赛松、拜辛松、仓虫净	①防治桃蚜、黏虫、烟青虫、地老虎，用 900 倍液喷雾。②防治地下害虫，用药 100 毫升，加水 5 千克，拌玉米、大豆种子 50 千克堆闷 3 ~ 4 小时	对黄瓜、菜豆敏感。其他剂型与含量，请按说明书使用
3% 毒·唑磷颗粒剂	护地净	防治小地老虎、蝼蛄、蛴螬，亩用药 3 ~ 4 千克，对细土 20 千克沟施或撒施	
2.5% 多杀霉素悬浮剂	菜喜、催杀	防治小菜蛾、蓟马类、烟青虫，用 1 000 ~ 1 500 倍液喷雾	安全间隔期 1 天
50% 抗蚜威可湿性粉剂	辟蚜雾、正港、蚜宁、灭丁威、比加普	防治白菜、甘蓝、萝卜等十字花科蚜虫，用 1 000 ~ 1 500 倍液喷雾	
20% 甲氰菊酯乳油	灭扫利、韩乐村、灭虫螨、法又利、扫灭净、吉大利、果奇、万扫	防治菜青虫、小菜蛾、茄子叶螨、白粉虱，亩用药 20 ~ 30 毫升，对水 60 千克喷雾	对水生生物及家蚕高毒

续表

产品或制剂名称	其他名称	防治对象、使用剂量和方法	注意事项
10%氯氰菊酯乳油	安绿宝、兴棉宝、韩乐宝、杀特、倍力散、瑞田宝、赛波凯、克敌星	①防治豆天蛾、大豆食心虫,亩用药35~45毫升对水喷雾。②防治豆田甜菜夜蛾,用800~1 200倍液喷雾	
5%S-氰戊菊酯乳油	顺式氰戊菊酯、高效氰戊菊酯、来福灵、双爱士、强力农、高效杀灭菊酯	①防治菜蚜,用2 500倍液喷雾。②防治小菜蛾、烟青虫、豆野螟,用2 000~2 500倍液喷雾	
4.5%高效氯氰菊酯乳油	高效顺反氯氰菊酯、歼灭、卫害净、高灭灵、三敌粉、无敌粉	①防治菜青虫、蚜虫,亩用药5~10毫升喷雾。②防治黄守瓜、黄条跳甲,亩用药10毫升喷雾。③防治甘蓝夜蛾、斜纹夜蛾,亩用药10~15毫升喷雾。④防治甜菜夜蛾,用1 500倍液喷雾	
2.5%溴氰菊酯乳油	敌杀死、凯素灵、凯保安、粮虫克、喜多多、斗敌、田香、科尔	防治菜蚜、菜青虫、小菜蛾、黄守瓜、黄条跳甲、大豆食心虫、小绿叶蝉、甜菜夜蛾,用1 500~2 000倍液喷雾	
10%联苯菊酯乳油	氟氯菊酯、天王星、虫螨灵、茶宝、茶丹、茶秀、国兴、上星、奇点	防治棉二斑叶螨、茄叶螨、豆叶螨,亩用药35~50毫升,或用3 000倍液喷雾	
5.7%氟氯氰菊酯乳油	百树菊酯、百树得	防治棉蚜、棉铃虫、刺蛾、小地老虎、金针虫、蝼蛄、蛴螬,用3 000倍液喷雾	对水生生物及家蚕有毒
2.5%高效氯氟氰菊酯乳油	三氟氯氰菊酯、氯氟氰菊酯、功夫菊酯、功夫、空手道、功力、功灭、大康、天菊	防治菜蟥、大豆天蛾,用1 500~2 500倍液喷雾	

续表

产品或制剂名称	其他名称	防治对象、使用剂量和方法	注意事项
10% 呋喃虫酰肼悬浮剂	福先	防治十字花科甜菜夜蛾、斜纹夜蛾,用2 000~2 500倍液喷雾	对蚕有毒
25% 灭幼脲悬浮剂	灭幼脲三号、苏脲一号、速顺宝、争胜、星钻、锦园、俏卡	防治小菜蛾、菜青虫,用2 000倍液喷雾	
25% 除虫脲可湿性粉剂	敌灭灵、氟脲杀、灭幼脲一号	防治菜青虫、小菜蛾、玉米螟、玉米铁甲、二化螟,用1 000~1 500倍液喷雾	
5% 虱螨脲乳油	美除、虫慌慌	防治甜菜夜蛾、斜纹夜蛾、瓜绢螟、锈壁虱、蓟马,用1 000倍液喷雾	对蚕有毒
5% 氟虫腈悬浮剂	锐劲特	防治菜蛾、菜螟、菜青虫、玉米螟、蓟马、蝗虫、烟粉虱,用2 000~3 000倍液喷雾	对蜜蜂、虾、蟹高毒
40% 阿维·敌畏乳油	绿菜宝	防治黄瓜美洲斑潜蝇、甜菜夜蛾,用1 000~1 500倍液喷雾	
3.3% 阿维·联苯菊乳油	天丁	防治茶黄螨、二斑叶螨、烟粉虱、美洲斑潜蝇、根蛆、地老虎、金针虫、蛴螬、白蚁用1 000~1 500倍液喷雾	对蜜蜂、蚕、水生生物高毒
10亿PIB/毫升苜蓿银纹夜蛾核型多角体病毒	奥绿1号	防治斜纹夜蛾、甜菜夜蛾、棉铃虫、小菜蛾,亩用药70~100毫升,或800~1 000倍液喷雾	
8000国际单位/毫克Bt杆菌可湿性粉剂	敌宝、灭蛾灵、杀虫菌一号、苏力精、Bt乳剂	防治小菜蛾、菜青虫、瓜绢螟、玉米螟,用1 000倍液喷雾	对蚕高毒

续表

产品或制剂名称	其他名称	防治对象、使用剂量和方法	注意事项
10% 噻唑膦颗粒剂	福气多	防治黄瓜根结线虫亩用药 2 千克,混细沙 10 ~ 20 千克均匀撒施,耕翻 15 厘米	已在番茄、黄瓜上登记
35% 威百亩水剂	线克、棚线毙	防治番茄根结线虫,亩用药 1 千克,对水喷施后覆膜,15 天后揭膜再定植番茄。	已在黄瓜、番茄上登记
7. 5% 鱼藤酮乳油	鱼藤、毒鱼藤、欧美德、施绿宝、绿易	防治黄守瓜、负泥甲、黄条跳甲、猿叶甲、二十八星瓢虫,用 800 倍液喷雾	对鱼有毒
0. 5% 楝素乳油	蔬果净、川楝素	防治小菜蛾、菜青虫、甜菜夜蛾、烟粉虱、斑潜蝇,亩用药 50 ~ 100 毫升,对水 60 升喷雾	
0. 3% 苦参素水剂	虫敌、苦参碱、绿宇、绿美、绿潮、绿千、京绿、蔬乐、全卫	防治温室白粉虱,用 800 倍液喷雾,对卵、若虫、成虫防效高	
57% 炔螨特乳油	丙炔螨特、克螨特、灭螨净、汰螨易、扫螨利	防治朱砂叶螨,亩用药 40 ~ 50 毫升,或用 2 000 ~ 3 000 倍液喷雾	
20% 哒螨灵可湿性粉剂	哒螨酮、速螨酮、哒螨净、牵牛星、罗螨、食螨	防治朱砂叶螨,用 2 500 倍液喷雾	茶园不得使用
5% 噻螨酮乳油	尼索朗、除螨威、卵标朗、维保朗、天禁、天朗	防治叶螨,用 1 500 倍液喷雾	
10% 浏阳霉素乳油	多活菌素、华秀绿、绿生	防治朱砂叶螨、二斑叶螨、茶黄螨,用 1 000 ~ 2 000 倍液喷雾	对鱼有毒
菜青虫颗粒体病毒浓缩粉剂	菜青虫病毒	防治菜青虫、小菜蛾、银纹夜蛾、菜螟、斜纹夜蛾,亩用药 40 ~ 60 克,对水稀释至 750 倍液喷雾	

3. 杀软体动物剂类

产品或制剂名称	其他名称	防治对象、使用剂量和方法	注意事项
6% 四聚乙醛颗粒剂	梅达、梅塔、密达	防治蜗牛、蛞蝓、福寿螺，亩用药 500～700 克，加细土拌匀，撒在棚室四周或农田	
70% 杀螺胺可湿性粉剂		防治水生蔬菜田福寿螺，雨后或浇水后，亩施药 28～35 克，对水喷雾或拌细沙撒施，药后保持水层 3 厘米，2 天内不再排灌	

4. 植物生长调节剂类

产品或制剂名称	其他名称	防治对象、使用剂量和方法	注意事项
1.8% 复硝酚钠可湿性粉剂	爱多收、特多收、丰产素、花蕾宝、膨果素	①多数菜子用 6 000 倍液浸种 8～24 小时，阴干播种。②甜瓜、番茄、茄子生长期、花蕾期 6 000 倍液喷雾	
15% 吲熟酯乳油		西瓜幼瓜 250～500 克大时，用 3 300～5 000 倍液喷雾，可抑制瓜蔓生长，早熟 7 天，增产 10%	
2% 苄氨基嘌呤可溶性液剂	6－苄氨基嘌呤、苄基腺嘌呤、6－BA、旺盛	①黄瓜移栽前用 1 300 倍液，浸秧苗根 24 小时后定植，可增加雌花数，提高产量。②开花后 2～3 天，用 20～40 倍液浸蘸小黄瓜条，可使营养物质向瓜上运送，促黄瓜增大	
0.000 1% 异戊烯腺嘌呤可湿性粉剂		西瓜用 50 倍液浸种 4～6 小时，瓜蔓长至 7～8 节时用 600～800 倍液喷雾 2～3 次	

续表

产品或制剂名称	其他名称	防治对象、使用剂量和方法	注意事项
0.01%羟烯腺嘌呤水剂（富滋）	海藻素、类玉米素、富滋	番茄定植前用400倍液浸根，定植后15天，亩用药80～100毫升，对水25千克叶面喷雾，隔15天再喷400～500倍液1次，可提高产量	
0.1%氯吡脲可溶性液剂	吡效隆、调吡脲、脲动素、施特优	甜瓜于开花前天或当天用20倍液涂瓜柄，可提高坐瓜率，防止化瓜	
25%甲哌鎓水剂	缩节胺、助壮素、调节啶、缩节灵、皮克斯	①番茄定植前6～7天和初花期各喷2 500倍液，可促早开花、多结果、早熟。②甜瓜、西瓜初花期和结瓜期喷2 500倍液各1次，可促早开花、多结瓜，提前采收	
0.04%芸薹素内酯乳油	油菜素内酯、益丰素、天丰素、农乐利、云大120	①番茄于花期至果实增大期用4 000倍液叶面喷雾，可明显增加果重，提高耐低温能力。②甜瓜苗期用10 000倍液喷洒茎叶，可提高幼苗夜间耐7～10℃低温能力	
2%甲壳胺可溶性液剂	起土产、壳聚糖	甜瓜用600～800倍液喷雾，可提高抗病力，调节生长，提高产量	